图书在版编目（ＣＩＰ）数据

未来乡村探索与实践 ／ 刘勇，管娟主编 . —— 上海：
同济大学出版社，2023.3
（理想空间；92）
ISBN 978-7-5765-0787-4

Ⅰ．①未… Ⅱ．①刘… ②管… Ⅲ．①乡村规划-研
究-中国 Ⅳ．① TU982.29

中国国家版本馆 CIP 数据核字（2023）第 018431 号

理想空间
2023-03(92)

编委会主任　夏南凯　俞　静
编委会成员　（以下排名顺序不分先后）
　　　　　　赵　民　唐子来　周　俭　彭震伟　郑　正
　　　　　　夏南凯　周玉斌　张尚武　王新哲　杨贵庆
主　　　编　周　俭　王新哲
执行主编　管　娟
本期顾问　赵　民
本期主编　刘　勇　管　娟
责任编辑　由爱华　朱笑黎
编　　辑　管　娟　姜　涛　顾毓涵　余启佳　钟　皓
　　　　　张鹏浩　舒国昌
责任校对　徐春莲　朱笑黎
平面设计　顾毓涵
主办单位　上海同济城市规划设计研究院有限公司
地　　址　上海市杨浦区中山北二路 1111 号同济规划大厦
　　　　　1408 室
网　　址　http：//www.tjupdi.com
邮　　编　200092

出版发行　同济大学出版社
策划制作　《理想空间》编辑部
印　　刷　上海颛辉印刷厂有限公司
开　　本　635mm x 1000mm　1/8
印　　张　16
字　　数　320 000
印　　数　1-3 000
版　　次　2023 年 3 月第 1 版
印　　次　2023 年 3 月第 1 次印刷
书　　号　ISBN 978-7-5765-0787-4
定　　价　55.00 元

购书请扫描二维码

本书使用图片均由文章作者提供。

编者按

乡村建设自近代以来一直有之，民国时期的乡村建设是知识分子领导的社会改良运动，新中国成立后，在乡村建立的人民公社极大地推动了国家工业化的发展，改革开放后，联产承包责任制的推行彻底释放了农村的生产力。在此之后乡村建设式微，直到2000年湖北省监利县棋盘乡党委书记李昌平给朱镕基总理写信提出"农民真苦，农村真穷，农业真危险"，"三农"问题浮出水面，乡村建设问题才又一次被提到一个极其重要的位置，随后社会主义新农村建设和乡村振兴战略相继实施。2022年2月22日，《中共中央 国务院关于做好2022年全面推进乡村振兴重点工作的意见》发布。这已经是新世纪以来，中央一号文件连续第十九年聚焦中国"三农"议题。乡村建设的话题既关注现实，又探索未来。在百年乡建历史中，关于新农村的讨论贯穿始终，关于乡村的未来一直被憧憬。

本辑从理论和实践角度探讨乡村的未来，并尝试运用跨学科的视角解读乡村。全书分为主题论文、专家访谈、规划与研究、实践与案例、艺术与社会五个部分。在主题论文部分，一位学者从跨学科视角对浙江的乡村未来社区做了系统、翔实的解读，探讨了乡村未来社区承载的历史使命，另一位学者回应2035年远景目标纲要，对乡村振兴六个规划议题进行了展望。在专家访谈部分，尝试听取不同领域的专家意见，有社会学家、城乡规划学者、艺术家的看法与观点，也有来自较早探索未来乡村建设的浙江基层政府官员的经验，还有处在乡村建设一线的企业家和乡贤现身说法。在规划与研究板块，来自于中国西南、东北、长三角区域的论文探讨不同地域的未来乡村畅想，环境工程领域学者讨论乡村振兴与美丽海湾的协调建设，土地规划学者从土地资源角度提出未来乡村建设构想，还有两篇文章分别介绍了浙江两个地方乡村未来社区实践的经验，最后一篇是研究上海作为全球城市，其乡村地域的价值与角色。在实践与案例部分，有乡伴文旅集团对他们在未来乡村实践项目的详细介绍，有对安徽岳西、台州三门县案例的介绍与解读，还有关注国外学者对建筑师如何基于地方乡村的差异进行创作的反思，以及探讨在教学中如何开展未来乡村设计教学。最后一个部分是拓展研究视野，从艺术家和社会学家视角探索乡村振兴的路径。许村的艺术乡建持续多年，有许多发现和经验，通过非遗传承和创新为乡村赋能，成效显著；艺术下乡激活乡村，引导多元主体参与乡村建设；本辑中一位作者是社会学者，在其文章最后指出，非物质文化遗产保护与"文化重建"的合力可以为未来乡村民俗发展提供更为广阔的可能性。

心中有梦想，脚下有力量，未来有方向。未来乡村未来可期！感谢编辑部的辛勤付出！

上期封面：

CONTENTS 目录

主题论文
Thematic Paper

面向2035：乡村振兴的若干规划议题
Towards 2035 : Planning Issues for Rural Revitalization

张尚武
Zhang Shangwu

[摘　要]　本文根据作者在第八届费孝通学术思想论坛暨首届未来乡村论坛发言整理。中国乡村发展问题的基本特征、城镇化宏观趋势带来的影响、国家乡村振兴的战略导向以及以生态文明为导向的空间治理改革，是认识乡村未来发展的四个角度。进一步将乡村振兴的规划议题归纳为六个方面：城镇化宏观趋势下乡村地区的差异化前景、生态文明背景下乡村地区人与自然关系的重构、乡村的宜居性与社会再生产功能的修复、城乡融合发展与建立城乡双向流动循环机制、乡村社会建设与基层社会治理能力的挑战、制度性因素的影响与规划干预的有效路径。

[关键词]　乡村振兴；空间治理；未来议题

[Abstract]　This paper is based on the author's speech at the eighth Fei Xiaotong Academic Thought Forum and the first Future Village Forum. The basic characteristics of China's rural development, the impact of the macro trend of urbanization, the strategic direction of national rural revitalization and the space governance reform oriented by ecological civilization are four perspectives to understand the future development of rural areas. Further, the planning issues of rural revitalization are summarized into six aspects: differentiation prospect of rural areas under the macro trend of urbanization, reconstruction of the relationship between man and nature in rural areas under the background of ecological civilization, rural livability and restoration of social reproduction function, urban and rural integration development and the establishment of urban and rural two-way flow cycle mechanism, the challenge of rural social construction and social governance ability on basic level, influence of institutional factors and effective path of planning intervention.

[Keywords]　rural revitalization; space governance; future issues

[文章编号]　2023-92-A-004

本次论坛的主题是"未来的乡村"，正好契合了规划的思维，追求更加美好的未来是城乡规划学科的基本出发点。讨论中国乡村的未来和乡村振兴，必然需要置之于中国的国情背景下，其中包含了国家现代化战略的公共价值取向，既要面对已经认识到的现实问题和矛盾，也要面对乡村未来发展的不确定性和艰巨挑战。因此，无论是从描绘乡村振兴未来的愿景还是从规划研究的视角，都需要深入思考规划面对的议题是什么。特别是当前各地正在编制面向2035年的国土空间规划，加深对这一问题的思考显得更加重要。本文主要讨论两方面内容：一是思考这一问题的基本角度；二是总结归纳的六个方面的规划议题。

一、问题的提出和认识框架

乡村规划本质上是应对乡村可持续发展问题的公共干预，是以乡村人居环境提升为重点，是推进乡村治理现代化的重要工具，本身也是参与乡村社会建设和推进乡村社会治理的过程。乡村振兴事业离不开国家的公共政策导向和公共干预，必然需要乡村规划在其中发挥更大的作用。

面向2035，乡村需要什么样的规划？虽然乡村规划本身是以乡村人居空间为载体和对象，但绝不能停留在物质环境层面，需要宏观与微观相结合的思维。

针对这个问题，我认为需要建立在对四个基本问题整体认识的基础上。第一，中国乡村发展问题的基本特征，这是认识乡村未来发展的基础；第二，城镇化宏观趋势带来的影响，乡村发展是一个开放系统，当代乡村社会的变迁和出现的种种问题都是在城乡社会转型中发生的；第三，国家乡村振兴的战略导向，这是乡村未来发展最大的机遇；第四，以生态文明为导向的空间治理改革，广大的乡村地区是自然与人类开发活动连接的区域，修复乡村地区人与自然关系无疑是中国现代化可持续发展的重要任务。

乡村未来发展的规划议题具有综合性、复杂性和动态性，上述四个基本问题相互交织构成了对乡村规划议题进行认识和分析的基本角度。

二、面向2035乡村发展的六个规划议题

1.议题一：城镇化宏观趋势下乡村地区的差异化前景

乡村问题的根本是"三农"问题，乡村未来发展的最大挑战来自城镇化的宏观影响和路径选择。我国乡村地区面临的挑战处于动态变化中，自然地理环境和历史因素对农业地理、人口分布产生长期影响，不同地区在人地关系、农业生产格局及农村生产生活方式等方面存在巨大差异。胡焕庸先生提

出的自然地理分界线，反映了自然地理环境影响农业生产方式，再影响到区域人口分布的基本关系，这种格局至今并没有发生根本改变。从历史演化来看，人口密度较高的地区往往是历史上农业生产发达地区。自然地理和历史因素造就了"三农"问题基本差异，这种规律影响了乡村过去的发展，也会影响乡村未来的发展道路。

城镇化带来的城乡社会转型使乡村地区走向开放系统，传统乡村中农业、农村、农民是封闭的对应关系，但在城乡开放系统中，城乡关系差异带来"三农"问题内部结构变化，成为影响乡村未来发展形态的重要因素，导致不同地区的差异化发展前景。

在城乡开放系统中，对应农业、农村、农民三个要素的不同变化，可以将乡村发展趋势分为四种类型：第一，乡村整体转型地区，即城乡一体化发展地区，这类地区的农业、农村功能和农民都发生了整体改变，例如上海大都市地区；第二，农村功能转型地区，即乡村特色化发展地区，这类地区所具有特定的禀赋条件使农村本身的功能得到拓展；第三，农业生产转型地区，即现代化农业发展地区，这类地区往往具有比较好的农业生产条件，带来农业生产经营方式转变；第四，传统农业农村地区，依然会存在许多以分散农业为主的地区，也将会长期受到贫困问题的挑战。

2.议题二：生态文明背景下乡村地区人与自然关系的重构

农村具有对自然环境高度依赖的特征，决定了传统农村地区发展必须建立在人与自然关系协调的基础上。乡村作为人工—自然空间的联结与过渡空间，具有广域生态性与地域文化性，成为城市与自然循环的基底和城市生存发展的基础。但在工业文明时代，人口增长带来的粮食需求增加、各类开发活动加剧及生产生活方式的改变，使农村地区人与自然的平衡关系和绿色循环方式被打破。在生态文明背景下，需要重新认识、修复乡村地区生产、生活、生态的天然关系。

面向2035，扭转并修复人与自然关系是未来乡村发展和国土空间治理的重要任务。一方面，重新建立生态空间、农业空间和城镇空间的有机生命体关系，而不是将三者割裂开来。修复工业文明造成的乡村地区人居建成空间、农业开发空间与自然生态空间的冲突，通过提升乡村地区的生态价值，为城乡社会高质量、可持续发展提供支撑。另一方面，要充分认识不同地区人与自然关系形成的地域文化特征，这是人类智慧的宝贵财富，要挖掘乡村地区自然文化景观价值，使乡村成为中华文明传承和复兴的重要载体。

3.议题三：乡村的宜居性与社会再生产功能的修复

乡村的发展离不开人，也就离不开乡村的宜居性。宜居性是乡村振兴的基础维度，狭义的宜居性重点落在物质生活环境，广义的宜居性其关注点又延伸到了社会再生产功能。广义的宜居性对于乡村地区发展的影响更加深远，修复乡村的宜居性与社会再生产功能是乡村振兴的长期任务。

宜居性是对个人需求而言的，乡村的宜居性与社会再生产功能的修复可以分为三个层次：一、基本保障层次，即要满足人们对生活环境、公共基础设施等的宜居

性的基本要求；二、提升吸引力层次，在塑造乡村栖居环境时，把城乡差异性价值更好地体现出来，通过新功能的植入，提升乡村地区的吸引力；三、塑造竞争力层次，乡村地区能够培养人，重新回归孕育人类文明的摇篮，具备文化和教育功能是实现乡村振兴的愿景。

面向2035，乡村振兴需要建立在人的发展需求层次基础上。基于人的需要层次，可以建立乡村振兴战略的三个层次的认识维度。党的十九大报告中提出乡村振兴战略的总要求，即"产业兴旺、生态宜居、乡风文明、治理有效、生活富裕"二十字方针。按照需求层次角度，"总要求"涉及三个维度：首先是基础维度，即"生态宜居""治理有效"；其次是支撑维度，即"产业兴旺"；第三层次是目标维度，即"生活富裕""乡风文明"。

4.议题四：城乡融合发展与建立城乡双向流动循环机制

城乡关系的开放性，决定了有效应对"三农"问题的核心必须是建立在城乡融合发展的基础上。传统农业社会的城乡关系的重点不仅在于城乡之间的互补性，更在于城乡之间双向流动形成的循环关系。而现代农村与城市之间是单向的流动，这是现代农村与传统农村最大的区别，使乡村地区失去了可持续发展的动力。

新时代城乡的融合发展关键在于转变城乡要素单向流动方式，建立起城乡双向流动循环机制。从"以城带乡、以工促农"转向形成"工农互促、城乡互补、全面融合、共同繁荣"，构建起乡村与城市共生的新型工农城乡关系。

城乡融合发展既是重大挑战，也面临新机遇。第一，要以国家乡村振兴战略为契机，树立农业农村优先发展的公共政策取向，转变以城市为中心的社会资源配置方式，并且在促进城乡产业融合、要素流动方面要有新思路。第二，要把握经济社会发展形态和科

技变革带来的新机遇，如城市居民对乡村的养老需求、休闲消费需求以及互联网经济带来的影响不断增长将是长期趋势。第三，要保护乡村特色，城乡差异是挖掘乡村价值的基础，通过保留城乡差异来缩小城乡差距，这是乡村振兴的重要路径。

5.议题五：乡村社会建设与基层社会治理能力的挑战

中国乡村社会自近代以来即不断受到外部冲击，乡村地区社会结构和治理环境发生了根本改变。快速城镇化进程持续加剧了青年人流失和乡村人口萎缩，主体意识薄弱、社区组织涣散、集体经济重建成为乡村社会建设的突出矛盾，乡村基层治理能力建设成为国家治理现代化的重大挑战。

从建立乡村社会可持续的治理结构角度，乡村社会建设同样需要置于城乡开放系统中，将政府推动激励乡村社会响应、与社会资源介入三者紧密结合，整合形成政府与市场、内部与外部、自下而上和自上而下相协调的治理结构。这其中离不开政府作为重要的驱动力量及市场的外部推动作用，而内部的基层能力建设和乡村内生力量转化则是关键，包括组织能力建设、集体经济发展及公共产品有效供给等。

从这一角度理解，乡村规划应当突出作为乡村治理工具和治理过程的作用，把握当前国家推进乡村建设行动的契机，围绕乡村人居环境提升等物质层面更新，深度参与到乡村社会重建过程中，推动乡村共建共治共享的基层治理格局的形成。

6.议题六：制度性因素的影响与规划干预的有效路径

我国的城乡发展既受到城镇化自然规律的影响，还受到制度性因素和政府干预的强烈作用，两方面的影响造就了我国城乡发展关系的独特性。制度性因素

3.广东揭阳宜居乡村实景照片

不仅影响了城镇化发展形态和乡村发展路径，也影响了乡村地区空间形成的内在机制和逻辑，甚至影响乡村景观的建设。

面向2035，乡村振兴离不开城乡制度创新，这也构成了乡村规划发挥作用的外部环境和内在运行的基础。一方面，制度性因素产生的城乡差别尚未消除，阻碍了城乡要素资源的双向流动，但也在一定程度上带来中国城乡关系发展的可塑性，为城乡融合发展创造了机遇。乡村规划作为干预城乡关系调整的治理工具，在其中要发挥好积极的引导作用。另一方面，要加深对城乡关系调整中制度设计和规划价值取向的认识。保护乡村发展弹性至关重要，对于中国现代化建设具有战略意义。回顾中国40年的现代化发展经验，乡村地区是中国社会发展的"稳定器"，尽管城乡关系存在种种矛盾需要解决，但也使中国城镇化具有了极大的弹性和化解风险能力。保护好乡村发展弹性是中国现代化路径选择的重要依据。

三、乡村规划实践路径的思考

应对乡村未来发展的挑战是中国现代化走向成功必须跨过的门槛，也是对国家现代化治理能力的重大考验。作为推动乡村可持续发展的重要治理工具，乡村规划要发挥更大的作用，有三个方面的工作需要加强。

第一，从规划对象角度，加强对中国乡村发展问题和乡村发展规律的认识，关注城乡关系变化趋势和"三农"问题的结构性转型，乡村地区人口结构、生产方式和农村功能变化，动态演化过程带来的乡村地区资源配置和人居环境调整和优化要求。

第二，从规划本体角度，拓展规划研究。乡村问题诊断、规划编制、运行机制建设、规划政策研究等都是当前实践中亟待加强的方面。应当特别强调注重实施导向和规划政策研究。规划要面向规划管理和运行，加强规划建设管理统筹。注重规划的行动和规划的实施性、操作性、理清规划背后的政策逻辑，注重对政策导向和政策影响的研究。

第三，从规划实践角度，在实践中探索乡村发展道路和规划创新路径。乡村振兴具有系统性、综合性和复杂性，不可能一蹴而就，需要审慎对待乡村发展问题，在实践中增强规划动态应对能力。对此，应当特别注重加强规划实施评估工作，这是增强规划实施性和适应性的关键环节。

中国城市规划学会乡村规划与建设学术委员会作为学术交流平台，近年来针对乡村规划实践、人才培养开展了大量工作，需要进一步加强与更多学科的交叉融合，如社会学、建筑学、艺术学等，通过学科交叉、知识交汇共同探索中国乡村发展的未来。

参考文献

[1]费孝通.乡土中国[M].北京：生活·读书·新知三联书店，2021
[2]贺雪峰.农民组织化与再造村社集体[J].开放时代，2019(03)186-196+9
[3]胡焕庸，张善余.中国人口地理[M].上海：华东师范大学出版社，1984
[4]李京生.乡村规划原理[M].北京：中国建筑工业出版社，2018
[5]梁漱溟.乡村建设理论[M].北京：中华书局，2018
[6]刘守英，王一鸽.从乡土中国到城乡中国——中国转型的乡村变迁视角[J].管理世界，2018(10)128-146+232
[7]罗震东，项婧怡.移动互联网时代新乡村发展与乡村振兴路径[J].城市规划，2019(10)29-36+43
[8]张尚武，孙莹.城乡关系转型中的乡村分化与多样化前景[J].小城镇建设，2019(02)37(02)5-8+86
[9]张尚武.城镇化与规划体系转型——基于乡村视角的认识[J].城市规划学刊，2013(06)19-25
[10]赵民，游猎，陈晨.论农村人居空间的"精明收缩"导向和规划策略[J].城市规划，2015(07)9-18+24

作者简介

张尚武，上海同济城市规划设计研究院有限公司院长，同济大学建筑与城市规划学院教授，中国城市规划学会常务理事，中国城市规划学会乡村规划与建设分会主任委员。

"两进两回"视角下乡村未来社区建设内容研究

Research on the Construction of Rural Future Community from the Perspective of Two Entry and Two Return Operations

刘 勇 李 瑜
Liu Yong Li Yu

[摘 要]　引导要素流入乡村，实现城乡要素双向流动是当前乡村振兴的重要路径。本文通过调研发现，衢州市乡村未来社区建设对"两进两回"行动做了积极回应。乡村未来社区呈现出注重培育乡村产业、探索制度与机制建设、重点围绕设施建设等特点，但也存在对乡村未来社区认识不清的问题。文章通过对宏观制度变迁和中央与地方对乡村建设的不同认知角度进行分析，找出导致这种差异的根本原因，并指出乡村未来社区的建设是弥补这种差异的可行路径和重要抓手。文章最后，结合乡村生态资源价值化利用的思路和多规合一的手段，提出乡村未来社区建设的优化策略。

[关键词]　乡村未来社区；两进两回；城乡要素；双向流动

[Abstract]　Guiding elements to flow into the countryside and realizing a two-way flow between urban and rural factors is an important path for rural revitalization at present. Through investigation, this paper finds that the construction of rural future community in Quzhou city has made a positive response to the "two entry and two return" operations. Rural future community presents the characteristics of focusing on cultivating rural industry, exploring system and mechanism construction, and focusing on facility construction, but there is also the problem of an unclear understanding of rural future community. Through analysis of the macro institutional changes and the different cognitive perspectives of the central and local governments on rural construction, this paper finds out the root causes of the differences, and points out that the construction of future rural communities is a feasible way and an important starting point to make up for the differences. Finally, combining the thought of value utilization of rural ecological resources and the means of integrating multiple plans, the paper puts forward the optimization strategy of rural future community construction.

[Keywords]　rural future community; two entry and two return operations; urban and rural elements; two-way flow

[文章编号]　2023-92-A-007

一、绪论

随着党的十九大把乡村振兴战略上升为国家战略，我国进入全面推进乡村振兴阶段。习近平总书记曾多次指出，引导要素流向乡村，实现城乡要素双向流动是促进乡村发展的重要思路。针对打通要素的渠道，实现城乡要素双向流动，从国家到地方展开了一系列行动。2019年4月《中共中央 国务院关于建立健全城乡融合发展体制机制和政策体系的意见》正式发布，提出要"坚决破除妨碍城乡要素自由流动和平等交换的体制机制壁垒"，并从要素配置机制、公共服务普惠机制、基础设施一体化发展、乡村经济多元化发展等六个方面推出了具体举措，以此促进要素流入乡村。

浙江省从2003年开始通过"千万工程"给浙江乡村带来了历史性、全局性变化。"千万工程"从"千村示范、万村整治"到"千村精品、万村美丽"再到"千村未来、万村共富"，不断深化拓展乡村振兴的内涵。2019年10月，浙江省政府提出实施"两进两回"行动意见，指出"科技、资金进乡村和青年、乡贤回农村"是破解乡村要素制约、加速资源要素流向农村、推动农业农村高质量发展的重要途径。2020年9月，衢州市政府发布《衢州乡村未来社区指标体系与建设指南》，提出通过"四化九场景"体系，实现农村"新型社群"重构，有力推动"科技、资金进乡村和青年、乡贤回农村"，并开展了6个试点的工作。时任衢州市委书记徐文光指出，"两进两回"实现不了，乡村振兴就不可持续。衢州市的探索也影响了2022年浙江未来乡村的建设，2022年2月浙江省人民政府办公厅印发《关于开展未来乡村建设的指导意见》，并确定了首批100个未来乡村试点，是当前集中实践城乡要素双向流动的乡村建设行动。

当前的乡村建设内容丰富，已经远远超出了空间建设的范畴，同时以空间建设为载体的乡村建设仍然是乡村振兴的重要抓手。为了更好地推进乡村振兴的空间建设，非常有必要对牵引其背后的发展逻辑进行深入分析，以期更好地推动高质量的空间建设。笔者于2021年上半年调研了衢州乡村未来社区的六个试点，在过程中充分感受到了来自基层实践的创新思维

和实干精神。本文从考察落实"两进两回"行动角度，对乡村未来社区的总体建设实施情况进行调研评估，尝试站在跨学科的视角，分析其外部发展动力和阻力，以期能够更深入地认识乡村未来社区建设的内涵，并尝试提出空间建设优化策略，为地方政府如何更好地开展乡村建设提供借鉴。

二、问题的提出与研究的视角

1.全球化的背景与中国应对

在全球市场需求低迷的大背景下，中美两国当前在金融资本和产业资本处于双重竞争阶段[1]。中国被迫面对以美国为主的发达国家对中国展开的地缘政治、经济贸易和意识形态等多方面的攻击[2]。为应对国际局势的变化，中国提出"做好自己的事""练好内功"。中国正在全面落实生态文明战略，通过积极的财政政策，推动"碳中和"等行动引导产业转型，发展绿色经济，引导创新型、知识型产业发展[3]；推动"乡村振兴"战略，全面盘活乡村经济和乡村市场空间[4]；展开新一轮的中部崛起战略[5]；等等。中国

通过一系列战略行动进行投资和需求的双向拉动，进一步恢复国家经济，提升国家综合实力。

2.乡村在中国社会经济发展中的关键作用

1949年后到现在，乡村对中国宏观经济社会安全起到重要的稳定和推动作用。1960—1980年，中国乡村以其独特的"村社集体体制"，20年内消化容纳了3次总计约4000万"知识青年上山下乡"，集中承担了我国早期城市产业发展所造成的周期性经济危机引发的巨大社会成本[6]。1980—2000年，乡镇企业的迅速发展，先是拉动国内原材料和消费市场，带动经济复苏，然后又让出国内原材料和消费市场，转向"两头在外"的产业模式，为国家城市产业发展腾出空间，同时乡村先后承担了大量基层公共服务支出费用，减轻政府财政负担[7]。2000—2010年，由于中国提前通过积极的财政政策推动中西部发展和新农村建设，中国的县域经济体系从容应对了2008年美国次贷危机[6]。从1949年到2009年，乡村通过工农产品价格剪刀差、劳动力、土地三类要素为城市发展提供累计约17.3万亿元的支持[8]。在党和国家领导下，从被动吸纳国家发展的成本到主动发展带动国家经济增长再到提前发展以应对全球经济危机，乡村以其独特的人地关系和村社理性为国家宏观经济发展作出了巨大贡献，是国家宏观经济社会安全的"稳定器"和"助推器"[9]。

3.促进城乡要素双向流动的政策渊源

在以"土地财政"为基础的快速城镇化和工业化发展的背景下，当前乡村面临产业体系破坏、社会治理失序、文化建设落后、面源污染严重和社会结构失衡等一系列问题。习近平总书记在此基础上对乡村发展做出宏观战略判断，指出实现城乡要素双向流动是带动乡村发展的重要思路。2018年3月，习近平总书记在第十三届全国人大第一次会议广东代表团审议时提出："乡村振兴也需要有生力军。要让精英人才到乡村的舞台上大施拳脚，让农民企业家在农村壮大发展。城镇化、逆城镇化两个方面都要致力推动。"2019年3月习近平总书记在第十三届全国人大第二次会议河南代表团审议时提出："要用好深化改革这个法宝，推动人才、土地、资本等要素在城乡间双向流动和平等交换，激活乡村振兴内生活力。"区别于各地的农民工返乡政策，浙江省的"两进两回"行动是回应宏观战略判断的更有针对性和引领性的地方政策[10]。与落实以农民工返乡为主的政策体系不同，"两进两回"行动以探索各类人才返乡和技术资金返乡为主，旨在通过引导要素回流来推动乡村的高质量发展，是对未来农业、未来农村和未来农民发展的探索。

4.关于城乡要素流动的文献综述

城乡要素流动，早在十年前就已经是一个热点话题。2011年，时任中国证监会主席郭树清在年度财新峰会发表题为"努力实现生产要素在城乡之间的双向自由流动"的演讲，指出农村地区的劳动力、资金、土地仍在继续维持流向城镇，虽然反向流动也在增加，但不成比例，没有改变城乡之间生产要素流动的基本格局[11]。乡村要素流向城市是市场机制作用的结果，一方面为城市化和现代产业化做出了巨大贡献，另一方面乡村要素单向流动无法使区域差异趋于收敛，反而会使区域差异不断拉大[12]。

在乡村要素流向城市的动力机制层面，多数学者的观点集中在政策体制、现代产业体系和城乡基础设施建设差距等因素导致乡村生产力要素定价体系变化，使得不同社会主体对乡村要素的利用方式的效率提升，进而导致了乡村要素大规模流向城市。在传统的以GDP增长为核心的政绩考核制度的影响下，地方官员把推动辖域经济增长作为主要施政目标，逐步形成了当前城市偏向的政策体系[13]，这种体系倾向于在生产要素配置中偏向于非农产业部门，导致大量乡村要素流向非农产业部门[14]。从要素定价主体角度分析，当前乡村要素被城市产业体系重新定价，导致要素参与非农产业所获得的收益高于参与农业产业所获得的收益，进而导致了乡村要素的流出[14, 15]。农村土地也是一个核心要素，在农村土地资源通过非市场化途径流入城市的普遍情况下，因土地流动而引起的财富效应在农村和城市之间的不合理分配，也会导致失地农民数量增长和农村金融资本的城市化单向流动[16]。同时，基础设施的差异性也是一个重要因素，特别是交通、通信、环保这三类基础设施的城乡差距越大，工农业人均产出、城乡生活水平以及城乡社会性基础设施的差距就越大，也会导致单向流动[17]。

从这个共同点出发，学者们从不同角度对引导要素流入乡村的措施进行了探讨。从政策体制方面，可以考虑通过加快土地有序流转和调整中央对地方政府的政绩考核体系，来提升乡村对各类生产力要素的吸引力[18]。从制度机制方面，引导要素流入乡村亟须完善空间资源定价制度，可尝试建立在集体经济基础上的三级市场定价体系，完善资源交易、定价、开发和收益分配机制[4, 19]。引导要素流入乡村重要的工作在于通过建立体系性的制度机制，构建城乡要素流动的渠道体系，实现城乡融合发展。另外，也有学者指

出，除了制度机制的建立与完善，城乡产业互动性、跨域通达性与基本公共服务差异性是影响当前中国城乡发展差距与城乡关联程度的三个关键性因素[20]。同时，大力完善基础设施建设，能够有效促进农业劳动力向非农部门转移，提高农业部门边际劳动生产率和农村居民收入，进而缩小城乡收入差距[21]。

以落实"两进两回"为目标之一的衢州乡村未来社区，是一项地方政府推动的"未来乡村建设"，是国内较早的整体性探索引导要素流入乡村的地方实践。田毅鹏认为乡村未来社区实际上是以城乡一体化和城乡对流机制的建立为前提[22]，对现代城乡关系表达的偏颇性的一种纠正，对改变乡村的边缘从属地位有重要意义[23]。葛丹东认为在浙江乡村的物质环境改善基本完成的基础上，浙江乡村风貌、产业和治理体系的建设发展是当前面临的主要问题，乡村未来社区为乡村发展提供了一种未来形态，是乡村规划工作的一种新思路[24]。当前针对未来乡村社区的研究也体现了对这种新的乡村社区形态的共同认同和期待。

当前学术界对于城乡要素流动和乡村未来社区的探讨更多的是基于对现象、过程和对策的理论性研究，尚缺少对实践层面的探讨。从实践层面审视和反思当前学术界对城乡要素双向流动和乡村未来社区的探讨，有助于更加真实和全面地构建城乡要素双向流动的实践框架体系。基于对已有城乡要素流动的和乡村未来社区的理论研究成果为本文奠定了理论基础，本文从城乡要素双向流动的乡村建设实践角度探讨阻碍要素流向乡村的壁垒，也探讨了优化既有的城乡要素双向流动的通道体系。该视角有助于"自下而上"地反思制约城乡要素流动的症结所在，从实施层面补充和完善乡村建设的关键环节和流程机制。

三、衢州乡村未来社区建设情况的调查与评估

衢州乡村未来社区作为首个以回应浙江省"两进两回"行动为主要目标的地方乡村建设实践，其建设内容是研究城乡要素双向流动的重要依据。本次调查与评估主要聚焦于乡村未来社区建设对"两进两回"政策的落实情况，评估的方法参照政府工作绩效评估。衢州乡村未来社区的建设都是采取"项目制"的操作模式，上级政府考核工作普遍采取"目标管理责任制"。这种方式是政府追求技术治理的典型方式，目标管理最容易制度化和量化，更易于考核[25]。

本研究从乡村未来社区建设指标体系内容、建设管理组织架构、实际建设实施情况三个方面进行调研

与评估，调查时间是2021年1月至4月。

1."两进两回"政策内容与乡村未来社区建设指标体系对应关系

《浙江省人民政府办公厅关于实施"两进两回"行动的意见》（以下简称《意见》）于2019年10月28日发布，文件主要从科技进乡村、资金进乡村、青年回农村、乡贤回农村四个方面明确了工作内容和要求。《衢州乡村未来社区指标体系与建设指南》（以下简称《指南》）于2020年9月18日发布，由衢州市委市政府主导、联合国环境署可持续城市与社区项目（SUC）负责编制，提出"四化九场景"[26]（四化是指人本化、田园化、科技化、融合化，九场景是指文化、生态、建筑、服务、交通、产业、数字、治理、精神）的指标体系。

笔者对《意见》的工作内容和《指南》文件"九大场景"的"实施要素"内容进行了比较，将文件的内容按照"制度机制"设计和"服务设施"要求分成两大类内容，发现有如下三点特征。首先，《意见》可以细化成56项内容，包含针对引导要素流入乡村的制度机制的设计和引导（53项）和针对乡村空间建设的内容（3项）；《指南》可以细化成118项（包含了SUC的一些其他内容），包含对各类乡村服务设施和空间环境建设的内容和要求（80项）和对制度机制设计的内容（38项）。其次，对于《意见》来说，共有17项内容在《指南》中得到回应，占《意见》总量的30%；对于《指南》来说，共有55项内容回应《意见》，占《指南》总量的47%。最后，《指南》回应《意见》最多的一类是"科技进乡村"（39项），回应最少的是"乡贤回农村"（4项）；《指南》对《意见》的回应中关于服务设施类的内容较多（36项），也增加了制度机制类内容（19项），体现了乡村未来社区建设"制度机制"类软性内容的尝试（表1）。

2.乡村未来社区建设管理组织架构

（1）建设管理组织架构

笔者对6个试点的建设管理组织机制及其相关人员进行了调研和访谈，总结了乡村未来社区的整体管理组织机制构架（表2），并分析归纳了各试点主要管理组织人员对于乡村未来社区建设的认识。

在乡村未来社区建设管理组织机制上，所有试点均采用了"政府专班小组+EPC企业"的模式。不同试点根据其各自需求，由区/县委领导、区/县农业农村局联合区/县各条线部门相关人员与试点所在乡镇政府相关负责人员共同组成试点专班小组，整体统筹、组织和推进乡村未来社区试点的各项建设工作。

同时，各试点专班通过公开招投标的方式引入EPC企业作为市场建设主体，以"投、建、管、运"一体化的模式具体负责试点的各项建设工作。

（2）政府部门访谈

在调研乡村未来社区各试点组织机制的同时，笔者及调研小组制定了针对"两进两回"落实程度从整体建设推进思路、EPC企业的选择、产业发展思路规划与农民增收、引入创客和企业的举措、吸引人员回流五个方面制定了访谈提纲，对各试点专班小组主要负责人进行了深度访谈（表3）。

访谈发现，各试点专班小组以项目建设为导向推进乡村未来社区的建设工作。各试点专班小组大多以落实各类项目建设为主，并制定了项目建设清单和分期建设时间表，以此来监督推进各试点项目建设工作。专班成员认为《指南》对各类空间设施有明确的建设规定，便于落实，但他们对《意见》中引导青年、乡贤回流的制度机制建设内容的了解程度差异较大，即便是了解其中的内容，对如何进行落实也存在

表1 《指南》和《意见》内容对应关系

《意见》内容框架		《意见》内容分类	《意见》得到《指南》回应的内容	《指南》中对《意见》回应的数量	《指南》内容总量
科技进乡村	服务设施	2	2	33	
	制度机制	14	3	6	
	分项总计	16	5	39	
资金进乡村	服务设施	0	0	0	
	制度机制	13	4	7	
	分项总计	13	4	7	
青年回农村	服务设施	0	2	2	118
	制度机制	16	2	3	
	分项总计	16	4	5	
乡贤回农村	服务设施	1	1	1	
	制度机制	10	3	3	
	分项总计	11	4	4	
总计		56	17	55	
占各自总内容比例		100%	30%	47%	100%

表2 乡村未来社区建设管理组织架构

试点名称	政府专班小组	EPC企业
龙游县溪口镇	县委领导+县农业农村局+（县财政局、县经信局、县营商办、县住建局、县交通局、县林水局、县文广局等）+镇政府相关人员	乡伴文旅集团
常山县同弓乡	县委领导+县农业农村局+（县财政局、县住建局、县交通局、县林水局、县文广局等）+乡政府相关人员	浙江绿投集团
开化县杨林镇	县委领导+县农业农村局+（县财政局、县住建局、县交通局、县林水局、县卫健局、县自然资源局等）+镇政府相关人员	未定，当时正在招投标
衢江区莲花镇	区委领导+区农业农村局+（区财政局、区发改局、区交通局、区林水局、区卫健局、区自然资源局、区住建局等）+镇政府相关人员	浙江峰景旅游开发公司
柯城区沟溪乡	区委领导+区农业农村局+（区财政局、区发改局、区交通局、区林水局、区卫健局、区自然资源局、区住建局等）+镇政府相关人员+余东村村委记	柯城区乡村振兴公司
江山市石门镇	市委领导+市农业农村局+（市财政局、市发改局、市交通局、市林水局、市卫健局、市自然资源局、市住建局等）+镇政府相关人员	浙江蓝城集团

表3 访谈对象信息汇总

试点名称	专班访谈对象（匿名）		
衢州市	衢州市农业农村局副局长		
龙游县溪口镇	县农业农村局副局长	镇党委副书记	溪口镇组织委员
常山县同弓乡	县农业农村局副局长	乡长及相关专班成员	—
开化县杨林镇	县农业农村局副局长	镇政府中心主任	—
衢江区莲花镇	区农业农村局副局长	镇长	—
柯城区沟溪乡	区农业农村局党委副书记	乡人武部部长	余东村书记
江山市石门镇	市发改委副主任	镇人大主席	—

不同的看法。整个专班对项目推进所持有的工程思维和条块管理思维较重，缺乏对乡村未来社区建设的深入了解和理解，对引导回流制度机制与具体项目的结合方面了解较少。

访谈还发现，各试点对青年、乡贤或创客的引入是个例。各试点的回流创业项目多为各试点一对一引进的项目，项目长期目标与试点目标相契合，但项目当前多处于起步阶段，且经营状况欠佳。截至调研结束，各试点尚未建立起针对返乡青年、乡贤的各项保障、支持政策体系，对相关回流创业产业的支持力度也有待提升（表4）。

（3）实际建设实施情况

笔者在建立了"两进两回"政策内容与乡村未来社区建设指标体系对应关系的基础上，对乡村未来社区回应"两进两回"内容的相关建设情况进行了打分评估。打分的方式参照政府主管部门对该部分内容的考核方式，通过对应"目标责任"和"成果绩效"，为每一项指标赋予分值，对每个试点的每一项建设情况进行计分评价，按照调研现状，有建设达标则加1分，无建设则计0分。经过与衢州市主管评估的部门核对，各个项目的得分情况与政府的评估结果契合度较好。（表5）。

通过打分评估发现，六个试点的得分情况差异较大，体现了地区和工作成效差异。对"乡贤回农村"和"科技进乡村"的内容建设落实程度较高，都超过了50%，而对"资金进乡村"和"青年回农村"的落实程度相对较低，都不足50%；同时，在所有分值当中，"科技进乡村"中服务设施建设总分为33分，占到总分值的60%，也体现了这次乡村未来社区建设的侧重点所在。

（4）建设实施情况总结

本次建设实施调研的重点在于摸清乡村未来社区的内容构成、特征、建设实施状况，并非是针对建设场景的静态评估。通过对乡村未来社区的调研分析发现如下四点特征。

首先，从整体来看，乡村未来社区的建设是一个以乡村产业培育和发展为特色，配套有制度和机制，并有服务设施建设的系统工作，体现了运营思维和通过产业发展为乡村赋能的逻辑，体现了对"两进两回"政策的积极回应。其工作的内涵已经远远超出空间建设的范畴，充分体现了创新性。

其次，各个试点的建设情况差异很大，这里面既有客观建设条件的差异，也有主观认识的差异，还有建设效果的差异，体现了乡村建设与发展条件多样性、内容复合性，发展理念贯穿于整个工作中。

再次，主要的建设内容是围绕与乡村产业发展相关的"科技进乡村"，这背后更多的是硬件（服务设施与空间）建设。围绕人的建设内容和制度机制（诸如乡贤、青年）相对较少，对这方面的思考广度和认识深度也相对有限。

最后，对于通过"项目制方式"推进、以培育"乡村产业"为特征的、面向运营的乡村未来社区建设，如何进行客观的、合理的评价，是需要继续深入探讨的问题。从调研情况来看，各试点建设中真正实现乡贤青年回乡村、留在乡村中的事件仍然较少，各试点培育的回流创业项目大多运营情况不佳，这些项目与其他乡村光鲜亮丽的建设环境形成反差。

这种模式能否代表乡村的"未来性"？乡村未来社区到底应该发挥什么样的作用、扮演什么样的角色？是建设者以及调研团队所存在的疑问。

四、央地诉求差异语境下的乡村建设困境

至2022年，中央一号文件已经是连续第十九年聚焦中国"三农"议题，体现了"三农"问题的重要性和复杂性。衢州市乡村未来社区以及后续的浙江未来乡村建设，是落实国家对乡村发展的相关政策，体现国家对乡村发展的战略意图，探索乡村未来走向的地方实践活动。为了更好地贯彻和深入理解国家意志，有必要从宏观制度变迁视角和中央与地方对乡村建设的不同认知角度进行分析，以期能够更好地理解乡村建设发展的内在逻辑。

1.制度变迁过程中形成的中央政府与地方政府不同的"政府理性"

根据道格拉斯·诺斯提出的制度派生及其路径依赖理论[27]，处于不同经济阶段的中央政府和地方政府会依据自我强化机制不断提升对各自经济行为模式的依赖程度，并且，在制度变迁的过程中，中央政府和地方政府作为制度框架内不同的利益主体进入了零和博弈的过程[28]。由于不同层级的政府看待乡村发展的逻辑取向、政治诉求不同，导致地方政府在落实中央政策时会出现工作内容的差异[29]。基于不同政府理性的中央和地方政府对乡村建设的内在差异，是不同层级政府对于"两进两回"和乡村未来社区引导要素回流乡村存在认识差异的根本原因。

改革开放后，在政策体制的影响下地方政府逐渐

表4　回流项目信息汇总

试点名称	回流项目	运营状况
龙游县溪口镇	竹制品文创团队（青年回农村）	产品制作渠道正在搭建，销售渠道正在搭建
常山县同弓乡	民宿经营团队（乡贤回农村）	因缺少相关配套服务设施导致民宿运营情况不佳
开化县杨林镇	暂无	暂无
衢江区莲花镇	盒马鲜生采购公司（乡贤回农村）	公司的产品定价机制与当地种植企业和农户诉求不符，运营状况不佳
柯城区沟溪乡	农民画公司（本乡村乡贤创办企业）	经过多年发展，经营状况较好，带动村集体发展
江山市石门镇	暂无	暂无

表5　乡村未来社区建设实施情况汇总

"两进两回"内容		总分	常山县同弓乡	开化县杨林镇	江山市石门镇	龙游县溪口镇	衢江区莲花镇	柯城区沟溪乡	合计	得分率
科技进乡村	服务设施建设	33	4	9	21	20	23	16	93	—
	制度机制设计	6	4	4	1	6	6	6	27	—
分项总分		39	8	13	22	26	29	22	120	51.3%
资金进乡村	服务设施建设	—	—	—	—	—	—	—	—	—
	制度机制设计	7	1	1	2	5	6	4	19	—
分项总分		7	1	1	2	5	6	4	19	45.2%
青年回农村	服务设施建设	2	0	0	0	2	2	2	6	—
	制度机制设计	3	1	1	1	1	1	1	6	—
分项总分		5	1	1	1	3	3	3	12	40%
乡贤回农村	服务设施建设	1	0	1	0	1	1	1	4	—
	制度机制设计	3	2	2	2	2	2	2	12	—
分项总分		4	2	3	2	3	3	3	16	66.7%
服务设施建设总分		36	4	10	21	23	26	19	103	47.7%
制度机制设计总分		19	8	8	6	14	15	13	64	56.1%
总分		55	12	18	27	37	41	32	167	50.6%

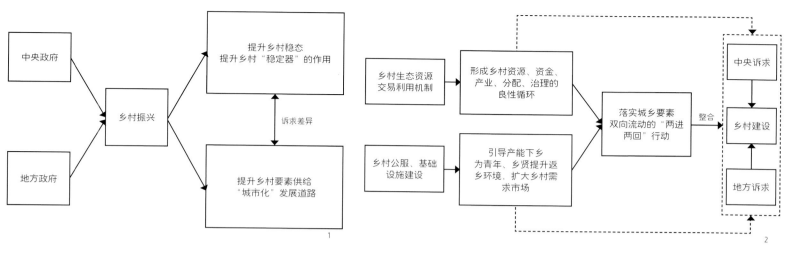

1.中央政府与地方政府对乡村建设的诉求差异示意图　　　2."两进两回"行动在弥合中央政府和地方政府诉求差异中的作用示意图

从过去名义上承担无限责任的"人民政府"演化为实质性承担有限责任的"权力公司"[28]。地方政府依靠投资拉动外向型经济带动地方发展,形成了大量产业同质化竞争,地方经济发展产生的成本以赤字依赖和坏账上交的方法向中央政府转移,导致中央政府不断强化其财政和金融调控力度,逐渐形成以增发货币和增发政府债券为手段的政府信用扩张方法体系,再加上外汇管制以应对外债偿付,中央政府逐渐升级到以金融资本为主要收益来源、以经营性金融收益为主的产业阶段[10]。

在这一循环往复中,地方政府逐渐形成以产业资本主导的实体经济基础,而中央政府的经济基础是金融资本主导的金融经济[10]。中央政府和地方政府基于各自不同的经济阶段,形成了各自不同的"政府理性"。

2.中央政府和地方政府对乡村建设的不同诉求

当前在西方国家主导的虚拟资本市场不断发展中国家转移发展和制度成本的宏观背景下,中央政府需全面加强乡村建设来提升乡村对于国家经济危机的承载能力[28]。从中央政府的政府理性出发,乡村是中国经济安全的"稳定器",乡村的经济基础不同于城市,长期以来一直是中国城乡二元结构体制下的经济增长所依托的"无风险资产",保证乡村"无风险资产"的收益水平,可以使国民经济免于迅速掉进"下降通道"。结合当前乡村发展的新思路和新方向,中央政府对乡村建设的诉求在于国家信用配合政策下乡,落实生态文明战略,对生态资源实现价值化、货币化和资本化,对乡村各类空间资源实施系统性、整体性的综合利用开发,构建"产业生态化"和"生态产业化"的生态经济体系,通过城乡一体化发展、乡

村产业发展和乡村治理体系完善等一系列措施,提高乡村无风险资产收益,全面振兴乡村,进一步恢复和强化乡村作为国家安全"稳定器"的作用,维护国家综合安全。

对"城市化+产业化"模式"路径依赖"的地方政府将乡村视为生产力要素的"供给池",本质上是对乡土社会经济体系的一种破坏。对比中央政府对乡村建设的诉求,以产业经济为主的、承担有限责任的地方政府,对于乡村建设的诉求在于以资源和土地的资本化开发来实现产业化经营,空间形态改变发生在乡村,但"以地套现"所得的资金主要进入当地城市化资金链[30]。地方政府采用"以地套现"的方式来维持城市化"高负债+高投资=高增长"的发展模式[31],"城市化"需要大量资金,地方政府需依靠土地资源资本化来维持,"以地套现"的城市化发展模式不仅从乡村提取大量要素资源,更进一步导致了乡村产业经济体系衰落和乡村社会治理体系失序。以产业资本推进城市化的路径模式固然能带来"高增长",但并不会减少城市化高负债所带来的财政成本和社会治理成本,并且会让已经面临内生性危机的乡村进一步遭到破坏。这与中央政府通过生态文明战略和乡村振兴战略恢复乡村"稳态"、实现乡村生产、生活和生态全面振兴的乡村建设发展诉求相矛盾。

基于中央政府的政府理性,建设城乡要素双向流动新格局的重点在于调整当前有利于城市发展的要素单向流动政策制度体系,调整现代产业体系对乡村生产力要素的定价体系,构建完善的有利于要素流入乡村的体系来引导各类要素(资金、劳动力等)回流乡村,进而实现城乡要素双向流动。作为地方资本"代理人"的地方政府,在推动乡村建设中呈现出的"设

施建设导向"其本质在于地方政府意图通过乡村建设来为城市资本寻找进而延续对"城市化+产业化"的路径依赖[10]。

在当前中央政府和地方政府在乡村建设的诉求存在差异的情况下,地方政府在执行中央政府的政策时容易从自身诉求角度出发来进行乡村建设,而对于中央政府的诉求和初衷存在一种"不自觉的"兼顾心理。事实上,从本次的调研来看也印证了这种现象。

五、"两进两回"视角下乡村未来社区建设的多重意义

1.城乡要素双向流动是协调央地政府关于乡村建设诉求差异的重要思路

以落实中央关于引导城乡要素双向流动政策的"两进两回"行动是对中央政府和地方政府关于乡建诉求差异的巧妙协调。基于引导要素流入乡村的制度机制创新和基础设施建设不仅有利于落实中央政府对于乡村经济产业、生态资源、社会治理等方面的诉求,提升乡村"稳定器"的作用,对于地方政府"路径依赖"的城市产业发展模式也是一种创新型、改良型的疏解和引导。

基于林毅夫的新结构经济学理论关于要素禀赋结构的动态变化的分析框架,城乡要素双向流动的政策内容体系是可以很好的兼顾央地政府关于乡村建设的诉求[32]。在当前生态文明战略和乡村振兴战略全面实施的大背景下,对比城乡要素禀赋结构可知,乡村要素禀赋结构存在内生性扭曲,扭曲外在表现为乡村在劳动力、资金等方面的要素短缺,扭曲的内在原因主要在于城乡要素定价机制的错配、乡村资源交易机制的滞后和城乡基础服务设施的巨大差距等问题。

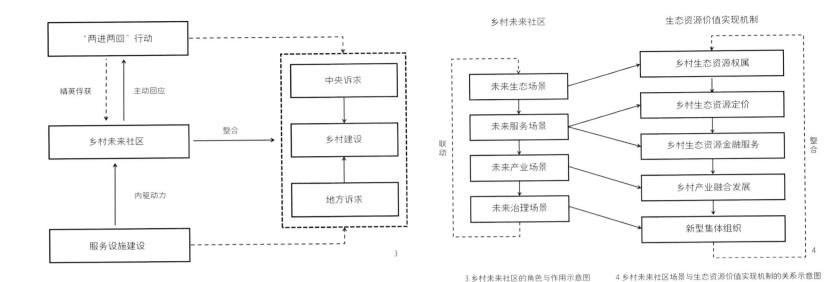

3.乡村未来社区的角色与作用示意图   4.乡村未来社区场景与生态资源价值实现机制的关系示意图

在当前乡村要素价格为外部市场所决定的背景下，关于对乡村生态资源重新定价的乡村要素价值实现机制的设计是解决乡村要素单向流出的核心环节[4]。随着国内中等收入群体增长引发消费结构的转变，城乡发展的历史条件正在发生变化，乡村的生态资源正在由过去的"生产主义"的单一空间语境转变为"后生产主义"的复杂多元空间语境[33]。现阶段，多数乡村外部主体在乡村领域进行交易都面临资本与分散小农交易成本过高的问题，从这一问题出发，引导要素流入乡村的关键在于在针对乡村生态资源权属确定、乡村生态资源要素定价制度、乡村生态资源资本化运作机制等方面的制度优化与创新的基础上，构建一套关于乡村生态资源体系交易利用机制以吸引资金、劳动力和技术等要素回流乡村[34]，推动乡村要素禀赋升级，形成依托乡村空间资源的比较优势，进而引导乡村产业体系转型升级，提升农民"无风险资产"收益。随着收入水平的提高，农民抵抗风险的能力也会发生变化，配合党建引领的农村基层组织建设和乡村治理体系的升级，进一步恢复提升乡村对外部性风险内部化处理机制，提升乡村对危机和风险的承载能力[31]。

在要素禀赋结构扭曲消解的过程中，乡村基础设施和公共服务建设对于引导要素流入乡村有重要作用。城乡公共服务一体化有利于在乡村要素资源重新定价的过程中降低外部资本下乡的交易成本，使得乡村要素生产力得到更大程度释放，进而实现要素的价值增值。随着网络信息技术、人工智能、能源技术等新技术的出现，在城乡物理距离不断减小的基础上，城乡在网络空间上更趋向于扁平化，城乡要素双向流动政策对乡村基础设施和公共服务的提升要求能够让乡村市场释放出的巨大消费与投资需求[22]，为地方政府的工业供给侧结构性改革提供了巨大内需空间。

2.乡村未来社区是整合中央政府和地方政府关于乡村建设诉求的重要实践抓手

乡村未来社区建设是衢州市作为地方政府，首个"自下而上"提出的落实"中央下乡"诉求的乡村振兴尝试。在中央政府和地方政府关于乡村发展的博弈过程中，由于地方政府公司化倾向和对"城市化"模式的路径依赖，作为宏观政策执行者的地方政府，对自下而上的具有综合安全提升导向的政策的执行内驱动力不足。如果没有地方政府联合乡镇村民主动开展涵盖中央政府和地方政府诉求的乡村振兴行动，乡村的建设和发展难逃经济层面的"精英俘获"和治理层面的"囚徒困境"[29]。衢州市提出乡村未来社区，体现出了其作为地方政府对自身发展诉求的克制和响应中央政策的意志。

乡村未来社区的《指南》文件中"四化九场景"指标体系的提出，虽然大部分指向有利于地方政府"产能下乡"的乡村物质空间建设，但其在有利于中央政府"制度下乡"的乡村产业体系发展、乡村金融体系构建和乡村基层治理创新等方面也做了一定的突破性尝试。《指南》作为指导衢州乡村未来社区建设的纲领性文件，体现了对浙江省"两进两回"行动和中央城乡融合发展精神的落实，虽然《指南》仍具有较大优化空间，但其突破性的探索意义不容忽视。

因此，乡村未来社区是一项中央意志自上而下落实和地方诉求自下而上渗透的双向整合的乡建行动。在乡村未来社区建设中，缺乏自上而下的宏观指引易导致乡村陷于"城市化"的发展逻辑而日渐消亡，缺乏自下而上的地方响应易导致乡村囿于政策传达的基层"精英俘获"而偏离方向。所以，如果要对乡村未来社区的建设做进一步优化，其方向应是对城乡要素双向流动的中央意志的进一步补充，以及对地方诉求的进一步控制，实现央地意志尽可能统一。

六、面向"两进两回"的乡村未来社区建设优化策略

生态文明战略和乡村振兴战略明确了乡村生态资源价值化利用的思路。2021年4月，中共中央办公厅、国务院办公厅印发《关于建立健全生态产品价值实现机制的意见》的通知，提出"建立健全生态产品价值实现机制"，对生态产品价值的核算体系、经营开发体系和补偿保障体系等做了明确部署。该意见为乡村各类生态资源的多样化、系统化和全域化利用提出了新要求，为改变乡村要素市场的定价体系提出了调整的方向和路径。

生态产品价值实现机制将乡村由农业一产和土地一维的要素禀赋结构变为农业一、二、三产融合和山水林田湖草三维的要素禀赋结构。在我国中等收入群体消费结构升级的大背景下，乡村要素资源的比较优势逐渐形成，乡村生产力要素的定价体系将迎来调整的机遇进而能够带动城市的各类要素（资金、人才劳动力等）回流乡村。

结合前述分析和论证，提出进一步优化乡村未来社区内容的三点建议。

1.在乡村未来社区九大场景中体现乡村生态资源价值实现机制

《指南》中的九大场景较为全面、直接地体现了乡村未来社区的未来场景，但从体现未来乡村社区的特殊内涵、国家对乡村"稳态"的要求以及更深层次

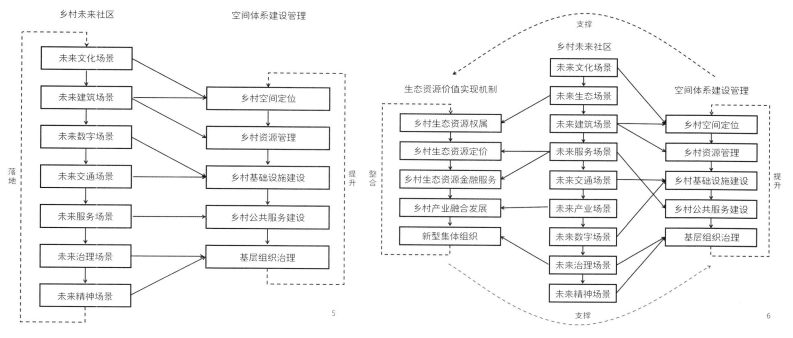

5.乡村未来社区场景与空间体系建设管理的关系示意图　　6.乡村未来社区建设关联关系示意图

的新型集体经济组织，其至2022年提出的促进农民农村共同富裕的角度，不管从单个场景的体现角度还是从多个场景组成的内在系统角度，都还需要有进一步表达。

乡村生态资源价值实现机制是一套体系性的机制，涉及乡村生态资源权属、乡村生态资源要素定价制度、乡村生态资源资本化运作机制、乡村第一、第二、第三产业融合体系、新型集体组织及收益分配机制，各个环节环环相扣、相互关联。乡村未来社区应将乡村生态资源价值实现机制与"九大场景"体系结合，在乡村未来社区的场景设置中植入乡村生态资源价值实现机制的逻辑，构建"机制"与"场景"之间的联动关系，积极探索整合中央政府和地方政府对于乡村建设诉求的路径模式。

在未来生态场景中强化对"两山理论"的场景体现，凸显每个未来乡村社区乡村生态资源的特点、村集体资源归属与体现等方面。这个场景既是体现乡村特质的基本场景，又是体现乡村生态资源价值的关键场景。在乡村三产融合发展的背景下，传统农业一产市场对乡村生态资源进行定价的话语体系需要转变为农业三产多元化定价体系，定价的主体将会从乡村村民转变为具有投资消费能力的城市居民。未来生态场景承担着体现优质乡村生态环境、呈现集体生态资源价值等方面的作用。

在未来服务场景中增加"两山银行"工作内容的场景体现。"两山银行"是实现"绿水青山"向"金山银山"价值转化的具有创新性特点的关键通道。结合"两进两回"的具体内容，将"两山银行"试点工作与未来服务场景内容整合，通过未来服务场景落实乡村生态资源股权化、建立生态资源产权交易机制以及各类返乡群体的保障机制，打造集教育、医疗、康养、商业服务与金融服务于一体的乡村服务政策设施体系，为资金进乡村、科技进乡村提供新型制度通道，为"两进两回"的落实提供政策服务支持。

在未来产业场景中突出乡村生态资源转化为生态产品的场景，突出三产融合发展的场景。未来产业可能是多元化的内容，在现有的产业场景中，一般会突出特色产业，而特色产业有内生型也有对外服务型。乡村未来社区中的产业场景，更重要的是体现内生产业特别是与生态资源转化为生态产品相关的产业，凸显乡村内生产业特色，同时顺应三产融合的趋势，突出乡村产业未来多元融合的特质。

在未来治理场景中增加新时期乡村新型集体经济组织的场景体现，从场景层面营造共同富裕的内涵。农村集体经济既是一种传统的公有制形式，也是当前共同富裕理念下需要继续探索的一种新形式。在生态文明战略和乡村振兴战略的指引下，乡村新型集体经济组织对内可以将乡村空间资源产权明确到户（人），对外可以形成统一的交易主体，有利于降低外部资本与分散小农的交易成本。未来治理场景应重点落实乡村新型合作组织的构建模式，鼓励回乡青年、乡贤等多元主体参与乡村治理，并结合未来产业场景探讨新型集体收益分配机制。乡村新型集体经济组织可以与乡村治理功能整合，形成乡村综合集体组织。

通过将生态资源价值实现的机制与未来场景结合，可以更好地落实和体现国家对乡村"稳态"的要求以及促进未来乡村内生"本底"的结合。

2.多规合一引导乡村空间资源有效治理和空间设施合理配置

乡村未来社区的建设应突出乡村空间规划在乡村建设中的引领作用，加强对乡村空间资源的系统性整体管理，有针对性地建设完善各类基础设施和公共服务设施。

首先，明确不同乡村未来社区在各自城乡空间体系中的定位。乡村未来社区的试点性、先导性特征体现了其在城乡空间体系中的特殊地位，一定是区别于一般的乡村社区而存在的。明确乡村未来社区的定位，厘清与现有空间体系的关系，有助于更好地发挥其在城乡要素流动过程中的桥梁和枢纽地位。

其次，加强对乡村全域全要素空间资源的治理。乡村未来社区的建设应结合乡村全域土地综合整治工作，对乡村"山、水、林、田、湖、草"等各类空间资源进行合理的用途管制和建设管理。

最后，乡村未来社区的空间设施建设不是城市未来社区建设的线性删减版，是基于乡村自身多元特色的、满足未来乡村各类新型社群需求的乡村振兴行动。《指南》中针对"九大场景"的建设构建了详细的建设指标体系，"标准化"地框定了"九大场景"的建设类型和规模。这种类"城市化"的建设管控思维模式与乡村振兴战略强调的乡村发展注重特色化和多元化的内涵思想相矛盾。乡村未来社区应结合相关场景的建设内容,结合资金、技术等要素流入乡村的实际诉求、乡村产业体系发展需求和乡村新型重构社群的需求,在保留乡村乡土乡愁特色的前提下有针对性地合理配置各类空间服务设施。

3.机制内嵌、空间建构与场景体现相结合共建乡村未来社区

实现要素流入乡村的目标,乡村生态资源价值实现机制和乡村空间设施体系建设需要紧密结合。乡村未来社区的"九大场景"的建设是两者落地运转的重要抓手:一方面"九大场景"能以"两进两回"内容作为依据,为进一步完善乡村生态资源价值实现机制的各个环节提供操作抓手,增加关于"两进两回"制度建设内容;另一方面"九大场景"与乡村空间设施建设直接对应,通过乡村空间规划体系合理管控各类乡村资源和设施建设。

将内在的"制度与机制建设"、实体的"空间建设"、形式的"场景建设"结合起来,共同建构有魅力的乡村未来社区。

七、结语

乡村在实现了脱贫攻坚的全面胜利之后,迎来了如何全面实现乡村振兴的挑战。乡村的发展面临与城市截然不同的逻辑和路径,这已经成为共识,也是一条前所未有的有中国特色的乡村振兴之路。

站在历史的角度,乡村在中央政府和地方政府基于其各自不同的"政府理性"而产生的博弈困境中发展迟缓,乡村发展需要新的契机。站在未来的视角,通过生态资源价值实现机制体系来促进要素回流乡村是乡村振兴的核心思路。乡村未来社区"九大场景"应进一步以"两进两回"行动为基准,探索九大场景在落实生态资源价值实现机制方面起到的串联作用,并注重深入分析生态资源价值实现机制各环节在落实中遇到的问题。

乡村未来社区如何结合各试点自身特色,克服城市化建设思维,避免用"标准化""指标化"的方式限定乡村空间和设施建设,使得乡村空间和设施体系能更好地为村民、青年和乡贤等不同人群服务,这在后续的研究中需要进一步分析论证。

参考文献

[1]张发林.中美金融竞争的维度与管控[J].现代国际关系.2020(03):22-30+65-66

[2]刘鸣.中美竞合关系发展———基于国际规范、国际战略对冲与协调的视角[J].国际观察.2016(05):94-105.

[3]林毅夫.中国经济的世界意义与世界表述(上)[N].中华工商时报.2021-07-22(003)

[4]温铁军.罗士轩.董筱丹.等.乡村振兴背景下生态资源价值实现形式的创新[J].中国软科学.2018(12):1-7

[5]中华人民共和国中央人民政府.中共中央、国务院关于新时代推动中部地区高质量发展的意见[EB/OL].[2022-08-01]http://www.gov.cn/zhengce/2021-07/22/content_5626642.htm.

[6]温铁军.等.八次危机.中国的真实经验1949—2009[M].北京.东方出版社.2013

[7]温铁军.等.解读苏南[M].苏州:苏州大学出版社.2011.

[8]孔祥智.何安华.新中国成立60年来农民对国家建设的贡献分析[J].教学与研究.2009(09):5-13

[9]温铁军.张俊娜.邱建生.居危思危:国家安全与乡村治理[M].北京:东方出版社.2016:47-48.

[10]浙江省人民政府办公厅.《浙江省人民政府办公厅关于实施"两进两回"行动的意见》政策解读[EB/OL].[2022-06-05]https://www.zj.gov.cn/art/2019/10/28/art_1229019366_65208.html.

[11]郭树清.促进实现城乡生产要素双向自由流动[N].社会科学报.2012-01-19(002).

[12]陈良文.杨开忠.我国区域经济差异变动的原因:一个要素流动和集聚经济的视角[J].当代经济科学.2007(03):35-42+124.

[13]魏后凯.新常态下中国城乡一体化格局及推进战略[J].中国农村经济.2016(01):2-16.

[14]王颂吉.白永秀.城乡要素错配与中国二元经济结构转化滞后.理论与实证研究[J].中国工业经济.2013.(07):31-43

[15]张国献.利益协调视域下城乡生产要素双向自由流动机制研究[J].当代经济科学.2012.34(05):70-75+126.

[16]张泓.柳秋红.肖怡然.基于要素流动的城乡一体化协调发展新思路[J].经济体制改革.2007(06):100-103.

[17]骆永民.中国城乡基础设施差距的经济效应分析———基于空间面板计量模型[J].中国农村经济.2010(03):60-72+86.

[18]王颂吉.白永秀.城乡要素错配与中国二元经济结构转化滞后.理论与实证研究[J].中国工业经济.2013.(07):31-43.

[19]唐溧.董筱丹.乡村振兴中的空间资源利用制度创新———如何弱化"三产融合"中的空间"隐性剥夺"[J].探索与争鸣.2019(12):113-123+159-160.

[20]范昊.城乡关系演进下的中国城乡关联-共生发展研究[D].太原:山西财经大学.2018.

[21]刘晓光.张勋.方文全.基础设施的城乡收入分配效应.基于劳动力转移的视角[J].世界经济.2015.38(03):145-170

[22]田毅鹏.乡村未来社区:城乡融合发展的新趋向[J].人民论坛·学术前沿.2021(02):12-18

[23]田毅鹏.乡村"未来社区"建设的多重视域及其评价[J].南京社会科学.2020(06):49-56.

[24]葛丹东.张心澜.梁浩扬.浙江省乡村未来社区的规划策略研究[J].建筑与文化.2020(11):79-80

[25]王汉生.王一鸽.目标管理责任制:农村基层政权的实践逻辑[J].社会学研究.2009(2):61-92

[26]衢州市政府办公室.浙江衢州发布全国首个乡村未来社区创建标准[EB/OL].http://www.qz.gov.cn/art/2020/9/22/art_1229037214_58329242.html.2022-06-05.

[27]道格拉斯.诺思.理解经济变迁的过程[M].北京:中国人民大学出版社.2008

[28]温铁军.计晗.张俊娜.中央风险与地方竞争[J].社会科学文摘.2016(01):47-48

[29]江世银.陈曦.付会敏.央地两级政府在双循环中的角色定位及关系调适[J].区域经济评论.2021(03):35-43

[30]董筱丹.梁汉民.区吉民.乡村治理与国家安全的相关问题研究———新经济社会学理论视角的结构分析[J].国家行政学院学报.2015.(02):79-84

[31]杨帅.温铁军.经济波动、财税体制变迁与土地资源资本化———对中国改革开放以来"三次圈地"相关问题的实证分析[J].管理世界.2010(04):32-41+187.

[32]林毅夫.如何做新结构经济学的研究[J].上海大学学报(社会科学版).2020.37(02):1-18

[33]张京祥.申明锐.赵晨.乡村复兴:生产主义和后生产主义下的中国乡村转型[J].国际城市规划.2014.29(05):1-7

[34]杨帅.罗士轩.温铁军.空间资源再定价与重构新型集体经济[J].中共中央党校(国家行政学院)学报.2020.24(03):110-118

作者简介

刘 勇,上海大学上海美术学院建筑系主任、教授、博士生导师,中国城市规划学会乡村规划与建设分会委员;

李 瑜,上海大学上海美术学院建筑系硕士研究生。

未来乡村发展的社会学思考
——上海大学教授李友梅专访

Sociological Thinking on Future Rural Development
—Exclusive Interview with Li Youmei, Professor of Shanghai University

李友梅，法国巴黎政治研究院社会学博士。中国社会学会学术委员会副主任、上海大学"伟长学者"特级岗教授、中国社会科学院—上海市人民政府上海研究院第一副院长、《社会》杂志主编、Chinese Journal of Sociology（CJS）编委会主任、基层治理创新研究中心（上海市重点智库）首席专家等。曾任中国社会学会会长，上海大学党委副书记、副校长。

[文章编号]　　2023-92-A-015

采访人：站在社会学视角，您觉得未来乡村的发展有哪些重要议题？难点是什么？

李友梅：共同富裕是社会主义的本质要求，是中国式现代化的重要特征。党中央把浙江确定为高质量发展促进共同富裕的示范区，我们要从总体上认识这个共同富裕示范区建设的前提条件和战略意义，为此，我们要去了解浙江省十四五规划中是如何体现的。这些认识和了解对于研究浙江的"未来乡村"非常重要。

习近平总书记在《求是》杂志2021年20期上发表的"扎实推动共同富裕"提出了以下几个原则：①鼓励勤劳创新致富；②坚持基本经济制度；③尽力而为量力而行，坚持循序渐进，提高发展的平衡性、协调性、包容性，着力扩大中等收入群体规模，促进基本公共服务均等化；④加强对高收入的规范和调节；⑤既要促进人民物质生活共同富裕，也要促进人民精神生活共同富裕；⑥促进农民农村共同富裕。

以横渡镇坎下金村为例，以小见大地来看浙江省十四五规划怎样推进高质量发展建设共同富裕示范区，对我们的认知有三重考验：既考验我们对浙江乡村经济社会发展变化趋势知晓多少，也考验我们对横渡镇坎下金村农民的思想观念、生活方式、社会秩序等方面了解如何，更考验以"艺术文化"这种方式参与乡村振兴、达至引领农民和乡村社会改变自身惯习的可行性如何。

采访人：乡土文化转型是一个持久的话题，伴随中国快速城市化阶段的结束以及随之而来的全面乡村振兴，乡土文化的转型面临哪些问题？有哪些新的特点？

李友梅：最困难的是农民的思想观念的转型，农民的许多观念是很传统的，其转变的动力往往来自外部作用。比如浦东新区大开发初期，当地农民的观念转变就是一个例证。浦东新区大开发始于1990年，当时政府征用土地后进行"几通一平"的基础建设，以引进包括跨国公司在内的大企业，1994年、1995年就有不少大企业和跨国公司在浦东新区开工了。90年代中后期，我对浦东新区大开发进程中提出的农民问题开展实地调研时，发现农民的想法很简单、很直接：政府用两千多元一亩的价格征用了他们的土地之后，他们成为了被征地农民，但这些农民并没有为失去土地而感到担忧，还认为把自己的土地交给政府，政府是不会不管他们的。这是因为他们长期以来认为自身与政府有着相互依赖的关系，而这种关系是以土地为基础的。不仅如此，他们甚至还认为外国大企业进入浦东新区之后，自己家的孩子不需要出国就可以在外国企业工作、拿美元工资。1993年他们看到这些外国大企业基本不在当地招工，他们去找政府而政府不能像过去那样帮助他们时，他们才有些恍然大悟。

进入浦东新区的外国大企业实行的是现代企业制度，与自由市场经济联系紧密，讲求成本和效率，劳动力招聘须遵循竞争机制。而农民土生土长的思维惯性与外国大企业运营逻辑相去甚远。起初，农民还认为这些外国企业就像乡村企业和乡镇企业那样，找了村长干部就有可能把自己的孩子安排进去，以为自己把土地交给政府，政府就应当来管他们。他们没有想到的是，进入浦东新区的外国大企业不同于乡村企业和乡镇企业，政府无法对这些外国企业的用工方式施加影响。乡村企业是以土地为基础的集体经济，当土地被征、乡村企业衰落之后，生成于土地的文化、制度、观念以及人际关系模式也会发生重大变化。对于这样的变化，被征地的农民几乎没有任何思想准备。

由此出现的征地农民生产性退路问题，引发了费孝通先生的关注，费先生从更深一层看到了"文化嫁接"问题以及如何把建设中国特色社会主义放到一个可靠基础上的问题。费先生提出，这些问题的解决不能以拖延中国现代工业经济发展为代价，但是浦东新区的新体制要实际地考虑以什么方式解决"毛将焉附"的问题，亦即让浦东当地的农民和乡镇企业主们要认识到尽快转变观念的重要性，主动学习全球化时代的先进技术和游戏规则，以保证自身能够参与到全球化浪潮中而不掉队。

采访人：2021年5月20日，中共中央、国务院出台《关于支持浙江高质量发展建设共同富裕示范区的意见》，您认为未来乡村的发展和建设，在哪些方面可以回应这个意见？

李友梅："共同富裕"关键在"共建"与"共享"，农民的自主性与主体性尤其是农民对国家的认同都是宝贵的资源。农民之所以能够产生认同并愿意投入自己的认同，是源自于他们对中国共产党的信任，这种信任来自于党始终坚持以人民为中心，来自于国家政策使他们可以有稳定的收入预期与生活状态。

把农民组织起来、让农民主动投身到乡村振兴中是一个需要考虑的问题。浙江省出台了一系列乡村振兴政策，具体落实的政府部门不能满足于将这些政策灌输给农民，而是要引导农民认识、理解这些政策，

1.横渡镇写生课程现场照片

进而愿意主动参与并成为振兴乡村的主人。总之，使农民感受到他们所参与的乡村振兴的过程也是他们与全社会一起提高生活质量的过程，由此培育农民的公共意识，让农民感到爱护自身利益与爱护集体利益之间存在着的联系。

实现农民农村的共同富裕，既要有物质上的富裕也要有精神上的富裕。在乡村振兴中，农村的娱乐文化生活比以前更丰富了，从高质量发展的战略要求看，需要更多地思考如何通过农村的新娱乐文化生活让农民的思想境界再高一些、看得再远一些，在审美观上也能够再发展一些，不仅看自己的文化生活是美的，还要能够欣赏别人文化生活的美。这样可以为精神层面带来一种富裕，这种富裕内含着开放性、协调性和包容性，有助于人的全面发展、社会的全面进步。

因此推进乡村振兴，不是说只对乡村进行物质投入就可以了，还需要对乡村进行知识、技能等方面的赋能。推进乡村振兴，也是不断提高农民和乡村向外部环境的学习能力、不断激发乡村发展的内生活力的过程。这应该成为乡村振兴研究者的重要课题。

采访人：费老（费孝通）多年坚持"美美与共，天下大同"的理念，您对上海美术学院的"艺术乡建"的产学研一体化的工作模式有哪些意见和建议？

李友梅：乡村基础认知的教育应该成为"艺术乡建"的重要课程。目前在横渡镇开展上海美术学院的课程，首先要让学生们了解浙江乡村在经济、社会、文化方面处于一个什么样的历史发展阶段。早年费孝通等老一辈学者在西南联大形成的调查研究，他们有不同的学科背景，但他们有共同的使命，考虑的问题就是新中国成立后，中华民族如何实现复兴。作为一个共同体，他们分别到云贵山区的村子里深入了解当地的生产力水平、人们的观念、产业结构、身体健康情况、家庭观念等，他们收集到大量宝贵的第一手资料，基于这些资料所发表的调研报告和案例分析提出了一系列重要的时代命题，今天我们社会学和人类学依然把它们作为认知那时中国少数民族地区社会、文化、经济的经典范本。所以，我希望在横渡镇进行的课程也需要提前了解好当地乡村的实际情况，明白当地农民在想什么，横渡处在经济社会发展的哪一个历史阶段。基于这样的研究分析基础，教课的老师也便于引导当地农民如何去发展。

乡村振兴是一个循序渐进的过程。以艺术与文化的方式为乡村振兴提供支持需要考虑适合具体乡村的艺术表现形式以及如何引导当下农民的观念转变？我们五年的努力会达到什么样的目标？对此，自己要有

一个清晰的工作方案，更要有社会责任感。

像横渡镇美术馆这样的一个高校"产学研一体化"模式下建设起来的案例，在后续的使用过程中，我们需要思考对农民的观念转变能够产生怎样的影响作用。比如说通过美术馆的规则建设，使得来这里学习的农民知道人人都要维护良好的公共卫生环境，使用厕所时要有文明行为等等。通过美术馆的运行，引导农民形成良好习惯并把这些好习惯带到家里。所以在乡村建设成果的衡量指标中，可以考虑农民的公共卫生习惯改变了多少。

通过生产流水线等技术操作内容给乡村带来一些新面貌是容易实现的。但是，如果期望通过艺术提高乡村的精神富裕水平，这就是需要深入思考的问题。对于建筑学来说，可能一个作品完成了，成果就出来了，但是对于社会学来说还远远没有结束。所以可以让艺术设计、建筑学、社会学等多学科的学生坐在一起讨论，让他们去观察、讨论自身到底怎样才能为乡村带来一些改变，如何才能形成对乡村持续性的正向影响。

采访人：刘勇、李瑜
文字整理：李瑜、朱灿卿

乡村振兴的国际经验及新时期乡村规划的特征
——同济大学建筑与城市规划学院教授赵民专访

International Experience of Rural Revitalization and Characteristics of Rural Planning in the New Era
—Exclusive Interview with Zhao Min, Professor of College of Architecture and Urban Planning, Tongji University

赵民，同济大学建筑与城市规划学院教授、博士生导师，中国城市规划学会国外城市规划分会、规划实施学委会副主任委员。

[文章编号]　　2023-92-A-017

采访人：关于乡村发展问题，您曾经做过不少国际比较研究，能否请您谈谈相关的国际经验？

赵民：在乡村发展领域做一定的国际比较研究十分必要，因为我国乡村的演化或许在先发国家都已经历过。当然国际比较的对象选择要恰当，要注意"可比"与"不可比"的情形。比如北美等地的规模化大农业以及其乡村发展与我国的情形差异极大，尤其是在美国、加拿大、澳大利亚等地域广袤的移民国家，虽有发达的现代农业，但基本上没有传统农村。而与我们邻近的东亚国家，例如韩国、日本，与我们的可比性较强，因为都有小农经济传统，有农耕文化及衍生的社会底蕴；这些国家在进入了工业化或后工业化阶段以后，人均GDP很高，城镇化水平也很高，但其农村也出现了很多问题，相关当局曾采取过许多对策，业界和学界也做过很多工作。其经验和教训均值得我们研究和借鉴。

多年来，我与同济乡村课题研究团队曾专题考察过许多国家的乡村发展问题，其中有欧美国家，更多的则是东亚和南亚国家。我曾发表过《韩国、日本乡村发展考察——城乡关系、困境和政策应对及其对中国的启示》[①]一文，详细介绍了实地考察、访谈等的情形和获得的感悟。

韩国、日本与我国有着相似的农耕传统，家族式、小规模的农田持有和农业生产方式根深蒂固。在工业化、现代化的进程中，传统农村和农业仍在延续，东方小规模农业的特征仍很明显，农村以分散持有农田和经营为主流，农户保持相对较大的数量，但农村劳动力流出或城乡兼业现象非常普遍。与之形成反差的是北美、大洋洲及部分欧洲地区，以规模化农业和农场经营为特征，其工业化、城市化、农业现代化的过程结合在一起，形成一种不同于东方国家的发展模式。

现代化进程深刻改变了各国的城乡社会结构。现代都市生活和就业对农村年轻人有着极大的吸引力，因而农村年轻人纷纷离村进城；即便是韩国、日本这样的有着很强亲缘联系的传统社会亦是如此。其后果不但是农村人口持续减少，老龄化现象更是不断加剧，农村社会的整体衰退日益严重。韩国和日本的政府及非政府组织曾投入了巨大的财力和精力，在农村施行了种种振兴计划，其中尤其是韩国的"新村运动"具有很大的国际影响。这些努力对于维持农村运转和农业生产发挥了很大的作用，有较多成功案例；但整体而言，农村人口减少及老龄化的趋势并没有实质性的改变。

采访人：国际比较研究很有必要，尤其是东亚国家的乡村发展和振兴实践确实值得我们去深入调研和借鉴。基于对韩国和日本等国的乡村发展研究，您对我国的乡村振兴战略产生了哪些想与大家分享的见解？

赵民：中国农村的明天是否将如同韩国、日本农村的今天？如何汲取其成功或不太成功的实践经验，以避免出现不利的局面？对诸如此类的问题都需要做深入研究。

"三农"问题关系到国家发展的根基稳定，因而对我国农村的现实和发展态势必须要有清醒的认识。制定和实施乡村振兴战略非常必要；在振兴的推进中，城市和工业要哺育农村和农业，并逐步实现城乡融合发展。但就韩日的经验而言，这并不意味着农村人口减少和农村聚居区空置及收缩的态势能够被逆转。由此我们需要思考和探究的是，如何在工业化、城镇化及农村人口大幅减少的大趋势下使农村社会结构保持相对均衡、使乡村功能保持健全和实现可持续发展；并在人居空间收缩的同时，使传统文化得以保

留和传承。这可谓是政社各界以及各个相关学科所共同面临的巨大挑战和紧迫课题。

农业现代化、农村社区重构，以及农村复兴或振兴，实际上是与务农人口大幅减少、村庄不断撤并等条件联系在一起的。新农村建设及"美丽乡村"营造需要有一个合理的基础。如果面对的是空心村，为何还要去投资和美化？可见首先还是要解决资源合理配置的问题，在城镇化率不断提升、农村人口不断减少的大背景下，农村的人居空间需要实现"精明收缩"。农村住区的适当归并、农村社区公共服务设施配置的优化调整，与新农村建设非但没有矛盾，反而是相互促进的。如果资源不能优化配置，人走了资源退不出，那么人也不会彻底走。如果多为老人、小孩留守，家园也难以建设好。

所以，农村发展策略和村庄规划要有新思路，既要研究借鉴国际经验，更要积极研究我国特定国情下的农村"三权"的退出机制及人居空间格局的优化调整方式。根据韩国和日本的经验，在高度城市化和现代化的条件下，城乡空间资源和人口要双向流动，农民可以进城，城里人也可以"归农"和"归村"。现实中，有一些富裕农村的房子比人多；房子建得很好，但往往低效利用，甚至空置，这不是现代化。人进城了，房产怎样退出，是拆了，还是允许合理流转？这些问题的解决有赖于制度创新。新农村建设需要获得政策上的支持，但更重要的是要尊重发展规律，并在制度设计上不断寻求突破。

此外，也要看到我国的地区差异性很大，发展条件很不同。一些地区的农村人口比重还较高，小规模农耕生产方式和分散居住模式还将长期延续；此外，还有诸多历史名村需要整体保护，并寻求活化利用的途径。因而，乡村振兴战略必须从实际出发，因势利

导地推进农业规模化生产及其他产业的发展；而乡村规划则要注重辨析发展保护的客观诉求和约束条件，以新的思路来推进乡村的产业振兴、文化振兴、社会振兴和生态环境保护。

采访人：我国正在建立国土空间规划体系并监督实施。在这个新体系下，乡村规划的地位和运作特征如何？

赵民：在我国的规划体系中，一直有乡村规划建设的内容。2007年制定的《中华人民共和国城乡规划法》首次将"城"与"乡"的规划建设和管理都纳入了国家法律。根据这一法规，城乡规划分为"城镇体系规划""城市规划""镇规划""乡规划"和"村庄规划"等层次。自此，乡村规划具有了明确的法定地位。

2019年中共中央、国务院作出了"关于建立国土空间规划体系并监督实施的若干意见"的重大决策，将主体功能区规划、土地利用规划、城乡规划等空间规划融合为统一的国土空间规划，实现"多规合一"。在新体系下，国土空间规划的编制分为五级三类；在市、县和乡镇这三级分别编制总体规划和详细规划。详细规划是对具体地块用途和开发建设强度等作出的实施性安排，是开展国土空间开发保护活动、实施国土空间用途管制、核发城乡建设项目规划许可、进行各项建设等的法定依据。在城镇开发边界内的详细规划，由市县自然资源主管部门组织编制，报同级政府审批；在城镇开发边界外的乡村地区，以一个或几个行政村为单元，由乡镇政府组织编制"多规合一"的实用性村庄规划，作为详细规划，报上一级政府审批。

可见，在新体系下，乡村规划的地位仍然是很明确的；此外，新的规划体系实现了"多规合一"，并强调"上下传导"和"用途管控"等原则，因而乡村地区除了要保证国土空间总体规划的覆盖外，还必须要落实微观层面的用途管控，这将对国土空间用途管控的目标实现产生基础性作用。与此相对应，乡村规划的内涵和作用机制也必定会发生蜕变，这涉及具体制度的创新，可能是重构新时代空间规划体系的重点和难点之一。对此问题，我曾与高捷在《控制性详细规划的缘起、演进及新时代的嬗变——基于历史制度主义的研究》[2]一文中作过讨论。

总体而言，以往的乡村地区规划编制与建设管理相对滞后。虽然《中华人民共和国城乡规划法》已经创设了"乡规划"和"村庄规划"，并设立了"乡村规划建设许可证"制度，但同时存在的"土地规划"与"乡村规划"相互掣肘，乡村全要素、全覆盖的空间规划并未真正形成。尽管近些年来乡村规划覆盖率已经有了大幅提高，但在规划内容上主要针对乡村建设用地。在乡村振兴战略及高质量发展的目标导向下，并为了落实新规划体系的"生态红线"及"永久基本农田"等底线管控要求，需要按照中央的要求尽快建立"多规合一"的"实用性"乡村规划制度。

采访人：国土空间规划新体系下，乡村规划的地位得到了新的提升；在此背景下，乡村规划制度建设和实务工作需要考虑哪些问题？

赵民：首先，新体系下的乡镇和村庄规划，与以往注重建设空间谋划与管控的乡镇和村庄规划不同，需要覆盖乡镇政区和村庄的全域和全要素。由于乡村地区承载着生态、生产、游憩、居住以及文化传承等多元功能，有着多重治理要求，全覆盖的乡村规划既要指导乡村建设，又要细化落实上位规划的"三区三线"等刚性管控要求；其工作重点不应囿于指导农房建设，或是对建设用地指标进行"腾挪"，而是要以对乡村空间资源的合理配置为目标，探讨如何将保护目标和发展振兴诉求转换成对各类用地的管控措施。

其次，乡镇和村庄详细规划要适应农村土地制度改革的趋势。目前，法律已经允许集体经营性建设用地"入市"，这既打破了以往政府垄断土地供应的格局，也改变了以往那种以土地"征收—出让"为主导的规划实施机制。根据2019年版《中华人民共和国土地管理法》的有关条款，"土地利用总体规划、城乡规划确定为工业、商业等经营性用途，并经依法登记的集体经营性建设用地，土地所有权人可以通过出让、出租等方式交由单位或者个人使用"，并要签订书面合同，载明包括"土地用途""规划条件"等（第六十三条）。这一改革彰显了乡村规划对于集体土地流转的规制作用，实际也"倒逼"了乡村规划制度的创新，尤其是要解决如何为集体经营性建设用地出让、出租等问题提供科学合理的规划指引。

最后，相比城镇，乡村的地域差异性极大，乡村规划的定位和作用范畴、空间尺度、编制方法、管控策略等也必然各异；城市中的规划经验显然难以直接套用到乡村。这是非常现实的挑战，在一定意义上，技术细节决定成败；因而，乡村规划的制度创新和技术规则研发亟待被提上议事日程。相信在业界和学界的共同努力下，新时代的乡村规划和乡村振兴事业一定会取得巨大进步，成为又一个"中国故事"。

注释

①赵民，李仁熙. 韩国、日本乡村发展考察——城乡关系、困境和政策应对及其对中国的启示[J]. 小城镇建设，2018(4): 62-69.

②高捷，赵民. 控制性详细规划的缘起、演进及新时代的嬗变——基于历史制度主义的研究[J]. 城市规划，2021(1): 72-79+104.

采访人：刘勇

文字整理：刘勇

乡村振兴的"乡伴"路径
——乡伴文旅集团总裁朱胜萱专访

The "Xband" Path of Rural Revitalization
—Interview with Zhu Shengxuan, President of Xband Cultural Tourism Group

朱胜萱，乡伴集团创始人、董事长，兼任复旦大学、昆明理工大学、浙江理工大学等高校客座教授。

[文章编号]　　　2023-92-A-019

采访人：中国共产党第十九届中央委员会第五次全体会议明确提出"优先发展农业农村，全面推进乡村振兴"的战略部署，要坚持把解决好"三农"问题作为全党工作重中之重，走中国特色社会主义乡村振兴道路，全面实施乡村振兴战略，强化以工补农、以城带乡，推动形成工农互促、城乡互补、协调发展、共同繁荣的新型工农城乡关系，加快农业农村现代化。应该说，新时期的发展目标对乡村振兴提出了更高的要求，其中关于"未来乡村"的探索和实践在历史上一直是一个前赴后继、持续追求的目标和话题。值此历史发展关键时期，聚焦"未来乡村"主题，既是响应国家发展重大战略的需要，也是为了更好地梳理理论与思路、总结经验与不足，以期能够从"未来乡村"这个视角为乡村振兴提供可参考的理论储备和经验借鉴。我们非常期待您能拨冗与我们就以下问题进行交流。

我们注意到，您最初从事景观设计屡获大奖，之后进行了都市屋顶农业实践，再回归乡村地区进行民宿实践，到现在带领乡伴全面进入乡村振兴领域，这是怎样的一个过程，您个人的角色在这个过程中是否也发生着转变？

朱胜萱：我认为设计专业有一套自己的运行规则，设计师和行业都有内卷趋势，但是大家依然要迎着这条设计行业的道路走。因为没有别的办法，所以就只有不断去修炼自己，选择好的学校、好的设计单位，进而成为好的设计师。大部分设计师在进行行业转换时，不仅很难获得别人的认同，反而会面对更多的困难。当我离开设计行业圈子时，圈内人不会认为我变更优秀了，而是觉得我放弃了。

但我能够面对这种身份转换带来的失落感。我从农村来，在我成长过程中因为个人健康原因经历过很多，进入社会后我逐渐变得不在意别人的评价，我可以很自然地面对来自圈内圈外的各种或好或坏的评价。我现在仍然会做设计，乡伴的很多项目的设计方案都是我主导的，但我也需要坦率地承认主流设计行业不会认为我是一个优秀的设计师；因而我只有更好地认同我现在的身份，才能在新的赛道找到自己的自信。

但凡一个人想在另外一个世界获得更大的可能，就得先把自己原先的包袱丢掉。大部分人丢不掉，或者很难丢掉；谁丢得最彻底，谁就会有更大的可能。假如我有一天重拾设计师的身份，那么我也要把现在得到的再丢掉。

采访人：作为企业参与乡村振兴，您认为可发挥的优势主要在什么地方，需要注意的方面有哪些？

朱胜萱：乡伴的优势在于我们能够帮助政府合理地使用资金，投身于乡村振兴的事业中，做有技术实力的服务商。如在衢州溪口镇乡村未来社区的实践中，乡伴坚持正确的价值观、工作方法以及设计手法，帮助政府使用一千万元做项目的建设资金。一千万元数额不多，甚至说做民宿都不尽如人意，但是乡伴使用这一千多万在村子里面做了许多事情，激活了这个村子。虽然这个创新未必能够坚持下去，但是乡伴让未来社区的理念在乡镇得到了践行。政府给乡伴机会，乡伴用自己的专业能力去服务政府，在服务过程中也锻炼了企业自身和提升了能力。

需要注意的方面有四点。

第一，乡村基础比城市薄弱，乡村产业运营难度大于城市。城市相较于乡村是简单的，在进行城市的塑造时需要考虑的问题相对较为清晰，如人口、房价、交通等，对于产品的具体形态不需要做具体的规划。但是乡村的大基底不支持乡村像城市一样进行规划与设计；乡村的基础不够扎实，这就是运营过程中的难点所在。而原先的房地产经营因为城市中的基础好，运营相较于乡村要简单许多。

第二，乡村的产业是多样的、微小的，与城市产业的规模化和体量化有所不同。中国的乡村特点就在于小、散与多元化，乡村产业也是如此，如果能够让某一农产品的销量从一年100斤上升至一年500斤，或是由6元一斤卖至20元一斤就成功了。这个产业可能不大，但是几百万的产业也是产业，就足够养活一个村子。总之集聚化、大体量或是单一的模式不一定适合中国乡村的实际，多数乡村产业的发展应立足于微小，向品质化、多元化的方向发展。

第三，在乡镇做设计，利润是比不上城市的。乡村之所以难有好的设计，其中一个重要原因就是设计费的限制。这也导致了当下乡村没有高质量的服务商来为乡村做建造、设计以及运营。乡伴在乡村中的营利是慢于城市的，但我觉得能够克制贪婪的欲望就会更安全一些，乡伴有时候也会自己计算收益，但是赚钱更快的方式也意味着更高的风险，收益与风险是对等的。因而我们探索出了一个收益与风险和商户共享的形式。

第四，从事乡村建设的企业需要独特的品质。乡伴就有一些特点，我把它叫作"四有"。第一是有理想、有梦想，敢于去想；第二是有方法和路径，光想没有用，得想到需要怎么做，需要有执行的方法和路径；第三是要有设计，路径和方法只是想就是空的，需要有人去干和有执行力；最后是有坚持。如果不坚持，这是很困难的，中间过程一定会碰到各种各样的困难，没有哪个乡村的项目是顺利的。每一任总经理都是对我说怎么干，而碰到困难了就想退缩；我说你得想办法坚持做，我还说即使你们所有人退我都不会退。我们的团队大部分人是发自内心地热爱这件事情，唯此才能把乡村项目做好。

采访人：政府现阶段支持乡村的力度很大，社会资本也越来越多地投向乡村。"乡伴集团"已经在乡村文旅上处于引领地位，原舍、树蛙部落等系列民宿已成为了知名品牌。除文旅外，是否还有其他产业振兴途径？未来的乡村振兴您认为在哪些方面可以做更多的探索?

朱胜萱：首先是办公产业，我认为三产在农村都是可以开展的。以上海为例，上海市区周边一个半小时车程范围内，甚至于上海的乡村自身都可以开展办公产业。从浦东到虹桥的两个小时车程里，存在着大量的农村，完全拥有开展办公产业的条件，并非所有办公都需要在写字楼中进行，这些乡村只是没有进行利用罢了。

然后是把民宿作为乡村的配套产业来扶植其他产业的发展。民宿实际上是乡村的产业配套，起到留住农村人口的作用。通过民宿留住的人口发展的诸如卖茶叶、电商直播、做蜂蜜、做土特产等衍生的产业，都可以称为乡村产业。企业需要配合政府一起来推动乡村的相关配套服务设施的建设，为乡村产业发展提供一个优质的平台。

乡伴找到了一些可能性，乡伴的理想村项目是基于多元化投资模型，做出一个高活力的商业服务业综合体。理想村的净有投资约一两个亿，乡伴占有30%的自投资金，带动其他商户投资达到了100%；并且资产归集体或是国有，使用权归商户，统一品牌与市场，这就是一种较为先进的商业模式，也可以继续进行探索。乡伴搞的理想村是一种典型的去中心化模式，实现的是高度的市场化，体现在理想村的投资方除了乡伴这一家，还有其他的民宿业主；每一家民宿都是理想村的投资人，大家共同来推进乡村发展。

采访人：您提倡乡村作为容器，城乡之间的二元结构要向城乡双向流动转变；然后乡村成为低流量高交互的社区。对这个定位您是如何阐释的？

朱胜萱：首先，乡村只有高交互才能产生价值。人与人之间的交互会带来产业的结合，交互过程中吃烧烤、谈恋爱等都可以产生商业价值。就像城市的社区社群，线上线下互动频繁，比如家庭之间保姆的相互介绍、房屋的出租等。当下高交互的流行正是因为曾经粗暴简单的模式行不通了，因而要找寻更加精细化的方式。

其次，不同业态之间做交互的时候能够增加业态的效率。例如乡伴在某村做了一个篮球场，但单独的篮球场没有多少设计的空间，在篮球场上建造房屋也是不合适的；因此乡伴就会希望能够利用篮球场带来高交互的场景。通过设计可使篮球场的颜值提升，增强科技感和实用性。考虑到看球与打球的人有购买水的需求，因此设计了一个水吧。现在乡伴处理篮球场地的模型是通过一步步的思考与积累而创造出的，并且乡伴依然在改进更新这个模型，譬如为了满足村民广场舞的需求，针对空场地会提升广场舞的音响品质，以及配置广场舞的追光等。总之通过不同业态和功能的融合，可以促成不同社群的高交互的形态。

采访人：现在在推进的农村土地制度的变革，比如三权分置、农村集体经营性建设用地入市等，您怎么看？是否会进一步提高未来乡村地区的吸引力，从而吸引更多的社会投资？

朱胜萱：就三至十年短期而言，这个问题是无法确定的。但是长远看，这个问题是确定的。《中华人民共和国乡村振兴促进法》以及其他政府文件不断地强调释放土地潜力，鼓励宅基地的有偿置换和退出；政策上已经提出，但是地方上都不敢轻易尝试把宅基地的有偿退出变成大规模的市场化交易。农村集体经营性建设用地入市，这件事还在跳脱出中国传统思想和理论体系的过程中。我认为这件事情是有希望的，不然乡伴也不会在这方面做很多探索。

采访人：乡伴理想村中的理想二字，是怎么来的？它代表着一种怎样的理想？

朱胜萱：乡伴的这个项目叫作"理想村"，首先是因为不敢叫作"理想国"。"理想村"其实是与农村无关的一个概念，乡伴不想把自己限定在纯粹的乡村领域当中。人们在说自己生活在城市或者是乡村的时候，就已经带有了一种歧视或者说是二元的思维，因为没有必要去强调自己是城里或者是乡下人。其次，"理想村"是希望能够创造出宜居宜业的小社会，类似于欧洲的一些小城镇，不去强调原住民的封闭性，而是人口构成丰富，有游客、原住民以及新住民等。

现有的农村并不理想，存在着一些问题。第一，乡村的基础设施和公共服务的匮乏是导致城乡要素不能自由双向流动的主要原因。理想中的城乡要素应当是流动的，我国第一部宪法中就主张人有自由选择居住的权利；但现实是大部分农民不得不生活在这样一个缺乏基础配套设施、缺乏教育医疗资源的地方，而这种城乡之间要素流动的匮乏，正是社会不公平的一种表现。第二，当下农产品的生产由于利润太低而难以赢利，只能依靠国家补助的形式来维系。依靠在个体耕作方式产出农产品是很难有出路的；我认为未来农业发展的关键在于规模化种植，并同时提高农产品的品质和品牌知名度。

采访人：有句话叫"小康不小康，关键看老乡"，乡伴集团是怎样通过各种业务模式带动村集体和村民致富的？有没有比较成功的做法？

朱胜萱：首先我认为中国的乡村建设不存在一个既定的套路产品，中国乡村具有的特殊性与复杂性特征决定了它不能够用一个成套路的产品去做，只能用一个成套路的工作方法去做。好的工作方法与方法论可以应用于不同的乡村，但是成套路的产品不可以。城镇化进程中的城市是围绕着产品来进行方法论建构的，如商业综合体、产业园、居住区、工业园等，所有的产品都是标准化的。而乡村如果搞标准化，由于东西部差异太大，标准化的产品将很难奏效。东部的城镇差别不大，并且城市成功的标准已经确定，譬如人口导入和经济社会发展，等等；乡村的评判标准是多元的，城市与乡村的两个评判维度之间没有所谓的正确与不正确，但是正因为乡村这种多元的评判标准决定了乡村难以用一个标准化的产品去建设。

我们乡伴在与村集体打交道的过程中，秉承的理念是不拿土地；乡伴在乡村倡导的任何事情都是由村集体来具体实施的，我认为这是一种对村集体的很大程度的保护。村集体可以把使用权交给乡伴公司，但是依然拥有所有权，可能20年后使用权依旧会归村集体所有。因此，村集体在主观上会希望乡伴能够把乡村的这块土地经营得很好，这也是我们与村集体达成的一个共识。

乡伴在共同富裕的过程中担任的是诸如管家那样的角色。若乡伴与镇里合作成立一家运营合资公司，除去运营成本，会提取10%~20%的利润；乡伴的贡献则是运用自身的技术，使村庄焕发出活力、村民的资产实现升值。

采访人：最后一个问题，随着时间的推移，您在乡村待的时间是否越来越多了，您对未来的在乡村的事业还有哪些预期？

朱胜萱：我今后的工作会围绕乡村展开，包括乡村的物产、居住度假、生活等都会涵盖；城市人口和产业众多，不缺乡伴这家企业，中国也不缺一个好的设计公司、地产公司或是工程公司，但是中国的乡村却缺乏好的设计与创意。因此乡伴今后的工作依然"乡伴"，即仍将会围绕着乡村而开展。

采访人：许晶、李瑜

文字整理：李瑜、朱灿卿

公共艺术导向下乡村振兴路径探索
——上海大学上海美术学院副院长金江波专访

Exploration of Rural Revitalization Paths Under the Guidance of Public Art
—An Interview with Jin Jiangbo, Associate Dean of Shanghai Academy of Fine Arts, Shanghai University

金江波，上海美术学院执行院长、教授、博士生导师，上海市文联副主席，上海市创意设计工作者协会主席，中华艺术宫副馆长。

[文章编号]　2023-92-A-021

采访人：乡村在艺术研究、创作和实践领域有没有特殊的价值？若有则有哪些？

金江波：以公共艺术为例，乡村与公共艺术研究、创作和实践的关系是相辅相成、相互成就的。一方面，乡村的地方性与体验性，为公共艺术提供了良好的创作环境。费孝通在《乡土中国》中开篇就提到："从基层上看去，中国社会是乡土性的。"中国乡土社区的单位是村落，具有丰富的地方民俗文化、地域风貌特征，可以说是"一村一貌"；在艺术介入乡村的过程中，需要艺术创作者充分考虑在地的环境、人文、需求等问题，这反过来也为艺术研究与实践提供了多元的视角和广阔的创作天地。与此同时，不同于城市社区中"人与人""社区与社区"间的疏离，乡村还是一个"熟悉"社会，或没有陌生人的社会，乡村的生活更注重体验和交流，主要通过口口相传等方式来授业解惑。因此，传统的观赏型艺术行为在乡村是行不通的，只有在创作形式和内容方面充分调动村民的体验性、互动性、参与性，才能真正创作出好的乡村艺术作品。

另一方面，以地方重塑为核心的公共艺术，代表了"艺术与大众、艺术与社会"关系的一种新型取向，可以为乡村地区的复杂问题提供全方位的解决途径。在新时代生态理念的发展背景下，我国的乡村面临着地区空间、产业、交通等各方面的转型需求，从发达国家的城乡发展历史来看，构建立体的产业格局，推进区域发展一体化也将是城乡发展的趋势。近年来，我国逐渐开始探索公共艺术介入城乡建设领域，通过公共艺术活化乡村风貌、复兴传统村落方面的实践，探索物质空间与文化空间的同步复兴，从而建立起一种公众性的乡村治理模式。在未来的乡村规划建设中，公共艺术还将扮演更多的角色。

采访人：艺术与乡村振兴相结合的方式有哪些？请结合您在第四届中国设计大展中担任策展人的经验，介绍一下当前的一些值得推广的做法。

金江波：习近平总书记在文艺座谈会、视察清华大学时以及在中国科协第十次全国代表大会上多次强调，美术、艺术、科学、技术相辅相成、相互促进、相得益彰，要发挥美术在服务经济社会发展中的重要作用，把更多美术元素、艺术元素应用到城乡规划建设中，增强城乡审美韵味、文化品位，使美术成果更好地服务于人民群众的高品质生活需求。在这一背景下，以"新起点·新风尚"为主题的第四届中国设计大展及公共艺术专题展，于2021年12月在深圳开幕。

在上述第四届中国设计大展中，我所策划的乡村振兴板块，通过"非遗日用：传统非遗技艺的实用之道""两山实践：活化乡村聚落的在地性规划""诗意栖居：乡村公共空间再造""别样之旅：行走山水间的民宿体验"等主题，来展现近三年国内艺术振兴乡村的代表性案例。

非遗技艺是先辈生产生活的智慧结晶，在国家实施非遗扶贫计划这一有关技艺传承的大背景之下，探索如何摸索出传统非遗技艺创新保护发展新路径，发扬出非遗传统的优势，践行"见人见物见生活"的理念，将其融入当下的日常生活，早已成为乡村振兴在当下的重中之重。"非遗日用：传统非遗技艺的实用之道"通过土族盘绣、布艺堆画、苗族银饰等非遗技艺与家具、音响、服饰等日用品相结合，不仅开拓了创新传承中国非遗文化的新路径，也为非遗传承人与现代生活建立了新的联系，实现了"扶贫先扶志"向"扶贫必扶智"的转换。

"两山实践：活化乡村聚落的在地性规划"呈现"规划先行、有序推进"乡村振兴战略引领下的村庄保护与设计规划项目，例如上海"乡村振兴示范村"——吴房村整体风貌设计、浙江衢州龙游溪口乡村版未来社区规划、嘉善县姚庄镇"一村一品"美丽乡村规划等，反映出坚持村庄规划引领、做到发展有遵循、建设有依据，将为地方重塑提供政策和理论依据，是既保留青山绿水，又构建金山银山的有力法宝。

"诗意栖居：乡村公共空间再造"以四川安仁华侨城南岸美村老酒坊改造、青海龙鳞白杨林间乡村公共空间营造、安徽巢湖柘皋老街改造项目、重庆七塘镇将军村莲花穴院落艺术活化项目等为例，通过改善村容村貌的产业性空间设计提升、寻回乡土记忆的创意民俗活动，以及点亮村民生活的艺术行动等，探讨艺术如何延续传统乡村记忆，打造更加有滋有味的田园生活方式。

"别样之旅：行走山水间的民宿体验"则集中反映在响应"绿水青山就是金山银山"的口号下，民宿主与设计师如何以改善民生为根本，利用丰富的青山绿水资源，以旅游业为轴线，运用设计手段，将乡村打造成为休闲、游玩、康养胜地，从而提高游客和居民的幸福指数。

采访人：当前有众多的艺术家下乡，请谈一下艺术家在乡村振兴中的作用，以及需要避免哪些误区？

金江波：艺术家在乡村振兴中扮演的角色，不仅仅是艺术与设计实践的执行者，更是中国乡村美育行动计划的引领者。艺术振兴乡村的意义在于将当地政府、村民、设计师、游客连接在一起，让公众在参与乡村治理的过程中，拥有发现美、体验美、感受美、理解美与创造美的能力。而在当下，许多艺术家下乡仅仅是为了实现个人的理想抱负或经济利益，采用个性化的创作手段或机械式的复制模式，忽视了乡村的本土文化和传统记忆，导致了千奇百怪、"千村一面"等不符合中国乡村发展价值的现象出现，亦不利于乡村美育的文化生态体系发展。

艺术家尤其是高校的艺术力量，在介入乡村振兴的过程中，应充分发挥艺术家的社会和学校美育资源优势，采用更加多元的艺术服务乡村美育措施，将城市中的优质美育资源引入到乡村中来，搭建共建共享的美育平台，使美术服务乡村美育真正融入民众的日常生活。例如，近年来，有不少美术院校在乡村地区成立了美术实践教育基地；还有不少的艺术家将自己的工作室搬到了村子里，不仅在设计实践的交流中，提升了民众的参与感和自豪感，同时也使得乡村的美育体验和经济发展更加充满活力。

采访人：请简要介绍一下您在莫干山开展的公共艺术活动的初衷及成效？对地方发展起到了哪些推动作用？

金江波：由莫干山镇人民政府、莫干山国际旅游度假区管理委员会、上海大学上海美术学院、上海公共艺术协同创新中心（PACC）共同推动的莫干山国际民宿艺术节暨"乡村重塑，莫干山再行动"公共艺术行动计划，发起于莫干山当地民宿业迫切需要转型升级的关键时期。我们期望能够用公共艺术的方式，实现拓展艺术边界的目的，出发于莫干山实地，将设计的创意、艺术的智慧和社区参与方式以及文旅融合相结合，重新组合形成乡村社会的文化新格局和产业创新新路径。结合莫干山当地的故事以及在地文化的一些公共艺术力量共振村声，助推莫干山民宿行业的再发展和民宿服务的重更新，塑造新型的乡村样态。

在这一行动中，上海美术学院充分发挥自身优势，从点到面充分利用高校美育资源，联合四川美术学院发起的"长江上下：公共艺术国际行动计划"，与来自中国美术学院、天津美术学院、湖北美术学院、广州美术学院、西安美术学院的师生和艺术家们，一同来到了莫干山镇，扎根在莫干山的乡村语境当中，打造包含莫干山国际公共艺术创意园的上海公共艺术协同创新中心莫干山工作站、上手国际手造学院、"上海—莫干山"艺术产业与金融研究院等板块，展开驻地的创作、艺术产业课程的讲座、非遗手工艺教育培训、公共空间改造、户外品牌等的实践、研究等活动，共同助力莫干山的乡村振兴工作。

采访人：公共艺术是从西方引进的概念，在与本土化结合方面有哪些经验？

金江波：在社会转型和城镇化进程中，从人文环境建设到社会文明程度提升、从人文关怀到人的幸福指数提升，公共艺术发挥着方方面面的重要作用，以实现地方环境和人文精神的重塑。因此，在公共艺术与本土化结合的过程中，要遵循因地制宜、因势利导、因人而异的原则。

因地制宜。以红色文化的现代传承为例，红色文化作为大众熟知的公共文化形态之一，是城市文化的重要组成部分，联结着许多具有历史情怀的市民的集体记忆。随着岁月的流逝、年代的更迭，许多宝贵的红色记忆对于年轻一代来说，越发遥远与陌生，要想打造好这一名片，单纯的遗址修复是远远不够的。加强红色文化保护意识，挖掘阐释红色文化价值，传承红色文化基因，对建设红色文化名片城市及国际化大都市，均发挥着积极而重要的作用。如渔阳里广场的建立，尝试用公共艺术的手段留住城市的"红色记忆"，唤醒流淌在中国人血液中的红色文化基因。一方面，注重挖掘本地的红色文化资源，结合时代需求，以浮雕等艺术手法，展现历史轨迹中的青年面貌和重大事迹，推动五四精神的传承和城市品格的树立。另一方面，关注居民需求，大大提高了城市老旧弄堂公共空间的利用率，让原有居民于狭小的生活空间中获得一丝解放，增强了居民对本地文化的参与感和自豪感；对生态环境的保护和商场文化的结合，也美化了社区环境，提升了居民的生活幸福指数。

因势利导。文化遗产是人类文明的宝库，借助动作捕捉、眼动仪、脑电波传感器、三维动态扫描等数据采集分析与挖掘的相关方法，在文字、图像、视频、录音等原有数据的基础上，对文化遗产中的制作技艺特性等内在本体进行观察与研究，是新时代背景下世界范围内文化遗产保护、传承与创新中的新路径和新方法。但数据本身不产生价值，能否挖掘与表达出数据背后所隐藏的信息与规律有赖于科学方法。运用创新性的数据可视化技术手段，通过艺术设计与叙事语言的探索，重新对这些文化加以演绎与传播，以助力文化遗产的活态传承，是近几年来国内很多艺术家与设计师的创作目标。近年来越来越多的新媒体艺术作品，以文化遗产为研究对象，基于大数据与智能计算等技术手段，通过创新设计，用创造性的新手段来解决文化遗产保护和创新发展中的问题，推动非遗走进现代生活，帮助这项工作在全球化背景下找到新方向。总之，借助数字媒体艺术与现代科技的力量，用新的数字技术与表现方式来保护和传承传统文化，可以有效助力国家文化振兴。

因人而异。在病毒肆虐后的城市，人人都多了一份警觉和自我保护意识，社交距离和私人领地感不可避免地成为了公众关注的焦点。在日益繁忙的城市工作环境以及交互性匮乏的办公、生活空间的双重挤压下，城市陌生人社交与邻里关系也遇到了很大的困境，但这也为公共对话中的同理心奠定了基础。如何在保障基本接触安全的前提条件下，扩大在公共空间中的基本社交需求，改善邻里之间的交流状况，推动"善意"在公共空间内的循环建立，正在成为许多设计师在后疫情时代着重探讨的问题。"14天孤岛"涟—艺术驻岛计划、《种子接力站》《"隔不离"装置》《对消失的礼仪——参与式公共艺术项目》等分析疫情期间的社区连接类作品，在连接美学和关系美学的维度上思考了后疫情时期的公共艺术发展；这些探索旨在用流动的"善意"重新打开人们久闭的心扉，使来自不同地区和身处不同环境的人找到相似的体验和情感共鸣，以治愈人们在疫情时期被病毒侵害的心灵。

采访人：刘勇

文字整理：李瑜、朱灿卿

未来乡村的地方实践经验
——以浙江省三门县乡村振兴实践为例

Local Practical Experience of Rural Areas in the Future
—Taking the Practice of Rural Revitalization in Sanmen County, Zhejiang Province as an Example

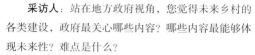

林鼎，时任浙江省三门县横渡镇党委书记。

[文章编号]　　　2023-92-A-023

采访人：站在地方政府视角，您觉得未来乡村的各类建设，政府最关心哪些内容？哪些内容最能够体现未来性？难点是什么？

林鼎：以我工作乡镇为例，乡村振兴之难在"老龄化、空心化"，无论是靠大投入、大开发，还是依托特色产业、文旅、电商等带动，始终较难解决人口集聚、流动的持续性和规模问题。以人为本，根本在围绕人之需求，解决人的宜居、宜业问题，要解决人为什么来、凭什么留、靠什么活的问题。

未来的乡村，有别于城市化的发展逻辑，一方面需要解决乡村的"精神地标"问题，包括辨识度、品牌化、乡土味、烟火气等，主要解决人精神层面的黏性问题。这里有个村落形态的演进问题，我称之为农村的社区化，也就是基于乡土历史肌理的宜居、宜业的生产生活单元如何构建的问题，包括社区功能形态、公共服务配套等一系列问题，它一定不是千篇一律、功能单一的。另一方面，我认为乡村振兴的底层逻辑是"农村商业的复兴"，一个地方只有商业可持续，人口集聚和社群活动才能更好存续。我们虽倾向于主张特色发展，如主打文旅、康养，抑或农业、手工业等产业，但绝不应忽视乡村基础市场本身，它往往需要一定的复杂性，至少能够在一个小型社区内，有一个标准不低的、满足人之大部分需求的商业生态，它可能不仅仅是农家乐和低端短缺的小卖铺组合，它可能还有淳朴而别致的理发店、杂货铺、特产店、小市场、餐饮店、书店、五金店、药店等等。

一个有着"精神地标"和良好商业生态的社会单元，才是可持续发展的未来乡村。其难点是，农村社区化和商业复兴这两件事，在新村策划规划伊始就应被单独拎出来，从专业和市场的角度推导其新形态、新系统、新逻辑，反复论证，因地制宜，否则，底层逻辑不解决，剩下的可能仅仅是一些叫作乡村的建筑而已。

采访人：当前国家在乡村投入了大量资金进行建设，您认为在这些建设当中，哪些需要更多投入？哪些投入需要慎重考虑？

林鼎：我认为最需要的是乡村人才的培养、培训，这块需要的资金并不多，可以说性价比极高，花小钱却能解决很多根本性问题。一是我们的基层干部，他们大多务实勤勉，不缺干的激情，缺的是目标、方向、先进经验，这些认知的积累也绝不是一朝一夕之功，需要有计划、经常性地组织系统学习、考察先进、交流经验、提高本领；二是专业人才，正因乡村振兴难度大，所以需要更综合、更专业的人才，特别是在理论引导、区域策划、规划建筑、市场品牌等方面，必须要专业人干专业事，要尊重知识、尊重专业、重视前期工作；三是农村带头人，基层工作需要自上而下引导，在实施上却需要"原乡人"引领，只有老百姓真正想干的事，才能得到拥护、凝聚共识、事半功倍，因此带头人的眼界格局和能力尤为重要。

在投入的效率和效果上，我个人更看重20%的公共部分，因为"精神地标"、基本公共服务、基础商业、邻里场景等都要基于这部分展开。在村庄规划上，我个人不建议随意扩大规模、提高建设标准：一方面，应站在国土空间节约集约利用的角度考虑问题；另一方面，乡村是人类最后诗意的栖居之所，乡村应该有乡村的味道，真正好的设计，可能并不需要太高成本。

1 三门县横渡美术馆实景照片

2-4三门县横渡美术馆实景照片　　5-6第八届费孝通学术思想论坛现场照片

采访人: 浙江省乡村未来社区建设正在大范围开展,在建设过程中,您认为最需要避免哪些行为?

林鼎: 未来乡村社区和乡村未来社区我理解是两个不同的概念,平原地区城市化程度较高的地市周边乡村,往往褪去了我们传统乡村的模样,加之与城市较近,适合规划建设成为乡村版未来社区。而我所说的类似三门县的山区传统乡村,依山而建、傍水而居,仍保留浓浓的岁月痕迹、乡土气息的地方,如何既尊重历史肌理,又面向未来生活,则是未来乡村社区的使命。未来生活意味着更好的公共服务、更有效的社会治理体系、更便利的交通、更智慧的生活场景,在因地制宜、因人制宜、因业制宜的基础之上,对现代化与烟火气要有取舍,或者更准确说,我们更需要有烟火气的现代化。

采访人: 既要合理引导资本下乡发展经济,又要实现全体村民共同富裕,在处理处理效率和公平之间的关系方面,您有没有好的建议或者值得借鉴的做法?

林鼎: 共同富裕绝不是平均富裕,更不是劫富济贫,要基于高质量发展前提,先把蛋糕做大。再者,中央不断加快涉农领域改革和制度重塑,合理引导资本下乡发展经济,本身就是用市场经济的资源优势、制度优势、智慧优势来加快乡村振兴,是先富带后富、帮后富的具体实践。

以前我们讲扶贫先扶志、扶智,在当前共富语境下,如何激发老百姓求发展、求致富的内生动力是推动实现共富的基础,不仅需要"口袋富",更需要"脑袋富",甚至可以说,只有"脑袋富"了,"口袋"才能富得更好、更持久,这是从社会治理和社会单元的运行逻辑倒推得出的结论。"脑袋富"这件事,往往周期长、见效慢,更需要定力和引导。比如,这两年我们鼓励村干部、村民走出去,不仅要到乡村振兴干得好的地方学习,更要到大城市看看,目的就是有更直观的感受,最好能够有心灵上的触动,至少萌发一些"我想要致富""这个地方必须要发展"这样的想法,我们的乡村工作才能更好凝聚合力,事半功倍,涉及一些政策处理问题才相应迎刃而解。

采访人: 上海大学一直在三门县参与乡村振兴工作,您对高校如何更好地参与乡村振兴有哪些建议?

林鼎: 从地方来看是要更尊重学术、尊重理论、尊重专业,高校不仅仅是一个产出智慧的地方,更是一个学科融合、资源整合的平台,地方要做的,是结合地方发展实际,嫁接进这样的平台里。对学校来说,地方是理论与实践螺旋上升的现实载体,对投身乡村振兴的师生来说,地方是理想与现实交融落地的真实世界。

此前在上海大学的重视支持下,我们有幸搭建了校地合作的现实载体——横渡美术馆,大致从三方面开展合作,一是交往交流,比如党建共建、人才交流、课题教研、社会实践、学术论坛等;二是项目落地,如横渡美术馆、景区派出所、坎下金村未来乡村等策划规划、建筑设计,以及一些与三门有关的课题研究成果等;三是产业导入和商业价值转换方面,科技合作方面我们已经设立了三门县橡胶工业废气治理协同创新中心,与美术学院探讨将版画产业导入乡村富民体系等,后续也将致力于推动产学研深度合作和地方主导产业优化升级。

从合作经过看,越是需要振兴的地方,思想认识、人力物力、资源要素等方面制约越多,我个人建议一是要从项目化合作到平台化合作转变,二是要从单一学科到跨学科融合落地转变,三是要从短期合作到长期有效合作转变,以诚相待,长期交往,自然会萌发出更多好的可能。

潘家小镇的乡村振兴之路
——台州市三门县岩下潘村潘健专访

The Road of Rural Revitalization in Panjia Town
—Interview with Pan Jian, Yanxiapan Village, Sanmen County, Taizhou City

潘健，三门县岩下潘旅游开发有限公司、台州叁野农夫农业开发有限公司董事长。

[文章编号]　2023-92-A-025

采访人：作为回乡创业的乡贤，您认为吸引您回乡创业的动力，除了乡情和乡愁外，还有哪些因素最具吸引力？

潘健：首先，我认为乡情是最重要的因素，乡情是我为家乡的产业发展等倾注力量的支撑。若是在家乡外其他地方投资100万，会计算投资回收期与回报期，计算自己三至五年内能否收回成本；但对家乡有感情的人，在家乡投资1000万都会觉得很踏实，因为不会去计较时间的成本，未来还可以将事业传承给儿女。

其次，回乡投资创业，政府政策也是重要因素之一。以前的政策相对较少，核心是鼓励我们去大城市发展。农村出去创业，没有知识文化，靠的就是胆量，当时小小的村庄里有30余人在北京做服装生意，比例能达到15%。但如今国家在政策制度以及资金的引导上覆盖的内容已非常全面，细分到每个领域都有相关政策扶持，包括我们现在回乡创业，每个商铺都能得到资金补助，还能得到贷款，扶持政策可谓非常友好。

采访人：潘家小镇的发展已经经历了一个时期，如果未来要继续发展和提升，您觉得哪些是大的制约因素？需要政府提供哪些帮助？除了政府，还需要哪些方面的帮助？

潘健：第一，投资政策方面有一定的制约。比如存在中央政策和地方政策不同步的问题，很多中央政策在地方落实的时候就会出现一定的偏差；譬如我们三门镇和隔壁镇关于旅游方面的政策，以及开民宿的条件政策，都存在一定差异。

第二，人才资源较缺乏。大家的理想都是离开山沟去大城市发展，真正愿意回乡创业的人仍是极少数。当下状况比过去要好一些，但是整体状况依然不是太理想。最现实的情况就是在同样的工资条件下，甚至乡村工资高于城市的情况下，进了城市里的人才依然不愿意回乡村发展。

第三，相关的配套设施不够完善。与城市相比，乡村生活环境与配套设施的落后会导致生活方面的一些困难，使得我们无法集中精力创业。

关于政府能提供的帮助，首先，保证中央和地方政策的同步，同时针对人才回乡提供一定的补助与政策支持，譬如说提高人才待遇等；其次，支持产业落地，我们谋划的二期发展如果想落地，仍然会受到很多政策性指标的限制，譬如土地指标、生态环境指标等。但是我们发展的产业主要是绿色产业，产生的污染主要是生活性污染；而涉及指标调整往往需要较长的周期，会延误建设工期等。

除了政府提供的帮助，可能还需要一些社会团体等的支持，从而把政府资源、企业资源、社会团体资源，甚至高校的教授资源等都能集中到乡村。

采访人：从潘家小镇这些年的经营来看，您认为乡村旅游的特点发生了哪些变化？未来的发展趋势和需求有哪些？

潘健：我认为这几年里乡村旅游主要有两方面变化：一是乡镇旅游的模式从个体到企业再到寻求与大企业的合作；二是资金来源从老百姓的自有资金到工商资本的进入。

我认为乡村旅游未来的发展要多与大企业合作，逐步把外面的资源引进来。但是需要有前几年发展的基础，有了一定的发展基础，才会有大公司愿意与我们进行合作；我们则是要借助大公司的运营团队和资源来优化运营。

关于乡村旅游未来的需求，先是将小镇作为旅游目的地的单一游览项目，然后是依照康养小镇所提供的养老服务，再延伸出去就是一些农业产业等。虽然我们现在这边主要是搞第三产业，但是等我们的第二产业发展到一定规模的时候，完全可以借助于当下的资金基础和人才基础等来带动发展第一产业。所以产业融合也是一个发展的趋势。

采访人：您认为今后乡贤回乡创业会是一个趋势吗？回乡创业者有没有共同的特征？

潘健：我认为这肯定会是一个趋势；先不说乡贤回乡，即便最普通的村民回乡就代表着乡村发展的一种趋势。老百姓能回来，证明社会最基础的群体都能看到乡村发展的前景。我们作为乡贤也好，作为村里的能人也好，在农村的发展机会将会越来越多，未来一定可期。

回乡创业者的共同点有很多，一是都对家乡有一种情怀，对家乡有感情的人才能够回来；二是对创业有一定的基础和激情，作为乡贤，一定是在外打拼取得了一定的成绩；三是对乡村发展的信念，相信未来的乡村一定有广阔的发展空间。从中央到地方，在政策的大方向上都是支持乡村振兴，所以我们有情怀、有激情、有信念，这些都是我们回乡创业人的一些共同特征。

采访人：站在乡贤的角度，您认为三门县的未来乡村具备哪些条件才有吸引力？

潘健：首先是客观的因素，包括一些自然资源以及自然特产的发掘。其次主观的因素，也是主要的因素。创业的环境、营商的环境以及政策的环境都很重要。要让村民安心回乡投资，对自己村有底气，一定要从政府的层面告诉那些在外的乡亲，现在的"三农"环境，包括政策环境都很好；同时我们自己村里也制定了一些村规民约，以确保我们能够在乡村旅游的发展过程中脱颖而出。村里的民风很重要，但投资者不会去了解每个村民，只能通过村领导来判断整个村的村民。所以当初我作为我们村党支部书记，对投资者的承诺就是"以后我是为你服务的，你需要什么，我帮你做什么"。要让投资者感受到我们村的民风淳朴，让投资者放心地来投资。三是生活环境上的改善，要让村民生活得舒适，所以一定要把一些基本的配套设施做好，为回家创业的村民解决生活中的后顾之忧。

采访人：姚正厅、李瑜

文字整理：李瑜、朱灿卿

规划与研究
Planning and Research

"以人为本"引领云南未来乡村规划建设

Research on Human Oriented Leading Yunnan Future Rural Planning and Construction

匡成铭 杨 毅
Kuang Chengming Yang Yi

[摘 要] 在乡村振兴及未来乡村规划建设的背景下，亟待克服当下现实中自上而下的乡村规划脱离村民主体从而不落地，甚至破坏性落地的现象。本文分析云南乡村的民族特质，认为云南民族乡村均具有多样性及差异性。希望借鉴人类学空间测度的方式，打破惯常以物质空间为主的规划"套路"；通过对村民、村庄进行精准的社会学、人类学调查，进而定位其空间需求，实现"以人为本"引领乡村空间规划目标的实现，并以同乐村规划为例，通过空间测度多维探索，以村落共同体构建、产业发展需求、精神空间打造、物质空间基础等的规划引导，推进乡村阶段性发展和村民主体自信心的增强，为云南未来乡村规划建设提供方法，以期使乡村规划精准服务于乡村并助力乡村振兴。

[关键词] 空间测度；以人为本；未来乡村；同乐村

[Abstract] In the context of rural revitalization and future rural planning and construction, it is urgent to overcome the phenomenon that top-down rural planning is divorced from the main body of villagers or even fails to be implemented destructively in the current reality. This paper analyzes the ethnic characteristics of Yunnan villages, and thinks that Yunnan ethnic villages have diversity and differences. The paper hopes to learn from anthropological spatial measurement and break the routine of planning based on material space. Through the precise sociological and anthropological investigation of villagers and villages, the spatial needs of the villagers are located, and the goal of "people-oriented" leading rural spatial planning is realized. Taking the planning of Tongle Village as an example, through the measure of multi-dimensional space exploration, in the village community construction and industrial development needs, material space and spiritual foundation of planning guidance, promote the development of rural phased and villagers subject to enhance self-confidence, provide methods for the future rural planning and construction in Yunnan, in order to make the rural planning precision in the service of the country and help the country revitalization.

[Keywords] spatial measurement; human oriented; future countryside; Tongle village

[文章编号] 2023-92-P-026

1.同乐村现状实景照片
2.同乐村建筑风貌实景照片

一、云南乡村的民族"基质"

党的十九大报告提出了"产业兴旺、生态宜居、乡风文明、治理有效、生活富裕"的乡村振兴战略总要求，而在经济全球化以及城镇化战略的背景下，纷繁杂陈的思想意识、新型建材与建筑工艺、"建筑审美"、现代生活方式等引起云南各个乡村的"嬗变"；这种嬗变某种程度上成为了"潮流"，且以极快的速度改变着云南的乡村面貌。新建的房屋毫无特色且存在诸多不适用之处，原本和谐的形与态转变成了内在与外显的"村村相似"。

尽管云南在乡村规划编制上有村镇体系规划和村庄建设规划，以及村庄产业、基础公服设施、道路专项规划等，这些规划在形式、层级、内容、深度上各不相同，但都是在主导组织经由"自上而下"的途径进行规划编制，且大多沿袭惯常的以物质空间为主的城市规划"套路"，规划体系呈现混乱、无序的状态，只有点，没有面，缺乏对乡村地域功能的有效管控机制。同时面对量大分散的乡村建设行为，风貌管控缺乏有效应对，没有深入研究乡村社会自治性机制和村民意愿，使得村庄规划难以落地制约乡村发展的最大瓶颈[1]。

云南位于西南边陲，地理环境错综复杂，地势高低起伏形状多变，高山峡谷相间并存。纵观全局，地势呈现出西北高至6740m海拔而东南低至76.4m海拔的特点。同时江河资源丰富，河流交错纵横，气候日温差起伏较大，但是年温差平缓。雨量分布不均匀但是充沛，季节干湿界限区分明显，降水量在季节和地域上差别很大。

在独特的盆地、峡谷和洼地等地域单元内各个民族在生产生活的过程中逐步形成各自的语言、语系、语汇。氐羌系统中的彝、白、怒、哈尼、傈僳、独龙、拉祜、基诺、景颇、阿昌、纳西等民族属汉藏语系藏缅语族。百濮系统中布朗、佤、德昂等民族属南亚语系孟高棉语族。百越系统中壮、傣、布依、水等民族属汉藏语系壮侗语族。语源是民族能够与其他族类区分的重要标志，在云南聚居的民族众多、人数超过五千的少数民族就有25个。

因为地域的不通，交流不畅，经过时间的推移，便

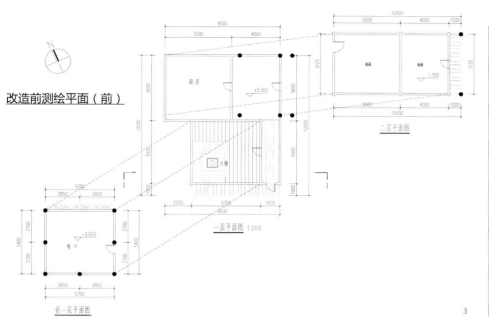

改造前测绘平面（前）

同乐永续股份有限责任公司各部门职能一览表

	部门	职能	工种	备注
	董事会	负责公司的近中远期前景预测、历史保护、旅游开发、风险评估等方面的整体把控	村民代表、投资方、村官、村长	
1.	行政部	负责公司所有事务的行政安排	行政人员	
2	人事部	负责公司所有人员的人事安排		
3	财务部	负责公司所有对内对外财务，以及员工入股的资产评估	会计、出纳	
4	运输部	负责公司对内对外的人、物、牲口的交通运输安排	司机、饲养员	
5	旅游部	负责公司的旅游社营运，以及旅游开发规划	导游	
6	对外宣传部	负责同乐旅游村开发的所有线上宣传与线下宣传		
7	接待部	负责旅游接待中心所有接待工作	办公、前台	
8	物业部	负责村内的日常物业管理，道路清理与治安	保安、清洁工	
9	餐饮部	负责村内的相关餐饮事宜	厨师、服务员	
10	销售部	负责村内特色产品的开发，以及农产品、特色产品的销售	销售员	
11	技术部	负责村内所有房屋、市政维修	维修工、电工、建筑工	
12	文化传媒部	文化传承者、	文化传承者	
13	住宿部	酒店、宾馆、客栈、青旅	服务员、厨师	
14	教育推广部	小学教育、汉语教育	教师、学生	
15	医疗部	负责公司所有人员、牲口的卫生医疗部分	医生、护士、兽医	
16	加工部	食品加工、手工艺制作	豆腐、酿酒工、柿饼加工员	
17	种植养殖部	负责村内养猪、羊、牛、鸡、蜂；种核桃、桃树等	饲养员、种植员	
18	艺术团	村内的大型节日活动，以及对外所有的活动演出		
总计				4

3 同乐村典型住屋"居""产"相融平面图　　4.以人为本的业务链条示意图

逐渐产生了不同的文化形式和风俗习惯。由于对住屋空间的需求、所处地方材料的不同，并出于对气候、地形的有效回应，云南各民族传统民居呈现的风格样式千差万别。在形式上主要有傣族的干栏式竹楼，纳西族、傈僳族的木楞房，哈尼族的土掌房，藏族的碉房，瑶族的叉叉房，佤族的茅草房，壮族的吊脚楼以及大理白族的三坊一照壁，昆明汉族的一颗印等民居。

复杂的自然环境、众多民族的摇篮、多样的民族民居、独特的人文背景造就了"十里不同风、百里不同俗"，形成了丰富多彩的云南民族村落。自组织特点鲜明的云南聚落，是一个具有综合性和复杂性且相对完整的人居系统，其运行机制不仅与城市千差万别，与不同地域和不同类型的乡村也是各有千秋。

面对如此庞杂、特殊的民族乡村系统，未来乡村规划建设应该何去何从？如何摆脱城市规划的惯常的"套路"，有效、精准地基于云南民族乡村社会的特点而开展针对性的规划，探索符合乡村发展多元需求的规划方法，成为当下乡村规划学科领域的研究及实践的重点。

二、费孝通先生乡村研究的启示

早在80多年前，费孝通先生就将研究重心聚焦在乡村，并用其一生的时间来研究中国乡村。因开弦弓村"真知出于田野"的研究使得费先生声名鹊起，在入职云南大学两周后，就马上对云南内地的本土村落"禄村"进行田野调查，希望结合开弦弓村的研究得出关于中国农村社会的共同特征[2]。随后1938—1942年，费孝通先生和他的助手张之毅先生深入云南内地村落，进行了详细的田野调查研究，并由此撰写了《禄村农田》《易村手工业》《玉村农业和商业》，1945年三篇论文第一次在美国以英文版结集出版，书名为Earth Bound China（《土地束缚下的中国》）；在后续中文版发行时，将其改名为《云南三村》，这本书以翔实的数据报告，阐述了费孝通先生对乡村问题深层次的思考。

对于中国的农村，散落分布在祖国各地，但是如果仔细比较的话会发现他们有很多共性。费孝通先生主张应该先对一个挑选的村落进行详细研究、剖析，总结其中特点，提炼相关理论，再对其他类型村子进行相关研究，最后将两者结合起来进行对比研究。经过这样的研究步骤，理论就会不断被完善和夯实，最终的理论才能更好地指导乡村社会的发展。如今，当年的无数个"未来"已经成为了"过去"，而此时的"未来"一直在持续。魁阁精神是那个时代的圭臬，尤其是一切从乡村田野实际出发的态度及方法，时至今日，伴随着大批学术精品的这一"魁阁学理"却历久弥新，在不同时代的激荡下始终具有深刻的启示意义。

三、云南乡村空间多维度探究

丰富多彩是云南民族、民居、村落的表征，而隐藏在其背后的是复杂、多元的使用者，因为人的高矮胖瘦、七情六欲、喜怒哀乐等多样性构成了人类过去、现在和未来分别生活于其中的多维度空间和社会网络。

在云南藏式楼房客厅中央的柱子——"中柱"，被藏族人民视为财力的象征。所以，在建造房屋时，家家户户都要选一根粗大的柱子作为中柱。如果家中财力雄厚的人家，则要专门请四五人和三四对犏牛，到深山密林选中柱，由犏牛轮换运送回来。即使经济困难的人家，中柱也较其他柱子粗。竖中柱时，在柱子顶部，即横梁头接口处，要放一个红包，里边放进青稞、小麦、豌豆、大米、小铜钱等，富裕之家则还要放绿松、银元等贵重物品。有的则将红包放入小土罐再置于柱子顶部；横梁插入柱子顶部接口时，先要放五彩带和哈达，用横梁压住，使彩带从柱子和梁之间垂下来；有的人家在竖中柱的时候，就把柱帽同时钉好，有的则在隔整房间时钉上。中柱的半腰上，还要钉一宽35cm，长90cm的竹席，其上插五色彩绸箭、纸花、纺针等。在当地，中柱除象征财力外，还象征着家长、房主的家庭内部权力，甚至逢年过节都有中柱祭祀的仪式。

云南基诺族的长房子是一栋干栏式建筑，由数十根柱子撑起一座长约50m的房子，下层高2m，四周没有围栏。在大房子里以中间的长廊作为交通空间，串联所有的房间，正门端为起点左边第一间为供奉祖先灵位之处，而右边第一间为大家庭长老"卓勤"的卧室，每两个房间设一个"火塘"，房间按照长幼秩序分配，只要家长未过世，子孙不得分家。

临沧拉祜族的南美村中，村民的厨房空间会在地

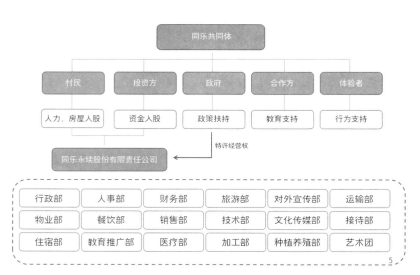

美化前

美化后

5 同乐共同体模式示意图　　6.人的教育引领示意图

上挖长方形的坑洞，铁锅架在坑里的石头上做灶，其余的地方烧火取暖煮水。屋架上会设置挂烟熏食物的杆子。厨房虽然到处都是烟熏的痕迹，显得脏乱，但却充满生活和生产的气息，独特的生活方式里体现着文化的传承以及劳动人民的智慧。

以上所述仅仅是云南部分地区乡村民族的居住习俗，从中可以得知住居现实形成的各种细节，而这些家宅和主人相互浸入，生成了自己的"现实"或物、规范、尺度、经济、惯习、意义、价值、伦理和功能[3]。

正如费孝通先生的《乡土中国》中所描绘的"生于斯、老于斯"的画面，云南乡村是"生长"的，是历经时间、空间的考量以极其缓慢的速度发展而来的。

费孝通先生说过："对一个具体的社区，解剖清楚它社会结构里各方面的内部联系，再查清楚产生这个结构的条件，可以说有如了解了一只'麻雀'的五脏六腑和生理循环运作。"

研究云南未来乡村的规划与建设，可以借鉴魁阁学理以精准的社会学、人类学调查为基底，关注"人类的多样性"，使用空间测度方法，进入本地人的世界或生活形式，也即认识"地方"的土地利用规范和生活世界秩序[4]。

测度（mapping）是一种有别于依照地图寻找地点、转而追随沉浸在环境中的活动者（即当地人）并与之一起获得地点、场所意义的观察方式。对"地方"的理解是人身在环境中通过体验、移动或不断绘获得的[5]。既要能参与进去，去深入了解特定地域的气候、习俗、文化历史和经济条件等，又能保持观察者的"距离"、冷静和客观性，不至于迷恋其中或产生极端的"恋乡情结"（nostalgia）。其实，这种

费孝通所说的进得去、出得来，也是认知地域特色与地域身份（regional identity）的关键[6]。

四、维西同乐村多维空间探析及规划

云南省迪庆州维西傈僳族自治县叶枝镇同乐村是澜沧江流域最具代表性和最古老的傈僳族山寨，全村有农户299户1258人。国土面积60.95km²，海拔1840m，年平均气温14.30℃，年降水量947.70mm，适宜种植水稻、玉米、油菜等农作物。作为国家级传统村落的未来发展，笔者团队基于村民时空行为，以社会学、人类学的视角结合建筑学、城乡规划学，将空间与社会、空间与生产、空间与生活分类解构，通过多方考量以基本事实为依据去寻求规划未来之道。田野实地的空间测度，充分掌握村民的特点，划定其在乡村未来发展中的位置，策划空间使之符合村民需求。因地制宜、按需配置空间，积极寻求符合同乐村地点性的规划，在此基础上构建村落共同体，通过"因事找人""因人设事"的过程，激发村民主体的积极性，促使村民参加到乡村的规划建设中。

1.空间辨析与测度

同乐村修建在半山腰，密集程度很高，村子里面的建筑没有砖瓦石砌等材料，不管是房屋、围栏还是其他构筑物，都是用木头做的，就连房屋的顶部也是用木板，木板上面压上石头做成的屋顶也是这里的特色。整个村寨随地形由东北向西南呈坡状分布，所有风貌一致、外形统一、布局自然、层层递进、依山傍水、顺势而建。建筑布局具有立体性，垂直性的特

点，建筑多以独栋为主，等高线为分界线，在垂直方向形成有序的建筑肌理。建筑与建筑之间围合成院落，以院落为单位，道路作为分界，形成有序的建筑肌理。

笔者团队对同乐村将近300栋房屋进行了调查与测绘。建筑测绘的"测度"——不只是建筑研究中的测绘，也涵盖社会人类学通过参与观察、切身体验以实现本体论意义上的互译与共度的测度行为[7]。如以余二叔的住屋为例，该房屋为二层井干式木楞房，建筑构造简单、坚固耐用，冬暖夏凉，是同乐村传统民居建筑中最主要，最具有代表性的建筑形式。房屋一层是牲畜圈养，二层是居住、仓储以及一个小型磨坊，整个房屋是在时间与空间维度的交叉下形成贯穿历史和当下的生境，阐释了傈僳族在"居""产"两个层面的空间——生产与空间——生活的关系。

通过不断的观察与访谈，笔者从余二叔口中详细了解其家庭结构中人口为5人，分别是余二叔（45岁）、余二叔的弟弟（35岁）、余二叔的妻子（40岁）、余二叔的大女儿（18岁）、余二叔的二女儿（16岁）。年龄段分布为40岁至45岁2人、30岁至35岁1人、15岁至20岁2人；从性别方面，2位男性、3位女性；从劳动层面上来说，余家有3位劳动力，当然余家2位女儿均在附近初等中学就读，放假空闲时期也会进行简单的体力劳动。由于同乐村的山势崎岖、交通不便，余二叔家里主要农闲时以打零散小工为主，家中的主要农作物是玉米以及少量的核桃。

在公共空间的测度上，笔者发现村内篮球场位于全村中心，也是村内最大的公共空间，平时基本无人使用或者被村民用于停放一些生产设施用车，反而散

①砍树　②立柱　③上梁　④辅楼板　⑤定房距
⑥进家具　⑦搭木楞　⑧羊房筑　⑨安房门

7

7.木楞房建筑培训过程现场照片

布在村内的柿子树、水井及井旁的大树是村民平时交流、纳凉的地方。在民俗文化上，中心的篮球场的背后伫立着一座雕塑，相传是傈僳族文字创始人，同时塑下有傈僳族文字书写的历史，此处本应该是村内文化传承区域，但是由于村内对本族文化的不自信难以形成有效传承，加之雕塑与村内风貌和周边环境存在违和感。

2.村落共同体构建

笔者发现时间、空间在同乐村、村民的网络交织下，形成了不同层级、不同主体、发展需求、组织形式的不同，乡村规划上内容也是多样且复杂。通过社会学、人类学精准地"摸家底"，对每家每户每人以及道路、公共空间等进行空间测度，掌握其在社会、生产、生活等方面需求，挖掘同乐村整个村庄环境、肌理、产业、配套设施、村民各方面的需求，精准且有针对地规划建设乡村空间。

同时，因为乡村不仅需要自上而下的官方引导，更重要的是村庄层面以及村民自治的发展诉求。乡村建设需要多元主体的共同参与，解决乡村规划"落地难"的问题，笔者策划构建村民、投资方、政府、合作方、体验者的"同乐共同体"的社区发展模式。

"同乐共同体"不仅是以拥有着共同的文化、种族、民族为基础，更是依据一定的方式和社会规范结合而形成的一个相互关联的同乐村大集体，其成员之间具有着共同的价值认同、共同的利益和需求以及强烈的认同意识和归属感。在这个共同体中，成员不仅是当地的村民们，也包括当地政府、外来投资方等。在同乐共同体发展模式的基础上，成立"同乐永续股份有限责任公司"，该企业下设行政部、艺术部、人事部、财务部等多个部门，以技术、房屋等形式解决村民的生产、生活问题，合理分配村内业态与人口，秉承"富村先富民"的宗旨下，平衡自力与外援的关系，最终让每一位村民都劳动起来，一起进入乡村的规划建设。

3.产业发展需求

从村落交通、资源、人口规模、历史与文化、民俗传承等多方面整体上综合考虑，笔者对同乐村传统产业做出策划：延续传统核心产业链即针对傈僳族传统产业如药材、核桃、桃子的种植，尽量在同乐共同体的基础上，形成一定规模的"产、销、售"一体化，借助互联网的虚拟空间扩大销售渠道。纵向产业链上围绕农产品粗加工制造业、农业示范教育基地发展。而横向产业链则利用环境优势丰富农产品种类，提升本地居民收入，利用傈僳文化带动综合农业价值的提升。在三条产业链的基础上，在同乐村的发展过程中策划将旅游产业定义为傈僳文化产业的核心内容。同时传统农业已经不能满足需求，推动农业体验、采摘类、农业观光和农业景观的旅游产业才是同乐村今后的发展重点。

根据每家每户的测度以及实地入户调查为主要依据在同乐共同体的社区发展模式下"因人设事""因事找人"规划村庄产业，如15周岁以下的非劳动力主要以学习为主，接受村内民俗、文化教育，65周岁以上的老年人主要是以教育为主，传授村内的流传已久的民俗文化和当地风俗习惯。

结合整体产业布局，同乐永续股份有限公司的各部门秉承"组织安排+个人选择"的双向原则，对某方面具有突出能力的部分村民进行组织安排。

其他劳动力参考具体情况与个人特色可以采取"因人找事"的模式，该村民有权选择自己有意向的部门。其他未做组织安排的村民则可以为建议"因人设事"的模式，可通过岗位竞争，获得自己有意向的部门。在村庄产业规划基础上则可以利用"因事找人"的模式，设定草编（诗额）、织布（花腊表）、制弩（且）、木碗（思尼）、竹编（玛打额）、土酒（吉培）、可要俄里、茸扒拉、茸里、琵琶肉（叶皮华）、十蜂（别）、药材鸡（念次阿额）、阿尺木刮、豆腐制作、家电维修、建筑工16类产业以及带头人，引领村庄的产业发展。同时，积极做好宣传工作，对外出打工或外出居住归来的村民，积极安排其公司岗位，并给予优待，促进外出村民的集体回归；在保证村民就业以及利益的同时，注重人才的培养，并广纳贤能，填补某些岗位的空白（如行政人员、会计、教师、司机、语种翻译等）。

029

8.改造前建筑空间的提质平面图 9.改造后建筑空间的提质平面图

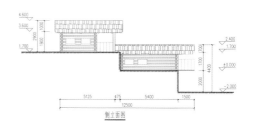

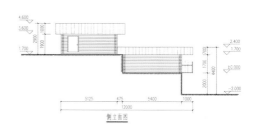

本注重人的振兴，将焦点转向至村民的日常社会、生产、生活对乡村空间的利用以及差异化需求[8]。将人、地点、空间、时间充分融合为整体，尊重村庄意愿与村庄的选择，在充分测度乡村的文化传统、社区权力结构、环境与资源等方面的基础上，以协同者的身份参与乡村建设，建构类似"同乐共同体"自下而上、普遍参与的社区发展模式，促使规划能够有效地落地实施。在此基础上方能对云南万象包罗的村庄提出针对性、精准性、有效性的乡村未来规划，因为乡村是为村民这个"人"规划建设的。

注：本文源自第八届费孝通学术思想论坛暨首届未来乡村论坛——西南未来乡村探讨。

参考文献

[1]孙莹,张尚武.我国乡村规划研究评述与展望[J].城市规划学刊.2017(04):74-80

[2]张丽梅,龙成鹏.从村子看中国——读《云南三村》[J].今日民族.2020(05):35-37

[3]朱晓阳.基层社会空间的法：社会形态、民法和地势[J].原生态民族文化学刊.2021.13(03):1-17+153

[4]林叶."废墟"上的栖居——拆迁遗留地带的测度与空间生产[J].社会学评论.2020.8(04):88-103

[5]朱晓阳.地势、民族志和"本体论转向"的人类学[J].思想战线.2015.41(05):1-10

[6]翁乃群,朱晓阳,单军等.访谈录.建筑学对话人类学[J].建筑创作.2020(02):24-35

[7]黄华青.空间作为能动者：基于"空间志"的当代乡村变迁观察[J].建筑学报.2020(07):14-19

[8]邹思聪,张姗琪,甄峰.基于居民时空行为的社区日常活动空间测度及活力影响因素研究——以南京市沙洲、南苑街道为例[J].地理科学进展.2021.40(04):580-596

4.精神空间打造

在村委会的组织下，由村长主持，进行每周一次培训，提升村民参与度，建立典型的汉语+傈僳语双语教学，对村落历史、村落美化、民族自豪感等方面进行全面的认知。将傈僳文化板块中包含当地相关传统手工艺品如织布、草编、竹编等的介绍与制作、当地相关传统历史、节日文化的学习、阿尺目刮传统民族舞蹈的学习与编排、在地建筑的外观、材料与建造方式之特色等方面的培训，环境美化板块中包含培养私人环境的自发性美化与营造、公共环境的自主性美化与维护，生产生活技能板块中包含在地建筑的外观、材料与建造方式之重点介绍；道路维修方式之重点介绍、相关农作物、动物的现代化养殖、种植流程，以及科学文化板块中包含网络的了解与基本使用、汉语的读写说、义务教育、美学、民族自豪感等。四个板块纳入村民日常的重点培训环节中，提升村庄的基础设施、公共服务设施与社区管理能力，在这些过程中进行人的教育引领。

5.物质空间的改善

木楞房具有就地取材、因地制宜、建造方便的特点。因搭建采用榫卯结构，且没有承重柱，因此稳定性好，且用时短。主要由楞条上下两端砍出"凹"形"马口榫"，两两垂直交叉咬合。屋顶采

用杉木做成"房头板"，上压石头固定，防止被吹走。木楞房建造特点最为突出的是因房门较小，因此在叠木楞之前，先将家具放于此中。通过对同乐村中傈僳族典型的民居木楞房修建培训，充分利用当地资源，引导传统文化街中有能力的农户进行空间的更新改造。

依据同乐村村民最原始的特色空间和生活场景，设计公共活动空间并开展傈僳族特色民俗活动。利用现状的同乐傈僳族村寨起源传说的神石为中心，因地制宜地进行乡土景观设计，将现有的篮球场改造成更具傈僳族文化气息的公共活动空间，提升同乐的文化空间品质，并为村民提供休闲聚会的场所。

五、结论与展望

同乐村乡村规划践行"魁阁学理"，以精准的社会学、人类学方式如解剖麻雀般地去充分测度乡村空间，而打破原有惯常的"套路化"规划方式，从某种程度上来说，给予云南乡村规划的未来提供新的方法与借鉴。因为包括云南在内的民族乡村的独特性与多样性，必然需要借助人类学、社会学的空间测度方法，从每个乡村规划实际出发，探寻乡村的生活真实性。同时以问题或需求为导向，将人作为主体纳入空间中，避免以单一的物质空间为主，而是以村民为

作者简介

匡成铭，昆明理工大学建筑与城市规划学院博士研究生。

杨毅，昆明理工大学建筑与城市规划学院教授，博士生导师。

东北地区乡村的现实与未来发展初探

The Reality and Future of Rural Areas in Northeast China

袁 青 孟久琦 冷 红
Yuan Qing Meng Jiuqi Leng Hong

[摘 要] 我国东北地区自然条件优越，适宜农业耕种，因此乡村居民点分布广泛。但受到地理位置、严寒气候和经济低迷等影响，近年来东北地区人口流失严重，乡村地区尤为显著，导致了生态、空间、产业、文化等方面的诸多不利问题。本文对东北乡村的现状作简要分析，揭示乡村发展面临的各种挑战，进而在充分考量东北乡村优势的基础上探讨了加快产业现代化、改善人居环境、保护与恢复生态环境、优化治理模式和传承乡村文化的未来发展思路，以期为东北地区乡村振兴战略的实施提供参考。

[关键词] 东北乡村；乡村振兴；乡村产业；人居环境；乡村治理

[Abstract] Northeast China has superior natural conditions and is suitable for agricultural cultivation, so rural areas are widely distributed. However, affected by geographical location, severe cold climate and economic downturn, the population loss in Northeast China has been serious in recent years, especially in rural areas, and it has led to many problems such as ecology, space, industry, culture and so on. By analyzing the current situation and problems of rural areas in Northeast China, this paper puts forward various risks of rural development, and puts forward the future development vision, including accelerating industrial modernization, improving the living environment, protecting and restoring the ecological environment, optimizing governance mode and inheriting rural culture on the basis of fully exploiting the advantages of rural areas in Northeast China. This article expects to contribute to providing reference for the implementation of Rural Revitalization Strategy in Northeast China.

[Keywords] countryside of Northeast China; rural revitalization; rural industry; living environment; rural governance

[文章编号] 2023-92-P-031

基金资助：国家自然科学基金项目"小城镇收缩与社会—生态系统韧性的耦合协调及差异化规划调控研究——以东北地区为例"（编号：52278056）

我国东北地区一般指黑龙江、吉林、辽宁及内蒙古东北部地区，这里山环水绕，沃野千里，是世界仅有的三大黑土之一，有着得天独厚的农业发展优势，被称为"中国大粮仓"，拥有广泛分布的乡村地区和深厚的乡村文化。由于气候寒冷、经济低迷等原因，东北地区人口流失严重，且乡村人口流失更为显著[1]，导致乡村发展受限、建设和治理水平相对落后，且面临着生态、空间和产业等多诸多问题。近年来在乡村振兴的背景下，学者们逐渐开始关注东北地区乡村发展中的经济、社会和生态等方面问题，如乡村发展质量[2-3]、人居环境水平[4-6]、乡村景观环境[7-8]、产业转型[9-11]和乡村旅游等[12]。

如何在政策背景下把握优势、化解危机、实现突破是东北地区乡村未来发展的关键。笔者团队自2012年以来对东北地区黑龙江、吉林和辽宁的300余个乡村进行了调研，对该地区乡村的基本情况有着较为全面的掌握。本文将分析东北地区的现状情况和面临的挑战与机遇，提出未来发展愿景，以期为新时代乡村规划与建设提供参考。

一、东北地区乡村的基本情况

据2020年统计年鉴显示，黑龙江、吉林和辽宁三个省份，共有281个县（包括县级市和自治县）、1623个镇（包括民族镇）和728个乡，行政村数量约3万个。在独特的地理位置和历史进程的作用下，东北地区乡村的现状情况也具有鲜明的特点。

1.自然条件

东北地区面积辽阔，拥有中国第一大平原——东北平原，横跨中温带与寒温带，属暖温带、温带、亚寒带气候，四季分明，夏季湿热多雨，冬季寒冷干燥，干湿分区包括湿润区、半湿润区和半干旱区。森林覆盖率在全国处于较高水平，森林总蓄积量约占全国的三分之一，有大小兴安岭、长白山等林区。矿产

1.东北地区乡村自然地形实景照片（平原开阔型）
2.东北地区乡村自然地形实景照片（起伏多样型）
3.东北地区乡村自然地形实景照片（山林背景型）

资源丰富,主要矿种有铁、煤、石油和石墨等。该地区为世界仅有的三大黑土区之一,土壤性状好、肥力高,非常适合农作物生长,农业产业资源优势明显。

2.空间特征

东北地区整体而言乡村聚落密度差别较大。中部平原腹地地势平坦,可耕种面积大,且气候温润,降水丰富,农作物单位产量较高,乡村聚落规模较大[13]。黑龙江省的大兴安岭地区、伊春市和鹤岗市由于林场占地面积较大,乡村聚落较少;辽宁省沿海区域乡村聚落数量较多,锦州、盘锦、营口和鞍山等地城镇化发展迅速,乡村聚落数量较少。

东北地区乡村主要有带状、团状和枝状三类聚落形态。带状村落受到河流或交通干线等因素制约,沿河流和道路延伸布局;团状村落受地理环境限制较少,布局相对集中紧凑;枝状村落多出现在地形复杂地区,各村屯分散于地形较平坦处,由道路相连为整体。

3.人口特征

根据第七次全国人口普查数据,2020年东北三省乡村总人口3181万人,其中黑龙江省乡村人口1095万人,占全省总人口的34.39%;吉林省899万人,占37.36%;辽宁省1187万人,占27.86%。

人口密度方面,东北地区乡村地广人稀,平均人口密度约99人/平方千米,仅为城市水平的1/4[14]。辽河平原、松嫩平原以及三江平原等经济发展较好的地区乡村人口密度较大,呈现以哈尔滨、长春、沈阳、大连四大副省级城市为核心的T形空间集聚格局,省域上,辽宁省乡村人口密度最高,黑龙江省最低。

4.产业特征

在产业结构方面,农业是东北地区最根本的产业,在2000年之前,第一产业一直占据东北农村经济首位,其中种植业占主导地位。目前东北农业产业以种植业和畜牧业为主,林业和渔业为辅[15],三江平原、松嫩平原北部和大小兴安岭东部等地势平坦、土壤肥沃区域的乡村以农业产业为主导。据第三次全国农业普查统计,2016年东北地区农业经营单位17万个,其中农民合作社10万个,约占全国的1/10,农业经营户1190万户,仅占全国的6%,其中规模农业经营户83万户,占全国的21%,可见东北地区规模农业发展优势较大。但是,乡村地区的加工业和服务业发展较为缓慢,产业结构仍有待调整。

5.景观风貌特征

自然风貌方面,东北地区乡村地形以平原开阔型为主,部分乡村为起伏多样型和山林背景型。乡村水系不发达,且较多河流枯水期水位较低,村内水系多为人工建造的明渠。绝大部分东北地区乡村位于建筑气候分区Ⅰ区,即东北严寒区,漫长的冬季使乡村出现周期性的冰雪景观,主要植被是针叶林和针阔混交林。

人工风貌方面,东北地区乡村的建筑、院落和产业景观都具有鲜明特点。建筑一般为坡屋顶,以减少积雪堆积,因宅基地面积较大,建筑一般为单层,建筑墙体普遍较低,利于冬季节能。乡村院落采用简单朴素的铺装,常用铁艺和木质栅栏围合,部分院落内搭建禽畜圈舍和种植大棚,同时因东北地区粮食产量高且农业机械化率高,很多院落内设有粮仓和农机停放地。农业景观常见平原型农田、林地和淡水水系;工业景观在一些资源型乡村中表现为矿山和煤堆,有加工厂的乡村内厂房一般为蓝白配色的彩钢房;服务业景观多出现在旅游业发展较好的特色村中,如具有传统特色的建筑物和构筑物。

二、东北地区乡村发展面临的问题与挑战

与国内其他地区相比,东北地区乡村发展面临的问题和挑战呈现出较为明显的地域特征。

1.乡村发展面临的问题

东北地区乡村发展面临的问题主要体现在产业、人口、空间、生态和气候方面。

（1）产业同质化问题

东北地区是我国农业结构化矛盾最为突出的地区,乡村产业严重同质化,大部分乡村都极度依赖农业,尤其是种植业。2016年第三次全国农业普查显示,按东部、中部、西部和东北地区划分,东北地区种植业的规模农业经营户的人员数量全国最高,林业、畜牧业人数全国最低。调研发现种植作物基本为玉米、水稻和大豆三种,不仅区域内竞争严重,且在多数乡村没有形成三产联动的完整产业链条的情况下,农产品知名度不高,产业附加值低,缺乏高端产品,难以打开销路。

（2）人口老龄化问题

人口问题是东北地区面临的最严峻问题之一,改革开放后东北地区的农业和老工业吸引力降低,人口长期处于流出状态,且以农村户籍为主[1]。第六、七次全国人口普查数据显示,十年间东北三省总户籍人口减少了1101万人,65岁以上人口比重上升了7.26%,目前为16.39%,老龄化现象极为严重。且村内儿童大多到乡镇或附近的城市接受教育,青壮年常年在外务工,常住人口年龄结构严重失调。

（3）空间空心化问题

乡村人口外迁导致一系列空间问题。研究显示东北地区乡村宅基地闲置率约11%,主要的闲置原因为城镇有住房和家庭成员长期外出[16],村内大量房屋闲置,部分房屋无人修缮,破损严重。但因村民的恋土观念和土地流转体系及政策尚不健全等问题[17],这些房屋难以进行统一流转和拆除还耕,浪费了土地资源。与此同时很多村庄边缘仍在继续扩张,建设加工厂、禽畜圈舍、加油站等设施,导致土地利用效率低下。

不仅土地利用出现不合理现象,基础设施建设也存在滞后问题。第三次全国农业普查显示,东北地区乡镇村的生活垃圾集中处理率、生活污水集中处理率和改厕完成率均为全国最低。不同于东南地区人口密集型村镇,东北地区地广人稀,村镇布局分散,基础设施建设成本更高但收益更小,资金负担较重。

在庭院空间方面,东北地区乡村户均宅基地面积较大,黑龙江、吉林和辽宁三省的户均宅基地面积标准在全国本就处于较高水平,且调研中发现宅基地面积超标的现象普遍存在。庭院内农机停放地、堆放场地、晾晒场地和生活场地等功能混杂,空间布局也难以有效抵挡冬季寒风,缺少排水设施和景观绿化。同时仍有部分农户在庭院内设置旱厕,污染环境。

（4）生态脆弱化问题

东北地区的黑土是非常珍贵的资源,但由于长期的开发和耕种,面临着水土流失和土壤退化的问题。水蚀和风蚀会造成水土流失,坡度较高和开发强度较高的乡村水土流失更为明显,如黑龙江省"四大煤矿区"。水土流失和农药化肥的施用也会导致土壤退化,造成土地盐碱化和侵蚀沟,黑土区黑土层厚度逐年降低,土壤养分和土壤物理性状退化严重,土壤污染加剧[18]。

（5）冬季气候严寒问题

东北地区冬季漫长寒冷,降雪较多,造成场地和路面积雪结冰,冰雪对道路等基础设施造成沉重负担,也影响了经济活动。由于漫长的冬季无法进行耕种,为增加收入,很多村民选择外出务工,进一步加剧了人口流失。同时乡村地区积雪清理往往不及时,村民出行和户外活动开展受到影响,意外伤害和心脑血管健康风险增加。

2.乡村发展问题与挑战

上述问题对东北地区乡村的产业发展、人居环境建设、生态环境保护、社会治理和文化传承带来一定挑战。

（1）乡村产业现代化进程延缓

随着高素质人才和青壮年人口的持续流出，东北地区乡村劳动力质量下降，呈现老龄化和低层次特征，难以开展先进农业科技的推广。传统的耕种方式强度高、收益少，村民生产积极性下降，农业现代化进程延缓，产业升级受阻。

（2）乡村人居环境改善受阻

由于村屯布局分散，东北地区乡村环境整治需要投入大量资金。因乡村空心化严重，常住人口比重低，造成房屋闲置情况较为严重，且基础设施建设普遍滞后，所以环境整治人均成本更高，但资金来源有限，调研发现环境整治资金几乎完全依赖政府拨款和村民自筹，缺乏社会资本注入，影响人居环境改善。

（3）乡村生态环境破坏

东北地区乡村面临着水土流失和土壤退化风险，寒地土地冻融交替明显，加剧了这一进程，同时个体农户粗放的耕种模式使用大量农药化肥，污染了土壤和地下水。另外，东北农村普遍缺乏垃圾和秸秆回收、转运和处理相关企业，村民为了节省成本较少使用环保材料和清洁能源，填埋垃圾、焚烧垃圾和秸秆严重破坏了乡村生态环境。

（4）乡村治理有效性降低

人口结构的失衡使东北地区乡村治理缺乏有效主体。乡村常住人口老龄化导致村民参与治理的意愿低、能力弱，村民对乡村公共事务的积极性不高，不愿投入过多的资金和精力，对于现代化的治理手段和智能工具也难以掌握，降低了乡村治理的有效性，也影响了乡村养老、家风建设和公共文化建设。

（5）乡村文化边缘化加速

乡村文化是东北地区重要的文化符号之一，但人口流失加剧了乡村文化衰落的风险。外出务工人员常年生活在城市化环境中，被城市文明所同化，可能出现排斥农业文明和乡土文化的情况。村内留守人员往往文化水平偏低，传承优秀乡村文明的能力有限，乡村文化后继乏人。

三、东北地区乡村发展的优势

尽管面临着诸多问题与挑战，但东北地区乡村仍有着突出的生态资源、农业发展和民俗文化等优势，在新时代一系列政策背景下充分发挥优势，把握机遇，是破解东北地区乡村发展困境的关键。

16-18.东北地区乡村内无人居住的废弃房屋实景照片

1.政策优势

2016年，国务院发布了《关于深入推进实施新一轮东北振兴战略加快推动东北地区经济企稳向好若干重要举措的意见》，提出要培育地域发展动力。作为我国的粮食主产区，第一产业是东北地区发展的原生动力，2019年，黑龙江省和吉林省相继发布了《黑龙江省乡村振兴战略规划（2018—2022年）》《吉林省乡村振兴战略规划（2018—2022年）》，提出优化升级农业产业体系，延伸产业链，推动农村一、二、三产融合发展。2021年，中央农村工作会议召开，再一次强调了全面推进乡村振兴，同年的政府工作报告更是提出了要保护黑土地，足以体现国家和地方对东北地区农业农村发展的重视。

2.生态资源优势

东北地区乡村具有突出的生态资源优势。东北地区北邻东西伯利亚，东北部距有"太平洋冰窖"之称的鄂霍次克海仅700km，春夏季节从鄂霍次克海发源的东北季风经过我国东北地区，使夏季气温不会过于炎热，常年湿冷的环境造就了大面积的针叶林、针阔混交林、草甸草原和沼泽等丰富的自然生态环境。同时由于历史上东北地区一直人口稀少，丰富的自然资源一直被完好保护到近现代。大、小兴安岭—长白山地区是我国最大的林区，其中大兴安岭内的高中位湿地、岛状林湿地和冰湖湿地类型独特，生态科研价值极高。在由松花江、鸭绿江和图们江组成的三江之源有近3000种野生动植物[19]，是宝贵的生物基因库。

3.农业发展优势

黑土地是最珍贵的土壤资源，东北地区耕地资源丰富，据《东北黑土地白皮书（2020）》显示，我国东北黑土地总面积109万km²，其中典型黑土地耕地面积18.5333万km²，人均耕地面积远超国内其他地区。同时，由于地形以平原为主，大部分乡村都适合大规模机械化耕种，拥有巨大的发展规模化、产业化现代农业的潜力。另外，丰富的耕地和森林资源出产了大量有机农产品，包括大米、大豆、玉米以及其他农产品、林产品等绿色食品和中草药，在全国有很强的竞争力。

4.民俗文化优势

传统民俗和冰雪资源是东北发展乡村旅游最突出的优势。东北地区有近百座传统村落，多形成于清代，其中很多是朝鲜族、满族、蒙古族和鄂伦春族等少数民族聚居的村落，不仅建筑形式独特，如鄂伦春族的"斜仁柱"，还有特色手工艺品和饮食，这些传统村落可作为发展乡村民俗旅游的基础。冬季漫长、降雪量大是东北地区发展冰雪旅游产业得天独厚的优势，黑龙江北部和长白山地区年积雪天数可达150天，因北京举办2022年冬奥会，全国人民的冰雪旅游积极性被充分调动，东北地区迎来重要的发展机遇，乡村可大力发展冰雪旅游，或建设为冰雪旅游地的服务区。

四、东北地区乡村未来发展的思路

面对产业、空间、生态和文化一系列问题，东北地区乡村需加快转型和调整，以补齐短板、发挥优势。以下针对相关问题分别提出思路。

1.加快农村产业现代化

（1）优化产业布局，调整产业结构

为破解产业同质化竞争的困境，需结合农产品区域布局编制农业发展规划，培育特色品牌，壮大经营主体。综合考虑不同乡村的资源禀赋、区位条件、产业基础和生态环境等条件，明确产业发展定位。如城郊型乡村可与城市联动推进城乡产业融合；平原型乡村可培育优势品牌；山区型乡村可利用资源优势发展特色农业；边境型乡村可利用进出口优势发展文旅、物流等产业；特色型乡村可发展旅游业[20]。

另外，还需要在保证粮食产能的前提下加快产业结构调整，优化种植业结构，推动畜牧业和特色加工业发展，延伸产业链条，积极培育电商销售、乡村旅游和现代物流等第三产业，形成高效可持续的乡村产业体系。

（2）加快土地流转，发展规模农业

现代化规模农业相比于传统农业生产效率大大提高，广袤的平原是东北地区乡村发展规模农业的天然基础，为了实现农业规模化，应加快农村土地流转。政府需发挥宏观管控的职能，加强土地流转的监管制度建设，加快土地确权登记，保护村民权益，同时为流转后的剩余劳动力开展技能培训，并提供就业岗位。

（3）三次产业融合，打造特色产业

结合土地资源的优势，东北地区的乡村应以土地规模经营为基础，以市场需求为导向，以科技人才为支撑发展大农业。在产业融合方面，立足绿色有机农产品精深加工发展第二产业，形成龙头、基地、农户相结合的经营模式，借助互联网促进生产管理和产品营销。同时还要积极培育特色产业，如乡村空间布局调整后可建设田园综合体，促进乡村第三产业发展和农村社区提档升级。

2.改善乡村人居环境

（1）调整乡村居民点布局

首先，需培育区域发展中心，选择现状条件较好的村镇作为区域发展中心吸纳转移劳动力，通过公共服务设施建设和土地流转制度保障引导乡村居民向中心村镇集中。其次，为适应人口减少，在土地利用、空间功能和公共设施方面要做好乡村精明收缩，政府需有计划地对人居资源进行空间调配，整合各乡村内闲置的土地进行还耕或功能置换，使乡村空间紧凑发展，根据常住人口数量合理分配各类公共设施，提高资源使用效率，提升农村社区活力。

（2）乡村公共环境整治

综合考虑东北地区乡村现状情况及相关政策要求，公共环境整治的重点应为公共空间整治和环卫设施建设。

其中公共空间整治应根据村民社会性活动、自发性活动和生活必须性活动特点[21]，按照需求构建村镇公共空间体系，通过新增公共空间提升乡村活力，形成结合公共建筑布置的广场、结合住宅和街巷布局形成的绿地和结合自然元素和人工构筑物布置的休闲交往空间组成的公共空间体系，并注重公共空间建设的冬季气候适应性和场所营造。

环卫设施建设中应主要关注污水处理设施和垃圾处理设施。为解决东北地广人稀导致的建设成本较高的问题，城郊型村庄可直接共享城市的环卫设施，非城郊型的相互邻近的村庄应共建共享环卫设施，如在处于相对中心区位的村庄建设集中式污水处理和垃圾处理设施，在其他村庄建设小型污水池和垃圾中转站，由环卫部门统一转运、集中处理。

（3）乡村庭院空间整治

东北地区乡村庭院主要可分为一般型、种植型和商业型三个类型[22]，应针对不同类型的庭院空间整治和优化设计。针对较为常见的一般型庭院，宜采用前院式布局，庭院内可适当增加乔木和绿篱，起到夏季增湿降温，调节庭院微气候的作用。种植型庭院可采用前宅后院式布局，宜适当增大庭院进深以扩大庭院冬季日照区域。商业型庭院则可采用前后院式，合理设置商业与居住流线，避免相互干扰，预留足够的机动车停放场地。

（4）乡村防灾与村民健康提升

村镇灾害防御空间规划中需注意灾害防御空间设防条件、布置形式和灾害防御设施指标要素[23]。东北地区北部乡村较常见的灾害主要为雪灾，平原地区易发生风灾，河流密集的地区易发生洪涝灾害，需根据常见灾害类型进行设防，人口越密集的村镇防灾标准越高。在村内分级建设避灾空间，构建平灾结合的生命线系统，提高应急生命线的相对独立性，尤其是在严寒地区推进管线地下化建设，避免雪灾破坏。

同时，还应以公共健康为导向进行乡村空间形态优化和环境整治，保护生态环境，防治污染，改善微气候，尤其是冬季舒适性，以促进村民体力活动和社会交往为目的配置建设设施和活动场所，并以保证救护效率为目的提升道路可达性。

3.保护与恢复乡村生态环境

对于东北地区乡村生态环境的保护与恢复需要协调自然环境和人类活动的冲突，有针对性地协调乡村人地关系[24]，具体行动可从以下几个层级开展。

（1）生态红线划定及管控

进行生态控制线规划是分区域进行生态管制的基础，对于东北地区乡村尤为重要。需在摸清乡村生态环境本底条件的基础上，结合乡村开发需求划定生态红线，对于红线内的区域进行严格管理，控制生产、生活和建设活动在红线内的开展，严禁在生态红线内进行与生态旅游和自然保护无关的建设，守住生态底线。

（2）生态服务功能完善

对乡村的生态服务功能进行完善可使乡村的生态功能和乡村功能更好融合。在乡村生态可持续发展的基础上，科学合理地开发利用耕地、林地、湿地等生态资源，推动用养结合，加强对黑土地和水资源的保护与修复，推行清洁能源的使用，推广绿色生产技术，可对绿色生产的经营主体给予生态补偿。另外由于东北地区乡村种植玉米较多，秋收后产生大量秸秆，为改变焚烧秸秆现状，需尽快完善秸秆回收处理制度。

（3）耕地低影响整治管控

为保护与恢复东北地区乡村的黑土地，需要对耕地资源进行低影响管控。需强化对集中型耕地面积和质量的管控，严格保护永久基本农田，若出现交通设施和基础设施必须占用耕地的情况，需严格执行占补平衡制度。乡村边缘的小块耕地可结合景观建设打造成景观型耕地。对于土壤退化严重的地区需尽快进行治理与生态修复。

4.优化乡村治理模式

乡村治理是乡村振兴的重要保障，治理有效也是乡村振兴不可缺少的目标[25]，有效的乡村治理需要优化乡村治理模式，提高乡村治理水平。

（1）加强基层组织建设

乡村治理是增进民生福祉的重要工作。应加强乡村治理工作和基层组织党员队伍建设。在此基础上，为主动应对乡村人口结构失衡导致的治理难问题，还应提升乡镇干部的素质和作风，加强干部与群众的联系，增强群众信赖程度，同时通过榜样力量带动乡村治理有效进行。

（2）激发乡村群众积极性

在乡村治理中充分发挥龙头企业的带动作用，引导社会资本注入，带动小农户发展，如粮食加工企业带头成立水稻专业合作社，政府可将企业对农户的带动效果作为企业的绩效考核指标并给予相应政策优惠。同时，应结合气候特点，利用漫长的冬季农闲时期广泛开展教育培训工作，增强村民就业技能，使其适应现代化、信息化的生产模式。

（3）法治和德治相结合

加强乡村法治建设，依法进行乡村治理，开展乡村普法宣传活动，在老龄化程度严重的村镇要重点普法，增强村民对法律法规的认识，保障乡村稳定。同时还需要培养乡村社会价值观念，培育文明乡风，塑造乡贤模范，向村民传播积极观念。此外，通过村规民约的制定强化村民的凝聚力，促进乡村社会有序发展。

5.传承乡村文化

乡村文化是维系村民情感的精神纽带和价值寄托，能够增强村民的凝聚力和对乡村的认同感。传承乡村文化不能仅靠宣传，还需保护并提升承载着乡村文化的空间和产业，才能充分增强乡村文化自信，推动东北地区乡村振兴。

（1）宣传弘扬乡村优秀文化

东北地区乡村文化的根基是生态文化，良好的生态环境是人们心中东北地区乡村最重要的特征，"棒打狍子瓢舀鱼，野鸡飞到饭锅里"就是对东北地区乡村富饶程度的形象描述，应将保护与恢复生态环境的理念融入乡村发展政策制定的全过程中。另外，还应当培养文化自豪，开发特色项目，充分发掘东北地区鲜明的少数民族文化、老工业文化、农耕文化和饮食文化，扶持相关产业发展。

（2）保护与提升乡村风貌

东北地区乡村因其独特的自然条件、生产方式和历史进程而呈现出丰富而独特的风貌特征，具有重要的文化价值，因此在弘扬优秀文化的基础上还需重视乡村风貌的保护与提升。宏观上要加强传统村落保护，还原、再生村落仪式承载空间；存旧、续新村落日常场景空间；修缮、利用建筑与村落意涵空间；留存、控制村落结构空间。微观上，一是提升乡村建筑风貌品质，根据乡村特点合理选择墙体、屋顶等材料；二是科学规划院落空间，在充分满足村民生产生活需要的基础上体现乡土性和地域性；三是加强街道空间风貌管控，选择本土植物进行街道绿化，丰富街道景观层次。

五、结论

党的十九大提出的乡村振兴战略为今后很长一段时间内我国的乡村建设和发展指明了方向，对于东北地区的乡村而言，乡村振兴战略的有效实施关键在于对发展问题与挑战的清晰认识和对发展优势和价值的准确把握，本文对上述问题进行了全面梳理，探讨了东北地区乡村面临的产业、空间、人口、生态和气候方面的问题以及所拥有的政策和资源优势，并提出了东北地区乡村未来在产业发展、人居环境整治、生态保护、社会治理和文化传承方面的发展建议，以期为东北地区乡村振兴战略的全面顺利实施提供参考。

参考文献

[1]刘金伟.户籍人口城镇化进程评价及城际差异分析——以50个地级及以上城市力对象[J].国家行政学院学报,2018(04):78-83+149-150

[2]黄禹铭.东北三省城乡协调发展格局及影响因素[J].地理科学.2019.39(08):1302-1311

[3]房艳刚.刘建志.东北地区县域粮劳变化耦合模式与乡村发展类型[J].地理学报.2020.75(10):2241-2255

[4]刘宇舒.王振宇.程文等.乡村振兴下东北农林地区村镇空间发展与治理策略[J].现代城市研究.2019(07):34-41

[5]袁青.王翼飞.于婷婷.公共健康导向的乡村空间基因提取与优化研究——以严寒地区乡村力例[J].城市规划.2020.44(10):51-62

[6]袁青.于婷婷.刘通.基于农户调查的寒地村镇公共开放空间优化设计策略[J].中国园林.2016.32(07):54-59

[7]姜雪.基于模糊分析法的东北地区乡村景观环境评价研究[J].小城镇建设.2021.39(06):56-65

[8]刘艾鑫.基于生态美学视域下东北地区美丽乡村建设研究——以长春市(九台区)马鞍山村美丽乡村建设力例[J].环境保护.2021.49(08):64-66

[9]张荣天.张小林.陆建飞等.我国乡村转型发展时空分异格局与影响机制分析[J].人文地理.2021.36(03):138-147

[10]匡兵.胡碧霞.韩璟等.乡村振兴战略背景下我国农业机械投入强度差异与极化研究[J].中国农业资源与区划.2020.41(05):50-56

[11]陈鑫强.沈颂东.吕红.东北地区"三农"关系重构与"乡村振兴战略"路径选择[J].延边大学学报(社会科学版).2019.52(02):108-115+143

[12]韩玲.崔哲浩.东北民族地区乡村旅游扶贫绩效的时空分异及优化路径[J].延边大学学报(社会科学版).2021.54(03):102-110+143

[13]张军.顾盼.东北地区乡村聚落空间分布特征及影响因素分析[J].中国农业资源与区划.2019.40(10):110-115

[14]孙玉.东北三省乡村性的测度与评价研究[D].哈尔滨：中国科学院研究生院(东北地理与农业生态研究所).2016

[15]王莉.田国强.吴天龙.东北农业产业结构调整现状及展望[J].农业展望.2017.13(12):37-41

[16]东北农业大学《东北地区促进农地流转与农民增收机制及政策研究》课题组.农村土地流转现状、问题与对策——以黑龙江省力例[J].领导之友.2016(17):38-45

[17]李婷婷.龙花楼.王艳飞.中国农村宅基地闲置程度及其成因分析[J].中国土地科学.2019.33(12):64-71

[18]陆继龙.我国黑土的退化问题及可持续农业[J].水土保持学报.2001(02):53-55+67

[19]孔慧清.浅谈东北发展生态旅游的区位优势[J].防护林科技.2009(02):90-91

[20]赵勤.东北地区乡村产业空心化及应对策略[J].智库理论与实践.2019.4(06):30-36

[21]刘通.严寒地区村镇公共开放空间用地配置及布局优化研究[D].哈尔滨：哈尔滨工业大学.2015

[22]冷红.康碧琦.严寒地区农村庭院空间优化策略研究[J].城市建筑.2015(34):117-121

[23]杜瑞雪.灾害风险分析下的严寒地区村镇防灾空间规划研究[D].哈尔滨：哈尔滨工业大学.2015

[24]于婷婷.严寒地区乡村景观脆弱性研究[D].哈尔滨：哈尔滨工业大学.2019

[25]耿永志.张秋喜.实施乡村振兴战略需整体性提高乡村治理水平[J].农业现代化研究.2018.39(05):717-724

作者简介

袁　青，哈尔滨工业大学建筑学院、自然资源部寒地国土空间规划与生态保护修复重点实验室教授；

孟久琦，哈尔滨工业大学建筑学院、自然资源部寒地国土空间规划与生态保护修复重点实验室博士研究生；

冷　红，哈尔滨工业大学建筑学院、自然资源部寒地国土空间规划与生态保护修复重点实验室教授、通讯作者。

未来乡村的建设
——基于土地资源要素的构想

Future Rural Construction Conception
—Based on Land Resource Elements

曹 迎 钟思思 陈 雨
Cao Ying Zhong Sisi Chen Yu

[摘 要] 在城镇化高速发展的背景下，乡村地区正经历着剧烈转型与重构。在此背景下，如何开展乡村建设是乡村发展的一项重要议题。随着乡村振兴和全力推动农业农村现代化建设目标提出，为更充分发挥乡村固有资源优势，乡村建设被赋予新的内涵要求。在此背景下，文章从土地资源要素的角度对百年中国乡村建设进行了全面回顾，探讨了近百年中国乡村建设的主要历史特征，并对当下乡村发展与建设面临的挑战进行了总结，提出了未来乡村建设的构想，以期为未来乡村建设提供启示。
[关键词] 乡村建设；土地资源要素
[Abstract] Under the background of dramatic urbanization development, rural areas are undergoing pronounced transformation and reconstruction. How to implement rural construction has been an important issue in rural development in this context. With the goal of rural revitalization and full promotion of agricultural and rural modernization, rural construction has been given new connotative requirements. In this context, the paper reviewed rural construction of China in the past century from the perspective of land resource elements, discussed the main historical characteristics of rural construction, summarized the challenges faced by current rural development and construction, and proposed future rural construction suggestions. The concept of rural construction is expected to inspire future rural construction.
[Keywords] rural construction; future conception; land resource

[文章编号] 2023-92-P-037

一、引言

乡村作为人类生存和生产的初始物资供应地，也是具有自然、社会、经济特征的地域综合体，兼具生产、生活、生态、文化等多重功能[1]。即使在全球城市化高度发达的今天，仍然有接近一半的人口居住在乡村，乡村仍然是人类重要的栖居地。中国作为全世界人口规模最大的国家，其乡村建设和发展的经验，能够为全球其他国家的乡村建设的决策提供参考和借鉴。

改革开放至今，中国的经济保持了前所未有的高速增长，被世人称为"中国奇迹"。与此同时，中国的城镇建设也高速发展，2020年常住人口城镇化率已经达到63.89%，承载了超过9亿人口。伴随着经济和城镇化的高速持续发展，中国的乡村发生了巨大的变化，同时也面临城乡关系二元化、村庄空心化、农村老龄化、基层治理弱化、城乡收入差别化[2-3]等诸多挑战。为了应对上述问题，中共中央连续18年发布以"三农"为主题的中央一号文件，不断调整和部署不同时期农村改革和农业发展的政策措施，确保农业、农村和农民的可持续发展。其中，2017年中国共产党第十九次全国代表大会工作报告提出了乡村振兴战略，2021年更是发布了《中共中央 国务院关于全面推进乡村振兴加快农业农村现代化的意见》。

在新中国全力推动农业农村现代化建设之际，本文旨在从土地资源要素的角度，通过百年乡村建设的回顾，分析中国乡村建设的主要历史特征，并结合当下乡村发展与建设面临的挑战，从土地资源要素配置的角度，提出未来乡村建设的构想，以期对未来乡村建设的政策制定、路径构建、模式选择提供参考。

二、百年中国乡村建设的演变

1. "乡土中国"的嬗变时期

近代中国，随着"乡土中国"[4]传统秩序的瓦解和西方列强的干涉[5]，"农业萧条""农村凋敝""农民破产"成为当时中国乡村面临的主要问题[6]。为了救亡图存和民族复兴，近代知识分子晏阳初、陶行知、梁漱溟、卢作孚等分别从教育、文化、实业等方面，自下而上地开展了不同模式的乡村建设，以期实现民族自救。自此，乡村建设运动得以兴起，并于20世纪30年代中期达到高潮。到1934年，我国各地从事各种乡村建设活动的公私团体有691个[7]。与此同时，国民党政府也自上而下地推行了"乡村复兴"运动，试图通过设立涉农机构、设立农村服务区等方式，巩固政权、挽救乡村[6]。但是，无论是知识分子自下而上开展的乡村建设，还是国民党政府自上而下推行的乡村运动，均未取得预期成效。究其原因，嬗变时期的乡村建设，并没有改变乡村建设的主要资源要素土地的权属和功能，因而依附于土地权属上的租佃、金融、税赋等不合理的生产关系也没有得到改变[5]，更未能激发广大农民的积极性和主动性，因此，当时中国乡村建设面临的主要问题也没有得到根本性的改变。

同一时期，中国共产党以土地为核心，通过土地权属的调整以及基层组织的重组，从而不断推动乡村建设的发展[8]。在土地革命时期，采取了无代价地没收豪绅地主阶级的土地财产，分配给无地及少地农民使用，并建立农村的农民政权的策略[9]。依托于各地的乡村革命根据地，该时期物质层面的乡村建设主要集中在教育设施方面。如鄂豫皖革命根据地的霍山县，兴办了100所初级小学、20多所完全小学和一所初级中学[10]。此外，

1 衰落的乡村空间实景照片
2 桂林市龙脊梯田自然资源风光实景照片

在妇女解放、移风易俗和社会管理等非物质方面也进行了卓有成效的实践[11]。在抗日战争时期，为了争取更多的抗战力量，认可地主对于土地的所有权及财产处置权，但是必须顾及农民的生活[12]。通过对地主、农民、富农等多方附着于土地的利益进行调节，实现了以扩大耕地面积和兴修农业水利工程[13]为代表的各项乡村建设的发展。在解放战争时期，按照"一条批准，九条照顾"的方略[14]，废除了地主的土地所有权，基本实现了耕者有其田的目标。该时期的乡村建设仍然以教育设施的恢复和兴建为主[15]。

"乡土中国"的嬗变时期，通过改变以土地主为核心的土地财产关系为以农民为核心的土地财产关系[5]，实现了权力、地位和基本社会关系的重组[16]，打破了原有精英秩序社会的联盟，形成了农村的基层政治组织[17]，有效地促进了教育设施、农田水利设施等方面的乡村建设。

2.土地权属的变更时期

该阶段土地所有制再度发生变化，完成了由农民土地所有制向集体所有制的历史性转变[8]，实现了国家治权自上而下的全面覆盖。该阶段的乡村建设除了在农田水利[18]和医疗卫生[19]方面取得显著进步以外，还首次提出了以《农村生产合作社示范章程》[20]《高级农业生产合作社示范章程》[21]等为代表的社会主义新农村规划。该阶段凭借土地所有权的变更，"乡土中国"的传统乡村建设力量——宗族、乡绅、第三方组织日渐式微，国家权力得以强势进入乡村地区[22]。也正是国家权力的进入，该阶段得以

发挥国家统筹协调的优势，取得了乡村建设的以上成就。

3.土地权能的分离时期

在完成土地所有制的权属变更后，为了进一步推动工业现代化和城市化的发展，国家通过土地权能分离的方式，将更多的资源向城市倾斜[5]，相对于城市的发展，乡村的建设和发展进入停滞时期。该阶段通过《国家建设征用土地办法》《中华人民共和国土地管理法（1998版）》等，将乡村土地资源要素进入市场的唯一途径锁定为国家征收征用。乡村土地资源要素的功能受到全面限制，乡村建设进入实质性的停滞时期。随着改革开放的深入推进和城市化的快速发展，大量的乡村耕地转变为城市建设用地，我国的可持续发展面临建设用地指标与地方发展需求不匹配的挑战。为了解决上述问题，2005年，中国国土资源部印发《关于规范城镇建设用地增加与农村建设用地减少相挂钩试点工作的意见》，进一步明确了城镇建设用地增加与农村建设用地减少相挂钩，即"增减挂钩"政策。通过部分松绑乡村土地资源权能的方式，极大推动了乡村建设的发展。该阶段无论是四川的城乡统筹发展试验区[23]，还是重庆的"地票"交易[24]，均为乡村建设争取到大量的资金，无论是基础设施、公共设施还是人居环境建设均取得显著的进步。2015年，中共中央办公厅和国务院办公厅联合下发《关于农村土地征收、集体经营性建设用地入市、宅基地制度改革试点工作的意见》，进一步为乡村集体建设用地进入市场解除了限制。随着该意见的实施，浙江省

德清县[25]、广东省南海区[26]等试点地区通过盘活土地资源获得了乡村建设的大量资金，乡村的人居环境得到了极大的改观。

三、当今乡村建设面临的挑战

自从人类聚居伊始，乡村建设便孕育而生。在1931年，梁漱溟将"乡村建设"一词学术化后[27]，其概念更加接近当今乡村建设的内涵。在本文看来，乡村建设是包含乡村政治、经济、社会、文化、环境、支撑等方面在内一项乡村发展的系统工程。如前所述，经过近百年的尝试，中国的乡村建设取得了长足的进步。但是，在面对实施乡村振兴战略，全面建成小康社会的国家目标时，当今的乡村建设仍然面临如下挑战。

一是乡村空间重构问题。改革开放至今，中国的城市化迅速发展。与2010年相比，第七次全国人口普查数据显示全国有16436万人口从乡村进入城市[28]。乡村人口的大量流失，必然出现自然村消亡，乡村住宅废弃等一系列乡村问题。原有的乡村建设成果与当今的乡村人口规模不匹配，必然带来乡村空间的重构问题。如何根据乡村人口的规模，科学地重构乡村的生产、生活和生态空间，高效配置基础设施和公共服务设施，是未来乡村建设面临的一大挑战。

二是资源要素的保障问题。乡村作为城市聚集和生活生产的物资供应地，拥有丰富的资源要素。土地资源作为众多资源中的一种，在保障农业生产，促进非农产业发展，吸引工商资本、发挥金融功能等方面

具有不可替代的作用。如何充分利用好乡村的土地资源，充分保障乡村建设的发展也是未来乡村建设面临的一大挑战。

三是体制机制约束问题。为了实现乡村振兴的战略目标，未来的乡村建设面临巨大的资金需求。若仅仅依靠政府的单一投入，或者少量的社会资本，乡村建设的资金无疑难以满足。如何进一步深化改革，突破现有体制机制的约束，将乡村的各类资源转变为资产，是未来乡村建设面临的另一重要问题。

四是建设主体的转变问题。如前所述，新中国成立后的相当长一段时间，政府承担了乡村建设主体的职责，有效支撑了乡村的建设和发展。但是，乡村建设的需求来自于村民，乡村建设成果的主要使用者是村民，乡村建设成果的管理和维护依赖于村民[29]。如何协调好政府和村民之间的主体角色的转变，是未来乡村建设可持续发展的关键。

四、未来乡村建设的构想

土地作为乡村最为重要的资源之一，无论是构建乡村社会关系、调动乡村居民的主动性，还是开展诸如基础设施或公共服务设施等物质方面的建设，抑或是通过出让土地使用权获得乡村建设的大量资金等方面，均发挥了不可替代的作用。为了实现乡村振兴的战略目标，充分发挥乡村固有资源的优势，实现未来乡村的建设，笔者提出如下三点构想。

一是结合国土空间规划，厘清乡村的土地资源现状。虽然经过第三次土地调查，基本摸清了全国的土地资源现状。但是，由于三调采用的比例尺、地类认定规则等原因，导致乡村的实际土地现状与三调数据库存在差异。为了更好地发挥乡村重要的土地资源要素，亟需结合国土空间规划，厘清乡村土地资源的现状。

二是不断深入推进土地制度改革，进一步释放乡村土地资源的权能。新中国成立至今，通过不断的修订法律来释放土地权能，以适应不同时期的社会经济发展需要，取得了巨大的成效。在面对乡村振兴约7万亿元的巨大资金需求背景下[30]，还需要借鉴以前的经验，通过改革不断释放乡村土地资源要素的权能，进一步增强乡村土地资源的指标、金融等功能。

三是结合村庄规划，合理合法的为土地资源赋能。在现有法律法规体系下，乡村土地资源效能的发挥，必须要通过村庄规划赋予合法合理的土地性质，才能够参与市场交易，吸引社会资本，为乡村建设提供外部资源。

参考文献

[1]清华大学建筑节能研究中心.中国建筑节能年度发展研究报告[M].北京:中国建筑工业出版社,2012.

[2]厉以宁.论城乡二元体制改革[J].北京大学学报(哲学社会科学版),2008(02):5-11.

[3]刘彦随,周扬.中国美丽乡村建设的挑战与对策[J].农业资源与环境学报,2015,32(02):97-105.DOI:10.13254/j.jare.2015.0092.

[4]费孝通.乡土中国[M].北京:人民出版社,2008.

[5]刘守英,颜嘉楠.体制秩序与地权结构——百年土地制度变迁的政治经济学解释[J].中国土地科学,2021,35(08):1-14.

[6]李艳华,张双双.乡村建设行动的历史脉络、生成逻辑及实践进路[J].甘肃理论学刊,2021(05):121-128.

[7]Harry J Lamley. Liang Shuming, rural reconstruction and the rural work discussion society,1933—1935[J].Chung Chi Journal.Vol.8.No.2,May 1969.

[8]鲍旭源,李红军.乡村建设行动下农村基层党建的优化向度——基于中国共产党百年乡村建设视角[J].江西财经大学学报,2021(05):13-22.

[9]中共第六次全国代表大会关于土地问题决议案[C]//陈翰笙,薛暮桥,冯和法.解放前的中国农村经济(第一辑).北京:中国展望出版社,1985:19-28.

[10]《鄂豫皖革命根据地》编委会.鄂豫皖革命根据地第3册[M].郑州:河南人民出版社,1990.

[11]王继平,张晶宇.论土地革命时期湖南革命根据地的乡村社会建设[J].湖湘论坛,2017,30(05):54-60.

[12]中共中央关于抗日根据地土地政策的决定[C]//陈翰笙,薛暮桥,冯和法.解放前的中国农村经济(第一辑).北京:中国展望出版社,1985:66-70.

[13]魏宏运.晋察冀边区财政经济史资料选编.第二编:农业篇[M].天津:南开大学出版社,1984.

[14]杜润生.杜润生自述[M].北京:人民出版社,2005.

[15]冯兵,赵一.解放战争时期中国共产党乡村文化建设的举措与经验[J].山东行政学院学报,2021(01):110-116.

[16]亨廷顿,王冠华,刘为.变化社会中的政治秩序:Political order in changing societies[M].上海:上海人民出版社,2008.

[17]冯仕政.当代中国的社会治理与政治秩序[M].北京:中国人民大学出版社,2013.

[18]赵德馨.中华人民共和国经济专题大事记[M].郑州:河南人民出版社,1989.

[19]孙隆椿.毛泽东卫生思想研究论丛(下册)[M].北京:人民卫生出版社,1998.

[20]胡震.1956年《农业生产合作社示范章程》立法的历史考察[J].中国农业大学学报(社会科学版),2018,35(06):96-104.

[21]高级农业生产合作社示范章程[J].中华人民共和国国务院公报,1956(29):744-760.

[22]吴祖泉.建设主体视角的乡村建设思考[J].城市规划,2015,39(11):85-91.

[23]严金明,王晨.基于城乡统筹发展的土地管理制度改革创新模式评析与政策选择——以成都统筹城乡综合配套改革试验区为例[J].中国软科学,2011(07):1-8.

[24]杨继瑞,汪锐,马永坤.统筹城乡实践的重庆"地票"交易创新探索[J].中国农村经济,2011(11):4-9+22.

[25]德清县人民政府.关于印发德清县现代农业"十三五"发展规划的通知[EB/OL].(2017-04-26)[2022-01-06].http://www.deqing.gov.cn/art/2017/4/26/art_1229566130_3830887.html.

[26]胡杰成."农地入市"的南海经验[J].中国经贸导刊,2018(21):63-66.

[27]梁漱溟.乡村建设理论[M].上海:上海人民出版社,2006.

[28]宁吉喆.第七次全国人口普查主要数据情况[J].中国统计,2021(05):4-5.

[29]韩园园,孔德永.乡村建设百年探索与未来发展逻辑[J].河南社会科学,2021,29(07):29-38.

[30]中国乡村之声.农业农村部估算:落实乡村振兴战略需7万亿资金投入[EB/OL].(2019-09-03)[2022-01-06].http://country.cnr.cn/gundong/20190904/t20190904_524763555.shtml?ivk_sa=1023197a.

作者简介

曹迎,博士,四川农业大学水利水电学院院长、教授;

钟思思,四川农业大学建筑与城乡规划学院硕士研究生;

陈雨,博士,四川农业大学建筑与城乡规划学院讲师。

大都市地区的未来乡村：畅想与行动
Imagination and Actions About Future Countryside in Metropolitan Area

栾 峰 罗圣钊
Luan Feng Luo Shengzhao

[摘 要] 本文从城乡规划学科的分析出发，强调"描绘未来"的重要地位在问题导向的惯性思维下被忽视的事实，进而阐述了"乌托邦"理念对社会发展，特别是对城市规划建设的重要作用。基于以上认识，本文探讨了上海大都市地区乡村未来发展的可能途径，进而构建未来在农业、农民及农村空间方面的图景；最终提出对大都市地区未来乡村的构想的4个方面建议，包括基础整治、品质提升、创新植入和活力动员。

[关键词] 乡村振兴；乌托邦；"三农"问题；人民公社；田园城市

[Abstract] Beginning with the analysis of urban and rural planning discipline, this paper emphasizes the fact that the important position of the future picture has been ignored under the inertial thinking of problem orientation, and then reconfirms the important role of Utopia in social development, especially for urban planning and construction. Based on the understanding above, this article analyzes the possible ways for the future development of rural areas in Shanghai Metropolitan Area, and shows the imagination of agriculture, farmers and rural space in future Shanghai. Finally, it puts forward four actions for the future rural areas in metropolitan areas, including ecological environment improvement, living environment improvement, innovation implanting and vitality mobilizing.

[Keywords] rural vitalization; utopia; issues relating to agriculture, rural areas, and rural people; people's commune; garden city

[文章编号] 2023-92-P-040

一、畅想未来对行动的意义

1.畅想的必要性

城乡规划学科在本质上关注的是如何实现未来，主要包括"如何行动"和"描绘未来"两个方面的内容。然而，由于局限于问题导向，在"如何行动"成为城乡规划学科的核心问题之时，"描绘未来"虽是同等重要的工作却在近些年被忽视。

现在依然将问题作为研究城市、进行规划的核心导向是不妥当的。其一，即使所有的问题得到了解决，也不能自然而然地导向人民期待的未来。因为"描绘未来"不仅包含如何构建未来蓝图的问题，还包括价值观和立场选择的问题。其二，关注问题固然重要，但更需要补足当前对未来描述的缺位。这需要我们尝试描述对未来的畅想，进而考虑我们的价值观，以及评估行动是不是遵从了所选择的价值观。

必须说明的是，未来就隐藏在提出问题的过程中，是问题的重要前提。首先，没有目标通常就没有价值标准，因此没有价值标准作为度量，则问题难以明确。其次，如果不反复锤炼目标，提出的问题就不稳固。例如关于当前普遍存在的乡村人口流出、乡村人口老龄化的现象，首先需要判断它们是不是问题；如果所提出的问题是真问题的话，那么这个问题又基于怎样的价值标准呢？解决问题的行动又将导向怎样的未来呢？以及这样的未来是否有实现的可能和路径？最终，对问题认识、分析和解决都离不开对未来的描绘与判断了。

回到城市规划，现代城市规划的形成固然有着现实的卫生原因，但也肩负着畅想未来的任务——"理想的城市应该是怎样的"。诚然，畅想未来不仅仅是一项专业人员的工作，也是大多数人愿意思考的事情，但是规划师的优势在于利用系统和全面的分析能力，在明确目标的前提下，更好地勾画出相关要素的关系，进而展现出未来的可能图景。

2.向乌托邦致敬

"乌托邦"（Utopia）是一个畅想未来理想社会的专门名词，来源于16世纪英国人文学者托马斯·莫尔所著的小说书名，是书中杜撰的岛屿名称，意思是哪里也找不到的地方。"乌托邦"的理想社会包括富裕、公平、健康等想象，也因此从侧面讽刺、批判了现实社会的种种问题。几百年来，乌托邦已经被公认为畅想未来美好社会的指代；创造它的托马斯·莫尔也成为英国历史上最伟大的名人之一，也是后来空想社会主义者所认同的鼻祖。

因为一度遭受批判，"乌托邦"在我国现代语境中常常带有贬义，主要批评包括对美好社会不切实际的描述和对现实的麻痹作用，以及缺乏直接对现实社会问题根源的深刻批判等。然而，乌托邦的存在有什么错呢？

"田园城市"这个带有乌托邦色彩的学说被视为现代城市规划的鼻祖，于19世纪末被霍华德完整提出，成为200余年来最具影响力的现代城市规划理论之一。霍华德提出了改变城乡二元对立的新途径，并且描绘了"田园城市"理想的模式图。不同于托马斯·莫尔的是，他基于对未来的想象，在书中尝试运用财务工具构想了实现的途径，进而参与到了田园城市的建设实践中。在接下来的两个世纪内，不仅英国出现了几代追随"田园城市"理想的新城建设，而且全世界的多个国家也有不同程度的相关实践，包括新加坡的花园城市以及中国改革开放后的新城建设等。这些建设实践尝试融合城乡空间的特性，强调与现有的大都市区保持适当的距离，致力于创造更加美好的生活环境。

因此，崇尚更美好的未来本身并没有什么错，乌托邦应当被正名和致敬。诚然理想的现实性和实现途径都是同样重要的议题，但是以上问题不足以否定乌托邦本身的价值。历史上，虽然霍华德的"田园城市"在实践中屡经改革，面临着实现路径上的难题，甚至被本人所否定，但这并不能磨灭田园城市思想的价值。

当前，无论是城市规划方案、建筑设计方案，还是乡村规划方案，在一定程度上都具备乌托邦的色彩，只要它们承载了关于未来美好生活和社会秩序的想象，那么其背后的价值应该得到认可。

二、上海大都市地区乡村的未来发展

既然畅想是非常重要的，乌托邦也有值得肯定的地方，梦想的描绘更是聚集社会行动、发现问题和解决问题的重要动力，那么规划专业工作者就更应该在乡村振兴战略背景下，描绘乡村未来发展的美好场景。因此，本节在认识上海大都市地区乡村发展特征的基础上，畅想上海大都市地区乡村未来发展的可能。

1.上海大都市地区乡村发展认知

未来不同区域乡村地区的发展有明显差异化的途径，因此上海大都市地区的乡村需要选择符合自身区位特征的途径。第一，有些区域可能走向农业规模化和产业化，农村人口大多撤离且主要采取集中居住形态，这些区域往往是平原农区。第二，有些区域的人口逐渐流出，仅有极少数有着特定目的或者偏好的人留在乡村，这些地区可能是高原、山区或者荒芜地区。第三，有些区域将走向城乡更为紧密融合的未来，特别是乡村因为其开阔的视野而成为难得的郊野空间，这些地方可能主要聚集在大都市核心区域周边。

当前，上海大都市地区乡村空间的经济潜力尚未完全激活。上海市辖区的地域空间明显狭小，建设空间弥足珍贵，却仍然保留了半数乡村空间。然而，即使在如此高的乡村空间占比下，农业产出却不到上海市生产总值的1%，城乡居民的可支配收入依然面临着较大的差距，甚至上海市农村居民的人均可支配收入低于苏州等地。如果依然限制乡村地区只能发展农业经济，恐怕就连上海也难以实现与城

水库村集中居民点

联 村安置房

花红村耕织馆

沈陆村保留民居风貌提升

1-3.雕塑为生态资源赋予了文化内涵实景照片（材料来源：《上海新浜土地整治项目生态与景观重塑技术实践》）

4-7.不同类型住房的创新探索实景照片（材料来源：同济大学、同济大学建筑设计研究院（集团）有限公司，水库村农民集中居住点一期南片项目；goa大象建筑设计有限公司、同济大学建筑设计研究院（集团）有限公司，联一村安置房项目；上海创霖建筑规划设计有限公司，花红村耕织馆项目；奉贤建筑设计院，沈陆村保留民居建筑风貌提升项目）

8.通过各类活动（种植、艺术）推动新老村民融合实景照片（材料来源：作者自摄；同济大学建筑与城市规划学院，2019乡村艺术季—田园实验项目）

9.浦秀村"三园一总部"实景照片（合景泰富）项目（材料来源：iArchitectstudio，浦秀村"三园一总部"〔合景泰富〕项目）

市地区相仿的乡村地区振兴。如果没有乡村产业振兴，就很难吸引更多发展要素投入到相对广阔的乡村地区，也就难以持续改善乡村地区环境品质和经济发展水平。

因此，实现城乡融合以及破解发展要素下乡的制约，是上海这类大都市地区实现乡村地区振兴的重要议题和研究课题。上海大都市地区的未来乡村将呈现城乡紧密融合的形态，乡村空间将成为城市核心功能的战略空间，承接多元的、高能级的经济发展功能，进而为乡村地区提供更多渠道的经济收入，实现乡村产业振兴和经济发展。

此外，巩固乡村地区核心战略资源是一个重要的基础性工作，使上海大都市地区的乡村得以差异化参与城乡发展竞争，并且最终得以与城市实现共融发展的保障。巩固乡村地区核心战略资源就是要切实改善大都市地区乡村生态环境、强化特色风貌，以及保护历史文化遗产。也只有这样，大都市地区的乡村才能更好地凸显出三个价值，即生态价值、美学价值、经济价值，从而为现代农业的发展巩固根基。

值得注意的是，上海作为国际化大都市，在国内有着较深的现代规划历史及传统。1946年的大上海都市计划就已经在空间布局上构建起了城镇空间

有机疏解、城乡空间相互穿插的共融形态。遗憾的是，就发展目标而言，上海在相当长时间里更加偏重城市发展及建设布局，而相对忽视乡村地区，甚至一度以消解乡村地区为导向。然而，随着乡村振兴战略的提出，特别是对大都市地区乡村价值的再认识，上海的乡村将迎来崭新的发展历程。当前，持续进入乡村的发展资源给乡村带来了新的发展机遇的同时，也导致乡村面临前所未有的压力。这个压力就是如何更好地保护好特有的生态、风貌和历史人文资源，形成与城市具有明显差异又互为补充的新发展空间。

2.上海大都市地区未来乡村畅想

在未来的上海乡村，虽然传统的农民和农业会逐渐减少，传统的乡村空间也会得到更严格的保护，但乡村发展势必展现出新的面貌。第一，在传统的农民逐渐减少的同时，将会有更多的人因为偏爱乡村而进入乡村地区，既包括从事新农业的新农民，以及更多的随新功能导入而进入乡村的新人群。第二，传统的农业作为基础产业在科技化、精品化、品牌化上明显发展的同时，更重要的是越来越多的农业空间被叠加赋予了景观风貌、休闲娱乐、教育实践等新功能。第三，传统的乡村空间受到更为明显的多元要素导入压

力，因此会得到更为严格的保护，避免城镇化建设方式的破坏性影响。

畅想未来，上海大都市地区未来乡村美丽的郊野空间将会被打造成国内外游客向往的地方，承载着上海作为卓越的全球城市的核心职能。首先，上海未来乡村将基于地方特色，融合水、田、林、路、村等要素，在保证高品质农业生产的同时体现水乡风貌特色和历史人文特征，确保所见之处皆风景。其次，随着会务、休闲、文化教育、科创等功能的导入，上海未来乡村既是城市居民对于乡愁的寄托之处，更是人们追求时尚和潮流的复合空间，提供诗意的地方体验。最后，随着信息技术和智能技术的发展，上海未来乡村将在更广阔的舞台传播其空间魅力，吸引更多、更多元的人群来到乡村，促进更为频繁的城乡交流、区域交流甚至是国际交流，并且形成促进乡村持续发展的社会组织方法与机制，满足新老居民、城乡居民及区域内外访客不同层面的需求。

三、面向未来的行动建议

大约半个世纪以前，无论对于城市和乡村，各种美好的想象曾被不断提出。在新时代背景下，通过更

多的精力投入，更为清晰的、基于乡村振兴的未来美好蓝图也应被勾画出来。据此，本文从行动策略的角度，对大都市地区未来乡村的构想提出如下4个方面的建议。

1.基础整治

在最为基础的层面上，生态环境的优化和提升是吸引人们从大都市建成地区进入乡村地区的重要因素。生态环境不仅是当前乡村人民生活的基础，更是未来新乡村生活方式和生产方式的基础。因此在上海这类高密度的大都市地区，优化、提升生态环境不仅要考虑环境指标的改善，更应考虑多重功能叠加的可能性，特别是生态功能和经济、文化等功能的融合。

在笔者团队整理的《上海新浜土地整治项目生态与景观重塑技术实践》案例里，项目方在进行土地整治工作的同时，挖掘了当地历史文化资源，为生态资源赋予了文化内涵。村外的一方水塘倒映一条铁链，使得修复原有水系生态功能的同时，又以现代雕塑的方式展现了当地的白牛传说，勾勒出上海松江乡村的新景点。

这个案例对大都市地区未来乡村的启示在于，在进行生态环境优化的过程中，基于历史故事的乡村规划与建设，可依托大都市地区的市场潜力塑造新的引力点，实现生态环境修复与乡村经济发展的融合。总体而言，目前大多数项目方和设计团队分别在生态修复和乡村经济发展某一方面取得了成果，但是缺乏通过设计来促进要素叠加、共创未来美好环境的思想准备和行动策略。

2.品质提升

另一项基础性的工作是生活环境品质的整体提升，包括服务功能的导入和公共服务设施的建设，以及更为基本的村民居住品质提升工程。其中村民居住品质提升工程包括适应现代生活方式的房型更新，以及适应人口导入形成新老村民共融的未来乡村社区建设。

上海结合乡村振兴示范村建设，针对不同类型住房因地制宜探索推进了创新型村居的建设。这既包括保留村居的风貌提升探索，也包括服务于集中居民点的新村居形态探索，以及适应老村民迁建安置和新村民导入的新村居探索。因此，无论是老村居还是新村居，只要经过适当的投入与高水平的设计，都可以打造出诗意的生活环境。这个过程不仅提升了老村民的幸福指数，更增加了乡村面向市民的吸引力，促进了新村民的导入，这对于日渐老龄化的乡村地区的活力

恢复至关重要。

3.创新植入

对于上海这类大都市地区，振兴乡村更重要是导入各类新兴功能，促进乡村共同承担大都市的核心功能。尽管受制于现有的法规和制度，上海仍然做出了一些积极探索，并且取得了初步成效，进而带来了风貌保护和重塑的新议题。

譬如上海奉贤区所实施的"三园一总部"策略，在庭院、公园、庄园三个层面共同发力，深入推进三块地改革、消除空间发展障碍、释放发展新空间，成功导入了城市工商资本，并且促进了乡村总部经济的发展。其中，浦秀村导入的合景泰富项目是"三园一总部"的典型案例，该项目为村集体和村民带来了增收的新途径，由此降低了政府直接扶持投入的压力。

然而在这个过程中，整体风貌及历史文化资源保护等一系列问题走到了台前。在植入创新的未来乡村社区，不仅拥有优良的生态环境，也有着高品质的综合服务环境，最终形成新老业态融合发展、新老建筑共存的态势。

4.活力动员

值得特别指出的是，随着更多新型要素的导入，如何推动新老要素、新老村民融合也将成为重要议题。一方面，必须保障老村民的现状利益，积极吸引老村民参与村庄事务，继续发挥主人作用。这个过程的实现需克服在老龄化加剧下老年人知识水平、参与意识薄弱等方面的困难。另一方面，还要充分保障新村民、新机构的合法、合理权益。在这方面应当充分发挥包括规划设计、活动策划等工作的激励作用，并且通过机制、制度等方面的创新，推动乡村组织模式的创新。

在活力动员的实践当中，既有通过设置小菜园组织老村民参与的成功探索，也有党团和社会组织在村庄中开展各类创意活动推动新老村民交流的经验。无论何种方式，通过积极的活动来促进交流和组织创新，都是值得特别重视的经验。

四、结语

在乡村振兴战略的大背景下，单纯期待通过发掘问题的方式优化规划建设乡村是不足以达到乡村振兴的高度的。因而需要借助"乌托邦"的理想主义色彩，广泛吸纳人民对于未来乡村美好憧憬的需求，在理性理解大都市地区发展可能路径的前提下，规划工作人员可以合理畅想乡村未来发展的场

景、布局、机制等，进而探索出一条属于中国特色的乡村振兴道路。

在畅想大都市地区的未来乡村的时候，我们必须明确，城乡虽然有着明显差异，但这种差异并不仅是差距，而应是弥补差距的重要资源。在这样的认识下，应鼓励更多的人群去了解乡村、认识乡村、理解乡村，积极勾画未来乡村愿景；还要基于愿景的实现去发现和破解问题，并探寻实现愿景的可能途径。

参考文献

[1]托马斯·莫尔. 乌托邦[M]. 北京：商务印书馆, 1982.

[2]唐子来. 田园城市理念对于西方战后城市规划的影响[J]. 城市规划汇刊, 1998(6):5-7.

[3]埃比尼泽·霍华德. 明日的田园城市[M]. 北京：商务印书馆, 2009.

[4]彼得·霍尔. 明日之城[M]. 上海：同济大学出版社, 2009.

[5]杨犇, 栾峰, 张引. 提质、共融:大都市近郊乡村振兴的产业经济策略——以乌鲁木齐北部乡村地区为例[J]. 西部人居环境学刊, 2018, 33(1):13-19.

[6]彭震伟. 上海大都市区乡村振兴发展模式与路径[J]. 上海农村经济, 2020(4):31-33.

[7]谈燕. 上海乡村正迎来大有可为全新发展阶段[N]. 解放日报, 2021-04-10.

作者简介

栾峰，同济大学建筑与城市规划学院教授、博士生导师；

罗圣钊，同济大学建筑与城市规划学院硕士研究生。

"双碳"背景下乡村振兴与美丽海湾协调建设的思考

The Coordinated Construction of Rural Revitalization and Beautiful Bays Under the Carbon Peak and Carbon Neutral Target

阎 婧 焦 正
Yan Jing Jiao Zheng

[摘　要]　随着全球气候系统持续变暖，气候危机愈发严峻。应对气候变化问题，实现"碳达峰、碳中和"的目标愿景离不开各领域的支持。本文从国家重要发展战略"乡村振兴与美丽海湾建设"入手，介绍乡村与海湾发展的价值，梳理乡村振兴与美丽海湾战略的发展情况，阐明战略实施重要性；进而探索"双碳"背景下实现乡村振兴与美丽海湾协调建设新思路。

[关键词]　乡村振兴；美丽海湾；碳达峰；碳中和

[Abstract]　With the continuing warmth of the global climate, the climate crisis has become more severe. To cope with climate change and achieve the vision of carbon peaking and carbon neutrality, the support of various fields is indispensable. This research focused on China's important strategy, i.e. rural revitalization and beautiful bay construction. The value of rural and bay was introduced, and the importance of the rural revitalization and beautiful bay strategy was clarified. Furtherly, the coordinated construction of rural revitalization and beautiful bays under the carbon peak and carbon neutral target was explored.

[Keywords]　rural revitalization; beautiful bays; carbon peak; carbon neutral

[文章编号]　2023-92-P-044

一、引言

气候变化对人类的健康、生存和发展造成极大威胁，如疾病传播、海平面上升、极端气候事件频发等。据《2019年全球气候状况声明》记载，2019年7月是有记录以来最热的一个月，2019年平均气温较工业化前的基线高出1.1℃。气候变化问题已经成为国际最紧迫的问题之一。2016年《巴黎协定》提出相较前工业化时期，全球平均气温上升不超过2℃，并努力将上升幅度控制在1.5℃以内，全球需要在2065—2070年左右实现碳中和。提议一经提出，各国纷纷响应。当前，我国碳排放量世界第一，在全球应对气候变化问题中的地位愈发重要。早在2015年，国家就积极开展推动实现碳中和的行动，为应对气候变化问题付出巨大努力，彰显大国担当。2020年9月，中国在第七十五届联合国大会上宣布2030年前实现碳达峰，2060年前实现碳中和的目标。此后，习近平总书记在联合国生物多样性峰会、第三届巴黎和平论坛、G20领导人利雅得峰会等多次重要场合重申该目标，表明了我国对实现"双碳"目标的坚定信念。2021年3月中央财经委员会第九次会议明确把碳达峰碳中和纳入生态文明建设整体布局。2019年，我国碳排放量占全球的29%，体量超过美国、日本和欧盟的总和。随着气温快速提升，作为全球碳排放量最大的国家，我国开展缓解和适应气候变化行动，控制碳排放水平刻不容缓。为此，各领域未来发展应贯彻低碳理念，助推实现"双碳"目标。

乡村振兴是国家重大发展战略，美丽海湾是生态文明建设重要内容，其发展应适应当下减缓和适应气候变化、解决气候危机的迫切需求。农业、农村、农民（"三农"）问题自改革开放以来一直是国家的关注重点，习近平总书记尤其关注乡村农业发展。不断努力下，农业技术大幅提升，农产品结构更为丰富，农村建设成效显著，农民收入有所上涨。但农村建设仍存在生产方式落后、收入差异大、年龄分布两极等障碍。2017年10月，中国共产党第十九次全国代表大会正式提出实施乡村振兴战略，聚焦于解决好"三农"问题。随后，《乡村振兴战略规划（2018—2022）》等多项政策出台支撑乡村建设。当前应对气候变化问题背景下，乡村建设受到一定阻碍。农村是温室气体的重要排放源之一。随着农副产品需求日益增长，农村实现"双碳"目标困难重重。由此，实施绿色和低碳乡村振兴具有重要价值，有必要探索实现绿色、低碳乡村振兴新途径。美丽海湾建设是一个重要方向。一方面，乡村振兴实施路径中提到"坚持人与自然和谐共生，走乡村绿色发展道路"；另一方面，海洋是世界上最大的碳库，在气候变化中发挥重要作用。此外，建设美丽海湾也是国家发展战略需求。我国具有丰富的海洋资源，多样的海洋生态类型，发展海洋具有重大战略价值。2020年，国家提出海洋生态环境保护"十四五"规划编制要以"美丽海湾"为统领。自此，美丽海湾建设成为海洋生态环境保护重要抓手，是国家重要发展战略。充分利用海洋中的可再生能源，如潮汐能、潮流能等，充分发挥海洋捕捉碳的功能，将对全球气候和生态系统产生重要影响。

乡村振兴与美丽海湾建设是我国新时代重要发展战略，厘清碳达峰碳中和背景下两者的协调发展路径至关重要。本文即对此展开探索。

二、乡村振兴建设

1.乡村价值

早期发展经济学家主导乡村价值体现在服务工业和城市发展。与高生产力的工业部门相比，农业部门生产力低下，与繁荣的城市相比，乡村发展落后，这种二元经济思想导致农业与乡村处于被动式发展地位。新中国成立以来，我国亦采取农业哺育工业，农村支持城市战略，乡村在助推我国经济发展中起重要作用。随着发展中国家城乡、工农发展差距导致的负面影响不断扩大后，学者提出城市与乡村，工业与农业协调发展思想，肯定乡村和农业的发展价值。

乡村价值可归纳为六个方面：生态、生产、生活、社会、文化与教化。应对气候变化问题背景下，乡村的生态价值不容忽视。乡村自给自足的特性使其对自然的干扰最小，其活动具备明显正外部性。首先，乡村具有生态循环性。种植业与养殖业、生产与生活之间存在内部循环。其次，乡村种植业呈现碳源与碳汇双重特性，一定程度上有利于减缓气候变化。

2.乡村振兴战略

（1）乡村发展现状

各种政策扶持下，我国农业、农村、农民问题得到有效改善。但仍未根本性改变农业竞争力低、农村经济滞后、农民生活落后的现状。农业方面，粮食产量多年保持高位增长，生产机械化程度增加，互联网技术得到广泛应用，大大简化人力资本，为收益和农业发展可持续性提供保障。另一方面，极端天气和突发事件加大粮食生产的不确定性，传统的生产观念和经营模式根深蒂固，农业发展仍面临许多阻碍。农民，乡村人口呈持续流出特征，以老人和留守儿童为主，老龄化问题严重，随之而来出现大面积的抛荒现象。气候不稳定性的增加、农产品价格易波动的特征导致农民收入缺少保障。

（2）乡村振兴战略的形成

现代化进程中，乡村地区普遍呈现衰落特征。乡村地区人口不断向城镇转移，大规模的人口外流导致乡村出现严重的人口老龄化、土地弃耕等问题，乡村发展活力丧失，动力不足，严重制约经济社会的进一步发展。20世纪初，我国时局动荡，乡村遭到极大的破坏，自此开始乡村振兴的探索。中国共产党第十八次全国代表大会工作报告提出我国仍处于并将长期处于社会主义初级阶段，这一特征在乡村最为显著。中国共产党第十九次全国代表大会工作报告提出我国社会主要矛盾已经转化为人民日益增长的美好生活需要和不平衡不充分的发展之间的矛盾，这一矛盾在乡村最为突出。实现全面建成小康社会和全面建成社会主义现代化强国的目标，乡村任务最艰巨，潜力也最大。直至2017年，习近平总书记在中国共产党第十九次全国代表大会工作报告中正式提出实施乡村振兴战略，重点关注"三农"问题。随后国家出台多项政策支撑乡村振兴建设（表1）。

（3）乡村振兴战略的实施

乡村振兴战略聚焦农业农村现代化目标，解决城乡发展不平衡、贫富差距大的问题，旨在将农业打造成有奔头的产业，将农民发展为有吸引力的职业，将农村建设成安居乐业的美丽家园，让城乡居民"看得见山，望得见水，留得住乡愁"。2017年中央农村工作会议首次提出走中国特色社会主义乡村振兴道路，阐明七条实现路径，其中一条为"必须坚持人与自然和谐共生，走乡村绿色发展之路"。为此，首先要加强乡村绿色发展教育，转变乡村忽略生态环境的传统思想，普及保护生活环境人人有责的环保理念，推动更多主体参与乡村环境保护。其次要加快乡村供给侧结构性改革，发展绿色农业，推广绿色生产技术，各地因地制宜，发展特色环境友好型产业，打造绿色、低碳、循环发展的农村产业结构。对于海洋资源丰富的地区，发展养殖、旅游等行业，是助推乡村振兴的重要方法。如浙江省三门湾具有丰富的养殖资源，发展养殖业的优势明显。最后要发展主体多元性、治理全面性的环境治理体系，调动乡村全民参与积极性，将环境改善行动落实到生活的方方面面，夯实乡村绿色发展基础。

三、美丽海湾建设

1.海湾价值

海湾是指被陆地环绕且其面积不小于以口门宽度为直径的半圆面积的海域，其本质是海洋。海洋是维持生物多样性、提供生态系统服务的重要载体。当前，海洋已经成为经济、社会可持续发展的重要推动力。向海则兴、背海则衰。全球海洋面积占比高达71%，海洋为生物提供的栖息地占地球栖息空间的90%以上。我国，海洋面积接近陆地面积的30%，海岸线长达1.8万km，海岸线长度约占大陆岸线总长度的57%，海洋资源丰富，海洋生态类型多样，具有广泛的海洋发展战略利益。根据《中国海湾志》，我国海湾众多，面积大于10km²的海湾约150个。海湾同时具备自然功能与社会功能。海湾自然功能体现在栖息大量海洋生物、传输交换海陆物质、自净有毒物质等。海洋社会功能如航运、供水、文化传承等对人类生活产生重要影响。海湾是海洋生物重要栖息地，是人类开发利用海洋资源的主要空间，是抵御气候变化的主要领域，具备重要战略发展价值。

2.美丽海湾战略

（1）海湾发展现状

2012年，中国共产党第十八次全国代表大会报告中首次提及"海洋强国"战略，自此，我国逐步提升海洋资源开发能力，加大对海洋资源的开发利用，大力发展海洋经济，港口养殖、运输、旅游等活动带来可观的经济利益。同时，海洋也成为处理废弃物的重要场所，漂浮在海洋上的垃圾困扰着各类海洋生物。超过海洋承载力的开发利用伤害了海洋生态环境，对可持续发展造成一定的威胁。根据《2020年中国海洋生态环境状况公报》，2020年海洋生态环境状况、生态系统健康状况整体稳定，海水水质污染情况好转，但部分海域水质仍待改善。辽东湾、杭州湾、象山港（湾）、三门湾、温州湾、三沙湾、湛江港（湾）、诏安湾8个海湾仍在春、夏、秋三季监测中出现劣四类海水水质。"十三五"期间，监测的多数海湾生态系统处于亚健康状态，杭州湾生态系统状况尤其不容乐观，海水富营养化严重，大型底栖生物物种数和多样性指数处于较低水平。海湾污染会严重影响全球生态系统，威胁人类生产和生活。如使水体富营养化、生物多样性急剧下降、毒素通过食物链毒害人体等。水体富营养化的表现之一就是由于大量水藻繁殖，水面呈绿色，各种化学反应产生生物毒素，造成鱼类死亡。

（2）战略发展

美丽海湾应同时满足自然功能和社会功能。随着人类持续性扩大活动范围，海湾被无限开发利用，功能受损，甚至无法再恢复到原始状态。习近平总书记高度重视海洋生态环境保护工作，提出构建海洋生命共同体的宏观发展战略，为海洋生态环境保护工作提供新思路。2020年7月，全国海洋生态环境保护"十四五"规划编制会议明确海洋生态环境保护"十四五"规划编制要以"美丽海湾"为统领，到2035年全国1467个大小不同的海湾全部建成"美丽海湾"。考虑到目前缺少"美丽海湾"的定义、评价技术规范等，不利于"美丽海湾"的持续发展，与国家大力推行美丽海湾建设的发展战略不相协调，中国环境科学学会正着手编制《美丽海湾评价技术指南》，力图建立一套科学、客观、公正评价海湾是否健康、美丽的指标体系，推动海洋生态环境保护与治理水平提升，支撑海洋生态环境保护与管理的决策（表2）。

（3）战略实施

美丽海湾建设战略旨在让海湾的美具有生态文明的内涵，让公众感受"水清滩净、岸绿湾美、鱼鸥翔集、人海和谐"。海洋领域在应对气候变化问题中处于重要战略地位，可以有效助力减缓和适应气候变化。在减缓气候变化方面，海洋是地球系统中最大的碳汇，能存储大量的碳，有效减少空气中碳含量，显著减缓人类活动引起的气候变暖。在适应气候变化方面，健康的海洋生态系统有助于增强我们对气候变化的适应能力，一旦海洋系统被破坏，海平面上升、珊瑚死亡等将给人类、自然带来毁灭性打击。应对气候变化问题，海洋举足轻重，其对全球气候的影响不可忽视。具体到"三农"问题，减缓和适应气候变化可降低台风、洪涝、干旱等灾害的发生强度和频次，缓解对农业、农村基础设施和经济发展以及农民生命财产的威胁。

四、未来乡村振兴与美丽海湾协调建设的思路

乡村绿色发展路径契合当下生态文明建设思想，对于具有丰富海洋资源的地区，美丽海湾建设是实现乡村生态振兴的重要推动力。将美丽海湾思想融入乡村的思想教育、产业结构转型和生态环境治理，促进海湾与乡村发展规划融合衔接，在全球应对气候变化问题的背景下大有可为。

（1）通过思想教育，加强公众对气候变化，对美丽海湾建设必要性，对乡村振兴重要性的认知，明确自身在乡村振兴与美丽海湾建设中的地位与作用，提高公众在乡村振兴与美丽海湾建设中的参与度。

（2）海洋生态系统拥有巨大储碳潜能，在乡村产业结构向净零排放转型时可以抵消碳排放；发展利用蓝碳市场，投资所得可进一步用于乡村基础设施建设，改善乡村面貌，提高农民生活水平，助力实现乡村振兴。此外，经济活动中纳入碳汇价值，可以提升环境保护积极性，推动乡村生态振兴。

（3）海湾具有丰富的社会功能，会对民众生活产生重要影响。鼓励建设乡村海湾品牌，挖掘乡村海湾文化资源，践行"绿水青山就是金山银山"的发展理念，发展特色旅游产业；充分利用港口资源，发展航运，打造绿色运输结构体系；围绕粮食、水产、休闲农业等发展特色农业，打响品牌农业产业。

（4）推动建立多元环境治理体系，乡村振兴与美丽海湾建设要坚持生态优先。充分调动公众、非政府组织和政府参与环境治理，持续开展乡村人居环境、海湾岸滩、水域环境整治行动，推动陆海联动、陆海联治，打造绿色乡村，美丽海湾。

表1 乡村振兴战略重要政策总结

时间	提出	内容
2017.10	中国共产党第十九次全国代表大会	坚持农村农业优先发展，实施乡村振兴战略
2017.12	中央农村工作会议	首次提出中国特色社会主义乡村振兴道路
2018.1	《中共中央 国务院关于实施乡村振兴战略的意见》	对实施乡村振兴战略进行了全面部署，推进乡村绿色发展，持续改善农村人居环境
2018.3	第十三届全国人民代表大会第一次会议《政府工作报告》	大力实施乡村振兴战略，稳步开展农村人居环境整治三年行动
2018.9	中共中央、国务院印发《乡村振兴战略规划（2018—2022年）》	加强乡村生态保护与修复，建设生态宜居的美丽乡村
2019.3	十三届全国人大常委会专题讲座	强调持之以恒推进农村人居环境整治工作
2021.2	《中共中央 国务院关于全面推进乡村振兴加快农业农村现代化的意见》	全面推进乡村产业、人才、文化、生态、组织振兴，充分发挥农业产品生态屏障等功能

表2 美丽海湾相关重要政策总结

时间	提出	内容
2016.3	《中华人民共和国国民经济和社会发展第十三个五年规划纲要》	安排海岛及海域保护资金支持"蓝色海湾"整治行动，推进"南红北柳""生态岛礁"等海洋生态修复工程
2017.3	《海岸线保护与利用管理办法》	要求到2020年，全国自然岸线保有率不低于35%（不包括海岛岸线）
2017.9	《国家海洋局关于开展"湾长制"试点工作的指导意见》	开展"湾长制"试点工作，构建海洋生态环境保护长效管理机制
2017.10	中国共产党第十九次全国代表大会	提出"实施重要生态系统保护和修复重大工程"等要求，强调要"健全生态保护和修复制度""统筹山水林田湖草一体化保护和修复"
2019.10	习近平主席致2019年中国海洋经济博览会的贺信	要高度重视海洋生态文明建设，加强海洋环境污染防治，保护海洋生物多样性，实现海洋资源有序开发利用，为子孙后代留下一片碧海蓝天
2020.7	全国海洋生态环境保护"十四五"规划编制会议	海洋生态环境保护"十四五"规划编制要以"美丽海湾"为统领
2021.7	《建设人与自然和谐共生的美丽中国》	继续实施水污染防治行动，推进美丽河湖、美丽海湾建设

参考文献

[1]Chen X., Shuai C., Wu Y., et al. Analysis on the carbon emission peaks of China's industrial, building, transport, and agricultural sectors[J]. Science of the Total Environment, 2020, 709:135768

[2]Gulcebi M. I., Bartolini E., Lee O., et al. Climate change and epilepsy: Insights from clinical and basic science studies[J]. Epilepsy & Behavior, 2021, 116:107791

[3]Heggelund G. M. China's climate and energy policy: at a turning point?[J]. International Environmental Agreements: Politics, Law and Economics, 2021, 21(1):9-23.

[4]Jones E., Chikwama C. Access to marine ecosystems services: Inequalities in Scotland's young people[J]. Ecological Economics, 2021, 188:107139.

[5]Krugman P. Increasing returns and economic geography[J]. Journal of Political Economy, 1991, 99(3):483-499

[6]Lewis W. A. Economic development with unlimited supply of labor[J]. Manchester School, 1954, 22(2):139-191.

[7]Tolliver C., Keeley A. R., Managi S. Drivers of green bond market growth: The importance of nationally determined contributions to the Paris Agreement and implications for sustainability[J]. Journal of Cleaner Production, 2020, 244:118643

[8]Udemba E. N. Nexus of ecological footprint and foreign direct investment pattern in carbon neutrality: new insight for United Arab Emirates (UAE)[J]. Environmental Science and Pollution Research, 2021

[9]Wang S., Lu B., Yin K. Financial development, productivity, and high-quality development of the marine economy[J]. Marine Policy, 2021, 130:104553

[10]World Meteorological Organization. WMO Statement on the State of the Global Climate in 2019[R]. 2020. Available from: https://library.wmo.int/doc_num.php?explnum_id=10216

[11]Yang Z., Shao S., Yang L. Unintended consequences of carbon regulation on the performance of SOEs in China: The role of technical efficiency[J]. Energy Economics, 2021, 94:105072

[12]Zhang H., Zhang X., Yuan J. Driving forces of carbon emissions in China: a provincial analysis[J]. Environmental Science and Pollution Research, 2021, 28(17):21455-21470.

[13]蔡榕硕,齐庆华.气候变化与全球海洋:影响、适应和脆弱性评估之解读[J].气候变化研究进展,2014,10(03):185-190.

[14]陈凤桂.海洋生态文明区理论与定位分析[M].北京：海洋出版社,2018.

[15]刘彦随,周扬,李玉恒.中国乡村地域系统与乡村振兴战略[J].地理学报,2019,74(12):2511-2528.

[16]申明锐,沈建法,张京祥,等.比较视野下中国乡村认知的再辨析:当代价值与乡村复兴[J].人文地理,2015,30(06):53-59

[17]王金鹏.构建海洋命运共同体理念下海洋塑料污染国际法律规制的完善[J].环境保护,2021,49(07):69-74

[18]王文海,吴桑云,丰爱平.试论健康海湾与海湾健康指标[J].海岸工程,2011,30(03):90-97.

[19]吴桑云,王文海.海湾分类系统研究[J].海洋学报(中文版),2000(04):83-89.

[20]薛进军.关于气候风险、环境危机与能源安全的思考[J].环境保护,2021,49(08):9-14

[21]章爱先,朱启臻.基于乡村价值的乡村振兴思考[J].行政管理改革,2019(12):52-59.

[22]张海鹏,郜亮亮,闫坤.乡村振兴战略思想的理论渊源、主要创新和实现路径[J].中国农村经济,2018(11):2-16

[23]张军.乡村价值定位与乡村振兴[J].中国农村经济,2018(01):2-10.

[24]张俊峰,张安录,董捷.武汉城市圈土地利用碳排放效应分析及因素分解研究[J].长江流域资源与环境,2014,23(05):595-602.

[25]张卫彬,朱永倩.海洋命运共同体视域下全球海洋生态环境治理体系构建[J].太平洋学报,2020,28(05):92-104.

[26]郑艳.气候变化引发的系统性风险及其应对策略[J].环境保护,2021,49(08):15-19

[27]朱启臻.把根留住：基于乡村价值的乡村振兴[M].北京：中国农业大学出版社，2019.2

作者简介

阎 婧，上海健康医学院马克思主义学院讲师；

焦 正，上海大学环境与化学工程学院教授、博士生导师。

"乡村未来社区"的规划实践和探索
——以浙江省三门县为例

Planning Practice and Exploration of "Rural Future Community"
—A Case Study of Sanmen County, Zhejiang Province

李永浮　王子璇
Li Yongfu Wang Zixuan

[摘　要]　在城乡二元体制的影响下，我国的乡村发展曾处于弱势地位。但近年来从美丽乡村建设到城乡一体化、城乡融合等政策的不断出台，使得我国乡村建设得到了长足发展。2019年以来，浙江省在全国率先提出"乡村未来社区"概念，为探索乡村发展提供了一条新途径。本文以三门县大横渡村为例，从空间改造、社区治理、产业调整、文化传承等方面，介绍乡村社区规划建设探索，并提出未来乡村社区发展的重点内容。

[关键词]　乡村未来社区；浙江省三门县；乡村振兴

[Abstract]　Under the influence of the urban-rural dual structure, China's rural planning and construction have always been in a weak position. But in recent years, from urban-rural integration, and urban-rural composition to the construction of beautiful countryside, China's rural construction has made great progress. Since 2019, Zhejiang Province put forward the concept of "rural future community" firstly in China, providing a new way to explore rural development. In this paper, the Da Hengdu Village in Sanmen County is taken as an example to explore the planning and future development of rural communities from the aspects of spatial transformation, community governance, industrial adjustment and cultural inheritance, and puts forward the key content of the future development of rural communities.

[Keywords]　future community; Sanmen County, Zhejiang Province; rural revitalization

[文章编号]　2023-92-P-047

乡村作为国家规划建设不可或缺的一部分，一直以来都有各种讨论的声音，乡村如何振兴也是规划人始终在思考和攻克的一个课题。从城乡一体化、城乡融合到美丽乡村，我国从经济、政策、产业、生态等多个方面对乡村进行着规划与发展带动。迄今为止，全国绝大部分的乡村已经摆脱了最初的贫困局面，并且在乡村规划的协助下形成了较为良好的乡村风貌。然而，乡村最大的问题就是难以发展。一方面，由于乡村相较于城市在设施、产业、经济发展等方面都有所不及，从而导致大规模人口外流、村庄空心化、乡村老龄化的产生，进一步又加剧了乡村的发展缓慢甚至停滞。另一方面，乡村本身的特性也使得它不会像城市一样过于工业化和城镇化，随着社会的高速发展，城市逐渐成为人们聚集的主要空间，乡村也因此逐渐衰落。这些多方面的因素共同造成了乡村的发展困境。

面对已经初步建立起的乡村，乡村居民现在最需要什么成为了新的规划方向。以人为本是城乡规划的基本原则，也是当下乡村发展的逻辑起点。我们应从"为谁规划"的问题出发，深入思考乡村规划的目的与实际意义所在。在"人本主义"的基础上，探究面对当前科技发展、社会进步，乡村将如何得以进一步迸发新的活力，走出新的发展途径，是本文探究的重点所在。

一、乡村未来社区的系统构建

"乡村未来社区"来源于实际项目。为解决目前的乡村问题，浙江省在2019年率先提出"未来社区"的概念，其核心就是改变过去以城乡作为规划主体的方式，把目光更多放在"人"的身上，重点关注"人的生活场景"营造。未来乡村社区提出"将聚焦人本化、生态化、数字化三维价值坐标，以和睦共治、绿色集约、智慧共享为内涵特征，突出高品质生活主轴，构建以未来邻里、教育、健康、创业、建筑、交通、低碳、服务和治理九大场景创新为重点的集成系统，打造有归属感、舒适感和未来感的新型城市功能单元，促进人的全面发展和社会进步"，即在当前我国努力构建共建共治共享社会治理新格局的背景下，满足人民群众对生活的美好向往。 同时在社区建设方案中，浙江省对于农村的安排是，与乡村振兴相结合，构建一种"人本化、生态化、数字化"的生活单元新模式。该概念强调，乡村社区不是城市社区的另一种形式，不能一味大搞高品质的城镇化社区；乡村社区也不是"美丽乡村"的延续方式，对于生态环境的保护和治理并非未来乡村社区规划的重点工作。实践中强调以"人口净流入量+三产融合增加值"作为综合指标，以特定乡村人群为核心，通过改革、发展和民生之间的高度融合，从而实现进则配套完善创业无忧，出则乡土田园回归自然。

在未来乡村社区实施过程中，除了构建基础的物质空间体系外，乡村社区还有对生活圈、社区管理方式等方面的规划。为了更加系统地进行社区规划，未来乡村社区又产生了所谓"4+1+X"的规划策略。其中"4"指产业、空间、治理、民生四个方面，它们构建了主体的乡村系统规划；"1"则指一个智慧乡村支持系统；此外的"X"就是指多个乡村生活场景的搭建，它是在五大系统和前面所提到的"人本化、生态化、数字化"三大价值坐标体系的基础上建立的。在实际的应用中，这"X"个场景主要被概括为9个社区生活场景模式，包括治理场景、低碳场景、服务场景、交通场景、建筑场景、邻里场景、教育场景、健康场景、创业场景。这些场景涵盖了人们日常生活的方方面面，通过对它们的搭建与设计，最终就可以规划出一个较为完善的乡村未来新社区。

二、乡村未来社区建设的可行性

近期关于"乡村终结论"的讨论逐渐增多，乡村的未来发展走向成为了一个棘手的难题。然而伴随着城市化进程的发展和科技的进步，我国的乡村发展正获得新的机遇。

首先，伴随着产业结构的调整，农业的重要性逐渐凸显。在我国国土空间规划的进行中可以发现，永久基本农田在农田用地中的比例得到了提高，由此说明了农业地位的提升，粮食生产和畜牧业等第一产业会逐渐受到人们的重视。同时，国外的经验告诉我们，伴随着城市的高度城镇化，城市扩张速度减缓，市民反而开始向城市外的广袤乡村移居，甚至开始出现"两地居住"的状况。 这样的情况在我国也已经出现。例如，上海市青浦区的岑卜村过去与外界联系较少，始终保持着良好的生态环境，近年来村内开始出现一些外来"新村民"。他们多数在城市有着稳定

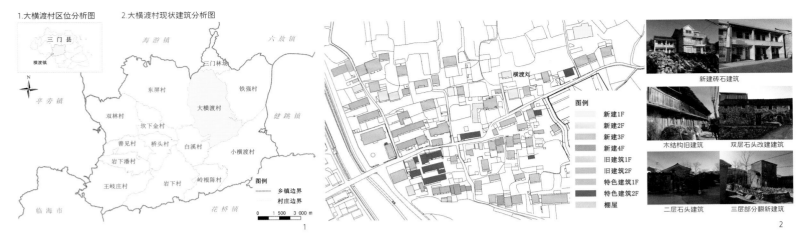

1.大横渡村区位分析图　　2.大横渡村现状建筑分析图

的工作，来到乡村主要是为了逃离城市的压力，享受乡村的自然风貌。这些新村民不仅在周末来岑卜村居住，也有一些在这里开了咖啡店、书屋、儿童科教活动中心等，在实现自己理想生活的同时，为当地村民带来了外界的多彩生活。以上这些都足以说明，城市高速发展的前方，是人口向乡村的逐渐转入，因此乡村在当下阶段还具有很强的生命力。

其次，技术的发展并不意味着乡村的滞后，相较于城市，科技发展反而对乡村起到了更大的积极作用，可以说正是科技进步才给乡村的发展带来了可能。伴随着近年来的物流运输高速发展，乡村的农作物运输首先得到了极大的便利；同时，随着网络的发展，线上交易更是让乡村产品得以走出乡村。除了产业红利以外，科技的发展也缩短了城市与乡村的距离，农村人也可以通过技术获取过去只有城市居民才能了解到的东西。除此以外，在全球化的大背景下，相较于城市，乡村反而更容易产生并保留地方特色。乡村社区相较于城市具有更强的地方属性与历史传承能力，在城市发展高度相似的当今社会，每个乡村仍然保留着历史、习俗、文化等各方面的当地特色，这使得乡村在未来更易保留社区属性。

三、研究基地的SWOT分析

浙江省作为乡村振兴的试点与先行地，有非常丰富的乡村规划经验，本次研究基地位于浙江省三门县横渡镇大横渡村，总面积20.4hm²，全村共有1078户村民。大横渡村处于横渡镇中心位置，也是镇政府所在地。村前有亭流线公路，是村庄与外界的主要交通路线。地理环境北侧靠山，南侧临河，处于平坦地势，有利于发展。居住区集中在村西北角，其余主要为农业用地。

1.优势

大横渡村作为镇政府所在地，交通条件首先能得到基本保证，并且横渡周边的铁强村、东屏村等多个村庄由于其传统文化或自然资源的利用开发，已经形成了一

条较为完整的旅游线路，周边如宁波、台州市的城市居民会在周末驱车前往。而大横渡村恰好处于该线路的中心位置，因此当地发展旅游具有先天的区位优势。

并且横渡镇已经是国家级生态镇，全镇范围内零工业，在三门县总体规划中被定位为"三门绿肺"，全域85%都是山林。大横渡村也因此同样具有优越的生态环境，村北侧的山丘上有大量植被覆盖，零工业的产业结构也使得村庄的空气、水质完全不同于城市地区。

由于村庄发展较为缓慢，当地的特色房屋样式得以保留。除少部分家庭条件较好的人近年来新建了房屋以外，村内多数建筑为20世纪的老旧建筑，其中不少房屋为石头结构一至二层的小楼，这是当地的特色建筑，主要是过去为抵御海风而修建，与村内的原始风貌结合别有一番趣味。另外还有大量的木结构建筑与一些在老建筑的基础上翻修建成的新建筑，房屋背面仍能看出建筑过去的石头结构，具有典型的当地特色。

2.劣势

乡村相较于城市更难得到发展，很大程度上是源于产业结构上的区别。20世纪以来，伴随着工业化的兴起与科技水平的提升，我国的城市通过大量发展工业尤其是重工业得到了迅猛发展。而乡村，尤其是传统乡村的产业仍然以一产为主，大横渡村就是一个典型案例。村内主要经济来源为农业与水产养殖，但村内较为有特色的农产品，比如草莓、橙子，以及三门青蟹与牡蛎都没有得到统一的养殖、种植与品牌打造，使得现在的农牧业仍旧处于第一阶段，在种植或养殖后将原材料直接销售给外来商人，因此农民只能获取很小一部分利润。

经济发展缓慢甚至停滞给农村带来的最大问题就是人口外流，这一点在大横渡村表现得非常明显。目前村内村民有七十余户，但大部分外出打工，仅有少部分年纪较大的村民留守在村中，由此造成了房屋空置率高、大量的农田也处于荒废或半荒废状态。

在调研中可以发现，村民对于村庄信心较弱，在经

营民宿、打造旅游乡村上始终持怀疑态度。由于目前村民主体为中老年人，大多数村民对于发展第三产业的了解仍旧停留在开小商店的阶段，而对于对外经营民宿，他们普遍认为风险较大，并且由于村民对村子本身自信不足，首先代入了村庄没有吸引力的想法，因此更不愿意发展旅游产业。这样即使有少部分人有意愿对外出租自己的房屋，但当地整体的氛围也很难招来游客。

长久以来，村庄的封闭发展使得村民失去了信心，从而认识不到自己家乡的物质特色与文化优势所在。面对村内的特色历史建筑与当地特长，村民多持有消极态度，认为这些都已经是过时的老旧产物。这不仅是由于现代技术与城市发展导致乡村人对城市和科技的自然而然的向往，也是长期城乡地位不平等所造成的乡村自信缺乏。

3.机遇

在《三门县域总体规划（2014—2030年）》中，规划按照"县域中心—重点镇—特色镇"三个层级确定各乡镇城镇职能，其中横渡镇的定位是以农贸旅结合的，以生态旅游、休闲养生、生态农业为主要功能的特色小镇。从上位规划中横渡就被定位为一个康养结合的生态旅游小镇，这与横渡的"未来乡村社区"规划可以说是不谋而合。

随着科技的进步与社会的发展，乡村规划已经进入了时代转折点，从"未来社区"这一概念上就可以看出，我们已经从传统的美丽乡村开始转向了对于未来的思索与探究，乡村在今后将如何发展将会是近期的热门话题。浙江省一直以来在乡村规划的理论与实践方面都处于领跑地位，因此位于浙江省的大横渡村也有着先天的资源优势。

4.挑战

面对乡村转型，大横渡村的难点与挑战主要在以下几点。村民自身的思想建设还需要很大的努力。让村民逐步培养起村庄自信，积极配合村庄改革，甚至

能够主动对村庄发展提出自己的想法，这是村庄发展需要迈出的第一步。这其中既包含着对村民文化和意识方面的提升，也要通过实际改变让村民感受到村庄发展的可能性，从而让外出的大量人口产生回到家乡的意愿，改善村庄人口老龄化的问题。

除了村民的自身问题以外，如何把游客引过来也是一个难点。乡村旅游近年来四处兴起，无数的"美丽乡村""传统村落"如雨后春笋一般涌出，如何在这些村庄中建立自己的特殊性，形成大横渡村的独特优势，也是未来规划中需要思考的一点。

四、大横渡村未来社区规划设计

在规划设计中，选取大横渡村东侧的横渡刘自然村作为未来社区规划基地，社区设计过程中，通过确定保留场所、调整产业结构、串联功能空间等做法，从"生活场景""农耕场景""文化场景""交流场景""休闲场景"这五大场景展开设想，规划设计一个适合于多类人群生活的、以人为本的宜人乡村社区。

1.划定保留区域

首先是划定保留区域，对基地内有价值的地块和建筑进行保护和微更新。基地内可予以保护的区域主要有三类。第一是大横渡村内的祠堂，它在村内不仅是一个"陈旧"的历史建筑，更承载着当地的历史文脉、维系着社会关系。在后续更新中可以根据现有自发形成的空间，在祠堂内设置可供村民休憩娱乐的空间。第二是组团之间的闲置用地。由于建筑与建筑之间的灰空间大量存在，在后续通过对这些空间的微更新和改造，使得闲置空间得到利用，如作为屋前小景观、邻里休憩处或是停放自行车的专用车棚。第三是基地内的特色历史建筑。由于大横渡村内历史建筑整体格局紧凑，可以作为未来旅游发展的一大亮点。通过功能置换，在保留大部分民居功能的同时，选取部分有特色的建筑设置民俗展示馆，这样既能保护，又有发展。

2.重整街区模式

其次是对街区模式进行重新整合。基地内原有街区组团大体上包括三类，分别是集中居住区内的零散建筑，沿街的参差不齐、占用街道公共空间的建筑，以及沿河的建筑。第一类是靠近北侧山体的建筑群，组团感弱，各家各户之间有明显界限。对这类组团首先调整建筑朝向，减少部分建筑日照差的问题。其次改善建筑周边空间在小节点种植绿树，供村民在农忙后休憩，以及利用原来的空置地进行绿化作为功能空间使用。第二类则沿主街道两侧，房屋基本无退界，距离街道近，部分

村民占用街道空间放置自家物品。可以通过调整街区格局，增加建筑与街道的间距，确保主干道宽度，同时在沿主干道布置的建筑背面设置小绿地，增加整体景观层次，使得整个社区内部都有绿化。第三类是沿河边的建筑，由于未能较好地利用水景，建筑与建筑之间留有大片空地。在改造中可以通过改变岸线形态，形成软景观，使得滨水空间更加生动。

3.特色产业植入

在基地内通过构建特色产业轴线，自南向北依次植入种子博物馆、地摊集市、民俗展示馆和文化美术馆。在丰富居民生活的同时最大限度地利用原有的空置用地。在种子博物馆内通过向游客讲述农耕文化，并举办一些小活动，促进人们积极了解传统的农耕文明，定义新的未来乡村。

4.外来游客线路

在乡村未来社区规划设计下，外来游客有一整套自己的生活线路，其中包含了游客社区、农耕种植区、文化体验区、乡村商业集市区等多个功能区域。新村民主要在社区生活，既可以在房前屋后侍弄花草，也可以在小广场上和其他旅客聊天休闲。外出活动除了去田野里感受种植乐趣外，也可以逛逛当地民俗展示，在老房子周边拍照写生，又或是在绿地公园里散步运动，在湖滨垂钓冥想。乡村集市和休闲博物馆也能为旅客提供很好的娱乐休闲体验，让人们在乡村生活之余也可以享受到高质量的服务。整个线路由一条跑道串起，游客可以在早晚沿着村庄慢跑，感受当地的气候风貌。

由于横渡刘村重点打造传统农耕文明社区，种植就是这里必不可少的一项活动。除了让当地农民通过对商品品牌进行包装，把当地特色农产品和海产品推广出去以外，对于前来旅游的新村民而言，种植体验也是可以带动当地活力的一个重要项目。通过给新村民短期或长期租赁土地，让他们能够真正体验到种植的过程。以一位短期游客为例，他可以在到来后租赁几块土地，或者选择自己种植当季蔬果，或者继续照料已经种植的作物，在这期间可以由当地村民与游客结成朋友家庭，由村民教授种植经验与方法，而游客或提供金钱，或在村民的店铺购买一些成熟作物进行交换。待作物成熟后，可以由村民邮寄给已经离开的游客，这样一来，新村民可以完全参与农耕种植的全过程，感受不同于文字描述的传统农耕。

5.村民生活模式

第五步是对当地村民生活的设定。在基地内为村民设置一个生活圈，村民的居住、农耕、贩售、休闲

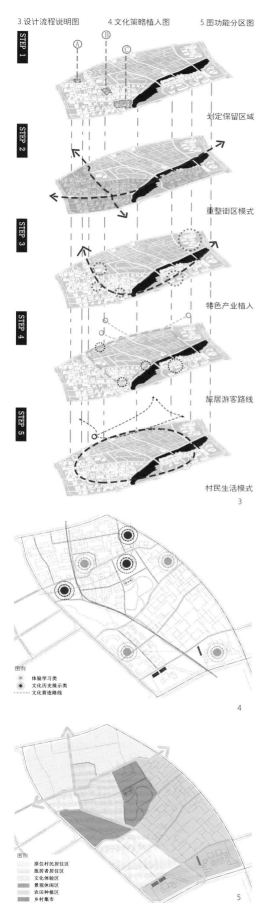

3.设计流程说明图　　4.文化策略植入图　　5.图功能分区图

STEP 1

划定保留区域

STEP 2

重整街区模式

STEP 3

特色产业植入

STEP 4

旅居游客路线

STEP 5

村民生活模式

3

图例
● 体验学习类
● 文化历史展示类
—— 文化营造路线

4

图例
原住村民居住区
旅居者居住区
文化体验区
景观休闲区
农田种植区
乡村集市

5

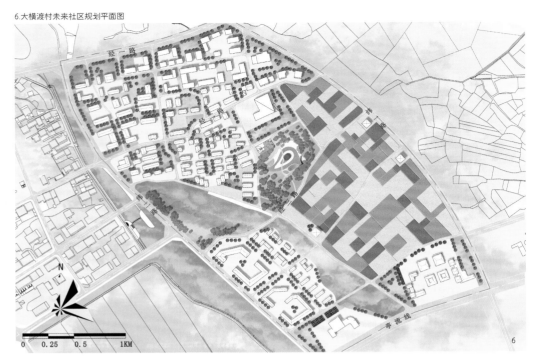

6.大横渡村未来社区规划平面图

都可以在基地内解决。为了将当地特色农产品、海产品进行销售，同时也为了满足城市来的旅居者们的购物需求，在基地靠近西南侧设计了一个地摊市集，这样既保留了乡村原有的地摊景象，充满生活趣味，同时也便于管理，让商业更加集中。而当地主要农田正位于集市东侧，农民的采摘和售卖也更加便捷。集市和农田中央为一片规划的综合商住区，当地村民可以按照自己的需求确定房子的具体使用功能。

五、未来社区发展的重点内容

未来乡村社区概念的引入，是对大横渡村在现代社会发展中的全新图景设想。设计遵循以人为本的原则，以"未来性"为基本要素，通过"技术支持、生态建设、社会发展、传统保护"等多方面展开，提出大横渡未来乡村社区的可行方案。

在技术支持方面，随着科技、信息、交通等在内的多方面现代技术的运用，乡村已经建立起了与城市的良好交互网络，实现了城乡之间的"二元互通"场景。因此在大横渡村，产业方面规划以互联网为载体的线上农产品售卖方式，通过线上平台打出当地特色农业及渔业的品牌并进行销售，这样既能够带动当地的一产产值，也能打响大横渡村的知名度，为后续的乡村旅游做好铺垫。同时运用新兴技术简化农业工作，让当地的老年人继续从事耕种，也能吸引年轻人回到乡村进行创业。在生态方面，仿照城市的"海绵城市""韧性城市"等建设思路，运用生态环保理念对乡村建设进行调整，避免出现"沥青马路通到门"而破坏了当地生态环境的不良

建设发生。可以运用海绵城市的思想，采用高新材料处理建筑顶棚与庭院，尽可能地保护当地原生环境。在生活方面，通过技术植入改善生活方式，让农村和城市享有同等的生活质量，从而提高当地村民生活质量，有效减少农村年轻人口的大量外流。

在社会发展方面，农村本身相较于城市具有更强的社区属性，不同于城市中的小区居民，村民对于村庄本身会有更强的归属感和认同感，村民之间的关系网络也更加密切，社区内聚力更加强烈，这些都是城市社区所无法比拟的。因此在未来乡村社区的规划中，保留和延续这种社会属性就成了一项重要工作。由于乡村未来社区势必会进入新村民，过去流失的年轻人口也会随着乡村发展而部分归乡，这三类人之间如何共处于一个社区并和谐相处就是需要解决的问题。对于原住村民来说，通过对乡村风貌的重塑和产业提升，使得乡村焕发生机，也让村庄原住民重新对乡村产生认同感，从而更加乐意在这里生活，为乡村未来的发展尽一份力。而通过政策上的支持和旅游产业的发展，使得返乡者能够回到自己的家乡，在为家乡做贡献的同时，也有能力支持自己的生活，甚至得到相对于城市更加舒适的生活。只要有工作机会，有发展势头，大部分的农村原住民还是愿意回到自己的家乡。而外来新村民来到这里的本意就是生活体验与休闲，因此在大横渡村要能为这类人提供不同于城市的乡村田园生活，让他们在享受高质量服务设施与生活便利的同时，又能感受到当地特色的农耕文化。

在传统保护方面，或许是乡村规划建设中最难的一个部分。由于当地村民的文化水平和观念与外来

规划者有所不同，他们期待的未来乡村是如同城市一样的现代场景，同时对乡村现有的传统建筑、乡村风貌，村民的态度并不如我们外来者所想那样充满情怀，他们认为这些都是老旧而需要被代替的内容。但同时，乡村社会的传统文化、习惯、习俗又都是非常珍贵的历史见证，因此我们需要做的不是简单地留住传统，而是在未来生活中体现出社区传统的连续性、贯通性和积淀性，从而最终在不影响村民生活水平提升的同时，保留真正意义上的社会遗存。这些首先需要通过为部分传统提供价值产出，如将当地特色建筑作为旅游景点或特色民宿，向外来游客展示当地民俗文化，通过这些途径使村民从中获利，从而意识到传统的价值所在，促使村民主动发掘传统、保护传统。

六、结语

我国的城乡建设已经进入关键性阶段，与城市更新同时进行的将是村庄的发展转型，如何在信息技术高速发展的当下得以适应这个社会，是村庄规划需要考虑的重点。乡村未来社区基于未来性的基础上，对乡村从文化、生态、人文、产业等多方面做出了设想，在大横渡村的设计规划中可以看出是使发展与传承并行的规划新途径，从实践中来看其发展前景有着巨大的潜力。

参考文献

[1]浙江省未来社区建设试点工作方案（浙政发〔2019〕8号）[EB/OL]https://fzggw.zj.gov.cn/art/2019/3/25/art_1599545_34126877.html，2019-03-25.

[2]葛丹东 张心澜 梁浩扬 浙江省乡村未来社区的规划策略研究[J]建筑与文化.2020(11):79-80

[3]田毅鹏 "未来社区"建设的几个理论问题[J]社会科学研究.2020(02):8-15

[4]田毅鹏 乡村未来社区：城乡融合发展的新趋向[J].人民论坛·学术前沿 2021(02):12-18

[5]田毅鹏 乡村"未来社区"建设的多重视域及其评价[J]南京社会科学.2020(06):49-56

作者简介

李永浮，上海大学上海美术学院教授；

王子璇，上海大学上海美术学院硕士研究生。

乡村未来社区实施评价与建议
——以浙江衢州市为例

Evaluation and Suggestions on the Implementation of Rural Future Community
—A Case Study of Quzhou City, Zhejiang Province

许 晶 李 瑜 张晨露
Xu Jing Li Yu Zhang Chenlu

[摘　要]　浙江省衢州市乡村未来社区的提出及实施意味着乡村社区已进入探索如何围绕"人"以及"人的需求"而进一步引导乡村特色化、多元化和融合化发展的阶段。本文以衢州市六个乡村未来社区试点作为评价研究对象，对其进行现场踏勘和实施主体访谈，从中发现各乡村未来社区营造的方式和成效。在对衢州乡村未来社区六个试点的现状建设情况以及建设运营机制及成效进行评价后，基于对中国传统乡村价值、衢州市乡村未来社区建设政策要求、当前衢州市各试点九大场景营造情况的总结，提炼乡村未来社区营造的五个共性场景，进而针对各试点社区的特色对特性场景营造提出建议。

[关键词]　乡村未来社区；营造实施评价；未来营造建议

[Abstract]　The proposal of rural future community in Quzhou, Zhejiang Province means that rural communities have entered the stage of exploring how to further guide the development of rural characteristics, diversification and integration around "people" and "people's needs". This paper takes six rural future communities in Quzhou City, Zhejiang Province as the research object, carries out on-site survey evaluation and interview evaluation, finds out the practical problems of rural future community, and puts forward optimization suggestions. After evaluating the current construction situation and the efficiency of construction and operation mechanism of six pilot rural communities in Quzhou in the future, this paper puts forward optimization suggestions for the construction of each pilot project, and summarizes and refines the five common scenes of rural future community construction: culture, ecology, industry, digital, service and governance from three parts: Chinese traditional rural value, policy requirements for rural future community construction in Quzhou, and the construction of nine scenes of each pilot project in Quzhou. According to the characteristics of each pilot project, the paper puts forward suggestions on the creation of characteristic scenes.

[Keywords]　rural future community; evaluation of construction and operation mechanism; scene construction evaluation

[文章编号]　2023-92-P-051

一、研究背景

1.浙江美丽乡村建设历程

浙江省是两山理论①的发源地，对乡村的关注与投入也走在全国前列。浙江省美丽乡村建设的历程大致可以分为四个阶段：第一阶段从2003年到2007年，是基础环境整治阶段，该阶段以解决乡村环境"脏、乱、差"问题为主要目标；第二阶段从2008年到2010年，是人居环境提升阶段，在这个阶段中主要以推进城乡统筹和公共服务均等化，推进乡村人居环境的全面改善；第三阶段从2011年到2015年，是美丽乡村建设阶段，在这个阶段中浙江省以"四美三宜两园"②的生态文明建设为主要目标；第四阶段从2016年到2020年，是美丽乡村建设深化阶段，同时也进入了乡村振兴阶段，在这个阶段中浙江省从"物的新农村"向"人的新农村"方向转变，对"以人为本"的核心思想更为明确，乡村进入了全面发展阶段，同时更注重产业经济、历史文化和空间生态等方面的保护和发展。

2.乡村未来社区试点

目前浙江省对乡村的发展探索已进入乡村未来社区阶段，该阶段重点聚焦乡村振兴的未来发展方向；相比美丽乡村建设阶段对物质环境的美化，乡村未来社区更关注人的现代化。2019年1月，浙江省时任省长袁家军首次提出"未来社区"概念，同年3月，浙江省政府印发了《浙江省未来社区建设试点工作方案》，明确浙江将率先启动未来社区等重点项目建设。衢州市于2019年7月将未来社区的概念运用于乡村，正式提出了"乡村未来社区"建设，并于同年11月发布了《衢州乡村未来社区指标体系与建设指南》（以下简称《指南》），对乡村未来社区提出了系统的发展目标、建设思路和行动路径，并从下辖的六个区县中选出六个试点③进行建设。

二、研究对象与研究方法

1.研究对象

截至2021年4月，衢州乡村未来社区建设行动已开展一年半。2021年1—3月，笔者以衢州乡村未来社区六个试点——龙游溪口乡村未来社区、常山同弓乡村未来社区、柯城余东乡村未来社区、衢江莲花乡村未来社区、开化杨林乡村未来社区、江山江郎山乡村未来社区作为实地调研对象，并开展相应的实施评价工作。

2.研究方法

（1）访谈法

①访谈目的

为了评估各试点三类主体——政府、EPC企业、村民等在乡村未来社区建设过程中作用，采用访谈法对乡村未来社区建设的三类主体进行信息收集。访谈评价以政府专班管理组织能力、EPC企业执行落实能力和村民满意度作为访谈评价的主要内容，评价结果分为高、中、低三档。

②访谈对象及访谈内容

第一类为各试点区县乡镇政府专班相关领导及负责人，内容侧重乡村未来社区打造总体思路清晰程度、EPC企业适配程度、产业规划思路明确程度、创客和企业引入程度和带动村民就业和增收程度；第二类为EPC企业负责人，内容侧重评价项目与试点匹配度、执行落地思路清晰程度和与政府配合度；第三类为本地村民，其中村民是通过目的抽样的方法筛选出在本地生活了5年以上的村民，内容侧重评价整体满意度。

（2）综合评分法

①评分目的与参考

为了评估现有试点乡村未来社区对《指南》的执行情况，参考《指南》，本文选取九大场景④中的"实施要素"⑤与"约束性指标"⑥两项内容作为场景评价指标，针对这九大场景的最终评价结果分为高、中、低三档。

②评分内容

赋分过程为对每个试点的每个场景进行计分评价，其中"实施要素"项为未来乡村社区打造的基本落实标准，分值为每项2分，"约束性指标"项为加分项，分值为每项1分。其中文化场景满分26分，生态场景满分12分，建筑场景满分35分，服务场景满分51分，交通场景满分23分，产业场景满分38分，数字场景满分33分，治理场景满分31分，精神场景满分19分，总分为268分。评分时，确认各项有达标则加分，无达标则不扣分。

三、衢州市乡村未来社区营造实施评价

1.各试点乡村未来社区营造实施评价

笔者团队通过调研、访谈等形式对衢州六个乡村未来社区试点状况作评价，得出以下各试点场景营造得分和得分率。这六个试点的资源禀赋、现状建设条件、后期建设投入等差异较大，所以每个场景的评价得分也有较大差异（表1）。

（1）衢江莲花乡村未来社区

①建设运营机制评价

莲花乡村未来社区的场景营造评价得分最高，这与建设运营机制较好有关。因专班思路清晰，工作效率较高，EPC企业匹配度较高，执行力强，试点整体完成度较高。该试点建设也存在部分问题：现代农业园对村集体、村民带动程度不强，存在头部企业与小农种植分化的趋势；现代农业园与盒马鲜生当前尚未找到合适的合作路径，局面尚未打开；现代农业园、铺里生态中心、洞峰古村等几个重要节点还需整合联动（表2）。

②场景营造评价

莲花乡村未来社区九大场景营造总得分222，位

列各试点得分排名第一，在文化场景（并列）、生态场景（并列）、交通场景（并列）、数字场景（并列）、治理场景（并列）排名第一，在建筑场景、产业场景（并列）、精神场景排名第二，在服务场景排名第三（表3）。

（2）龙游溪口乡村未来社区

①建设运营机制评价

溪口乡村未来社区场景营造的综合评价结果也较好，这与专班组织思路清晰、运转效率较高，EPC企业执行落实能力较强有关，因而试点整体完成度高；但部分设施使用率低，村民认为部分设施脱离乡村生活实际（表4）。

②场景营造评价

溪口乡村未来社区九大场景营造评价总得分216，位列各试点总得分排名第二。在文化场景（并列）、交通场景（并列）、数字场景（并列）、治理场景（并列）排名第一，在服务场景排名第二，在建筑场景（并列）、产业场景、精神场景排名第三，在生态场景（并列）排名第五（表5）。

（3）柯城余东乡村未来社区

①建设运营机制评价

余东乡村未来社区建设运营的专班思想统一，思

表1　衢州市乡村未来社区各试点场景营造评价得分情况

场景＼试点	场景总分	溪口乡村未来社区	同弓乡村未来社区	杨林乡村未来社区	莲花乡村未来社区	余东乡村未来社区	江郎山乡村未来社区
文化场景	26	24	10	22	24	22	14
生态场景	12	8	8	10	10	10	9
建筑场景	35	23	12	17	24	25	23
服务场景	51	43	14	30	40	44	34
交通场景	23	13	5	11	13	7	11
产业场景	38	32	7	11	36	34	9
数字场景	33	28	6	8	28	24	20
治理场景	31	29	23	27	29	29	21
精神场景	19	16	14	14	18	19	12
总分	268	216	99	150	222	214	154
各试点得分率	100%	80.6%	36.9%	56.0%	82.8%	79.9%	57.5%

表2　莲花乡村未来社区建设运营机制评价

排名	政府					EPC企业			村民	综合评价
	总体思路清晰程度	EPC企业适配程度	产业规划思路明确程度	创客和企业引入程度	带动村民就业和增收程度	总体思路清晰程度	EPC企业适配程度	产业规划思路明确程度	创客和企业引入程度	
高	√	√	√	√	√	√	√	√	√	√
中										
低										

表3　莲花乡村未来社区场景营造评价

场景＼排名	文化场景	生态场景	建筑场景	服务场景	交通场景	产业场景	数字场景	治理场景	精神场景
1	√	√			√		√	√	
2			√			√			√
3				√					
4									
5									
6									

表4　溪口乡村未来社区建设运营机制评价

排名	政府					EPC企业			村民	综合评价
	总体思路清晰程度	EPC企业适配程度	产业规划思路明确程度	创客和企业引入程度	带动村民就业和增收程度	试点匹配度	执行落地思路清晰程度	与政府配合度	整体满意度	
高	√	√	√	√	√	√	√	√	√	√
中										
低										

表5　溪口乡村未来社区场景营造评价

场景＼排名	文化场景	生态场景	建筑场景	服务场景	交通场景	产业场景	数字场景	治理场景	精神场景
1	√				√		√	√	
2				√					
3			√			√	√		√
4									
5		√							
6									

表6

余东乡村未来社区建设运营机制评价

排名	政府					EPC企业			村民	综合评价
	总体思路清晰程度	EPC企业适配程度	产业规划思路明确程度	创客和企业引入程度	带动村民就业和增收程度	试点匹配度	执行落地思路清晰程度	与政府配合度	整体满意度	
高	√	√	√	√	√	√	√	√	√	√
中										
低										

表7　　**余东乡村未来社区场景营造评价**

排名\场景	文化场景	生态场景	建筑场景	服务场景	交通场景	产业场景	数字场景	治理场景	精神场景
1		√	√	√				√	√
2						√			
3	√						√		
4									
5					√				
6									

表8　　**江郎山乡村未来社区建设运营机制评价**

排名	政府					EPC企业			村民	综合评价
	总体思路清晰程度	EPC企业适配程度	产业规划思路明确程度	创客和企业引入程度	带动村民就业和增收程度	试点匹配度	执行落地思路清晰程度	与政府配合度	整体满意度	
高										
中	√	√			√	√		√	√	√
低			√	√			√			

表9　　**江郎山未来乡村社区场景营造评价**

排名\场景	文化场景	生态场景	建筑场景	服务场景	交通场景	产业场景	数字场景	治理场景	精神场景
1		√							
2									
3			√		√				
4				√			√		
5	√					√			
6								√	√

表10　　**杨林乡村未来社区建设运营机制评价**

排名	政府					EPC企业			村民	综合评价
	总体思路清晰程度	EPC企业适配程度	产业规划思路明确程度	创客和企业引入程度	带动村民就业和增收程度	试点匹配度	执行落地思路清晰程度	与政府配合度	整体满意度	
高										
中	√	√			√	√		√	√	√
低			√	√			√			

表11　　**杨林乡村未来社区场景营造评价**

排名\场景	文化场景	生态场景	建筑场景	服务场景	交通场景	产业场景	数字场景	治理场景	精神场景
1		√							
2									
3			√		√				
4				√			√		
5	√								
6								√	√

表12　　**同弓乡村未来社区建设运营机制评价**

排名	政府					EPC企业			村民	综合评价
	总体思路清晰程度	EPC企业适配程度	产业规划思路明确程度	创客和企业引入程度	带动村民就业和增收程度	试点匹配度	执行落地思路清晰程度	与政府配合度	整体满意度	
高										
中		√								
低	√		√	√	√	√	√	√	√	√

路清晰，工作重点突出。EPC企业适配度高，与专班配合默契，执行落实能力强（表6）。

②场景营造评价

余东乡村未来社区九大场景营造总得分214，位列各试点得分排名第三，在生态场景（并列）、建筑场景、服务场景、治理场景（并列）、精神场景排名第一，在产业场景排名第二，在文化场景（并列）、数字场景排名第三，在交通场景排名第五（表7）。

（4）江山江郎山乡村未来社区

①建设运营机制评价

江郎山乡村未来社区建设运营机制评价中政府的"总体思路清晰程度""EPC企业适配程度""带动村民就业和增收程度"评价结果为中，EPC企业评价中"试点匹配度""与政府配合度"评价结果为中，村民"整体满意度"为中，其余评价结果为低（表8）。

②场景营造评价

江郎山乡村未来社区九大场景总得分153，位列各试点得分排名第四，在生态场景（并列）排名第一，在建筑场景（并列）、交通场景（并列）排名第三，在服务场景、数字场景排名第四，在文化场景、产业场景排名第五，在治理场景、精神场景排名第六（表9）。

（5）开化杨林乡村未来社区

①建设运营机制评价

杨林乡村未来社区建设运营机制评价结果为中。镇级专班在乡村未来社区建设工作中灵活性和开放性有待提升；试点建设工作缺乏重点，没有将杨林镇特色转化为乡村未来社区建设特点；试点的数字化、智慧化场景建设缺项较多，乡村未来社区设施过于集中导致使用率较低（表10）。

②场景营造评价

杨林乡村未来社区九大场景总得分150，位列各试点得分排名第五，在生态场景（并列）排名第一，在文化场景（并列）、交通场景（并列）排名第三，在产业场景、治理场景、精神场景（并列）排名第四，在建筑场景、服务场景、数字场景排名第五（表11）。

（6）常山同弓乡村未来社区

①建设运营机制评价

同弓乡村未来社区建设运营机制评价中的政府"EPC企业适配程度"评价结果为中，其余评价结果为低；县级专班思路未完全明确，试点工作处于起步阶段。EPC企业在工作要求范围内自主性不强，工作推进力度不够，EPC企业与同弓乡村未来社区建设诉求匹配度较低。村民普遍对同弓乡村未来社区工作没

1-2.衢江区莲花乡村未来社区实景照片
3-6.柯城区余东乡村未来社区实景照片

表13　同弓乡村未来社区场景营造评价

排名＼场景	文化场景	生态场景	建筑场景	服务场景	交通场景	产业场景	数字场景	治理场景	精神场景
1									
2									
3									
4									√
5		√						√	
6	√		√	√	√	√	√		

表14　各试点场景营造完成度得分率

试点＼场景	溪口乡村未来社区	同弓乡村未来社区	杨林乡村未来社区	莲花乡村未来社区	余东乡村未来社区	江郎山乡村未来社区	场景平均得分率
文化场景	92.3%	38.5%	84.6%	92.3%	84.6%	53.8%	74.4%
生态场景	66.7%	66.7%	83.3%	83.3%	83.3%	83.3%	77.8%
建筑场景	65.7%	34.3%	48.6%	68.6%	71.4%	65.7%	59.0%
服务场景	84.3%	27.5%	58.8%	78.4%	86.3%	66.7%	67.0%
交通场景	56.5%	21.7%	47.8%	56.5%	30.4%	47.8%	43.5%
产业场景	84.2%	18.4%	28.9%	94.7%	89.5%	23.7%	56.6%
数字场景	84.8%	18.2%	24.2%	84.8%	72.7%	60.6%	57.6%
治理场景	93.5%	74.2%	87.1%	93.5%	93.5%	67.7%	84.9%
精神场景	84.2%	73.7%	73.7%	94.7%	100.0%	63.2%	81.6%

有感知，乡内民宿企业由于旅游基础设施配套不健全，企业发展面临困境（表12）。

②场景营造评价

同弓乡村未来社区九大场景营造总得分99，位列各试点得分排名第六，在文化场景、建筑场景、服务场景、交通场景、产业场景、数字场景排名第六，在精神场景排名第四，在生态场景（并列）、治理场景排名第五（表13）。

2.各试点乡村未来社区场景营造完成度评价

按照乡村未来社区九大场景的完成度，衢州各个试点社区综合得分率形成三个梯度（表14）。

（1）七成以上：文化场景、生态场景、治理场景、精神场景。衢州市通过前期一系列乡村建设行动对乡村文化、生态、治理、精神四方面进行了集中打造与建设，这四个方面与衢州市城市主题"南孔圣地、衢州有礼"相契合，是衢州市乡村特色的集中体现。

（2）五成到七成：建筑场景、服务场景、产业场景、数字场景。这四个场景是乡村未来社区新方向、新理念集中落地的场景，是集中体现"人本化、生态化、数字化"理念的场景，是当前衢州市各试点乡村未来社区建设的重点增量空间。服务、产业、数字、建筑是衢州市委市政府当前对乡村未来社区建设目标最为集中的四个方面，是今后一段时间衢州市乡村未来社区建设重点突破的方面。

（3）四成到五成：交通场景。各试点在该场景完成度均较差，实际调研中发现，未来交通场景关于无人驾驶、智能交通系统、机器人配送、智能交通协同系统等与乡村发展实际有所差异，各试点在此场景建设上积极性不大。

四、衢州市乡村未来社区营造的优化建议

乡村未来社区营造的本质是基于当前浙江乡村建设工作的基础探索乡村未来的发展方向，是一项在对传统的尊重和保护的基础上融入现代化生活的行动。乡村未来社区的营造，既要面向未来，积极探索数字化、智慧化技术对乡村社区的提升，营造高品质的乡村社区生活，又要立足传统，切实保护中国乡村的乡土性、传统性和独特性，保留中国传统乡村的文化基因和人居记忆。

1.关于乡村共性场景营造

笔者从中国传统乡村价值、衢州市乡村未来社区建设政策要求、当前衢州市各试点九大场景营

造情况三部分总结提炼乡村未来社区营造的共性场景。

（1）生态体

乡村是中国的生态腹地，是区别于城市的独特的自然景观空间，是生态文明战略重要的落地空间。乡村未来社区营造中应注重对生态系统的整体性保护、产权确定和利用政策模式的探索。

（2）文化根

乡村是中国传统文化的保育空间。乡村的中国传统道德观念、乡土习俗和乡土管理体系是中国民族文化认同、民族集体情感的基础，是当前快速城镇化的中国人"乡愁"的起源。

乡村未来社区营造应注重对中国传统文化的地域性保护，在此基础上探索如何更好地将中国传统文化融入到现代乡村社区生产、生活和治理中。

（3）经济锚

乡村是中国国家安全的重要保障空间之一。乡村村民手中的自然资源生产资料是中国长久以来经济发展所依托的"无风险资产"，这类"无风险资产"收益是中国国民经济的重要保障和着陆载体。

乡村未来社区营造应注重探索如何多元化开发利用乡村的"无风险资产"，提高乡村"无风险资产"收益水平，提升乡村对国家经济的保障和承载能力。

2.各试点乡村未来社区的特性场景营造建议

（1）莲花乡村未来社区

建议采用两山综合体模式，重点打造未来产业场景。试点范围较大，涵盖乡村内容较多，是探索"两山理论"的最佳实践基地，建议试点落实2021年中央一号文件的重要精神，用绿水青山整合农业全产业链体系，实现农业一、二、三产融合发展。

（2）溪口乡村未来社区

建议采用场景实验室模式，重点打造未来建筑场景、未来服务场景。建议在二期、三期的建设中利用这种模式将中国传统乡村文化和乡村未来生活进行更进一步的表达。建议试点后续从"三类人"角度出发，探索未来服务场景的优化内容。

（3）余东乡村未来社区

建议采用三生合一模式，重点打造未来文化场景、未来治理场景。余东当前在乡村社区中已经形成生产、生态、生活相互整合的雏形，建议后期围绕乡村"三生合一"的发展方向，探索中国文化意识形态下乡村现代生活场景的打造方式，积极探索多元社会群体参与乡村治理的路径和模式。

（4）江郎山乡村未来社区

建议打造城乡公服均等化示范点。建议试点结合习近平总书记关于"民营企业承担社会责任"的论述，用城市服务实施的开发能力来弥补乡村公共服务硬件体系的短板，探索实现城乡公服一体化的示范地。

（5）杨林乡村未来社区

建议试点重点打造未来精神场景。

（6）同弓乡村未来社区

建议试点重点打造未来生态场景、未来文化场景。

五、结语与展望

衢州乡村未来社区营造是对乡村发展新形态的积极探索，是落实乡村振兴战略的前沿行动。衢州在现阶段的乡村未来社区建设中已经体现出了对"人"和"人的需求"的空间服务回应，是既有乡村建设中的更进一步的探索。本文通过对衢州乡村未来社区六个试点的评价，梳理总结了试点建设中存在的问题，并结合对乡村共性和特性场景营造的辨析、针对性地给出了优化建议，希望能为当地乡村振兴提供一些新思路，同时也为面上的乡村未来社区营造提供些许思考。

注释

①2005年习近平同志在浙江省安吉考察时提出"绿水青山就是金山银山"的重要思想。

②四美：科学规划布局美、村容整洁环境美、创业增收生活美、乡风文明素质美；三宜：宜居、宜业、宜游；两园：幸福生活家园、休闲旅游乐园。

③六个试点分别为龙游溪口乡村未来社区、常山同弓乡村未来社区、柯城余东乡村未来社区、衢江莲花乡村未来社区、开化杨林乡村未来社区、江山江郎山乡村未来社区。

④九大场景包括未来文化场景、未来生态场景、未来建筑场景、未来服务场景、未来交通场景、未来产业场景、未来数字场景、未来治理场景、未来精神场景。

⑤建设九大场景所需实施的具体项目。

⑥对实施项目提出的更高要求，如千人老人护理人数、标准化学校覆盖率等。

参考文献

[1]田毅鹏. 乡村未来社区：城乡融合发展的新趋向[J]. 2021(2) 12-18

[2]葛丹东 张心澜 梁浩扬. 浙江省乡村未来社区的规划策略研究[J]. 2020(11) 79-80

[3]张倩倩. 城乡融合发展视角下近郊区乡村未来社区构建探索[J] 城乡建设.2020(06) 58-62

[4]叶菡. 智慧治理视角下未来社区养老服务发展路径研究——以龙游县乡村未来社区为例[J] 广西质量监督导报.2020(08) 71-72

作者简介

许　晶，上海上大建筑设计院国土空间规划与环境研究院副院长。

李　瑜，上海大学上海美术学院建筑系硕士研究生。

张晨露，上海大学上海美术学院建筑系硕士研究生。

上海全球城市乡村地域的未来价值与角色研究

The Future Value and Role of Rural Areas in the Context of Global City: the Case of Shanghai

郝晋伟　李良伟
Hao Jinwei Li Liangwei

[摘　要]　超大型全球城市周边的乡村地域在强有力的都市辐射下，体现出比一般乡村地区更多元的新兴功能和更紧密的城乡联系，因而其在区域中的价值与角色也有其独特性。本文首先从建设体系、发展动力、空间格局、社会结构等方面总结了上海乡村地域的发展特征，其次对东京、首尔、伦敦等全球城市周边典型乡村地域的发展经验做了梳理，最后在立足现状发展特征并借鉴国际经验的基础上，从"基本角色""特色角色""前瞻角色"三方面对全球城市背景下上海乡村地域的未来价值与角色作探讨。

[关键词]　乡村振兴；乡村价值与角色；全球城市；上海市郊

[Abstract]　Under the strong urban radiation, the rural areas around the mega global cities reflect more diversified emerging functions and urban-rural links than ordinary rural areas, therefore their value and role are also unique. Firstly, the paper summarizes the characteristics of rural areas in Shanghai from the aspects of motive force, environment improvement, space pattern and social composition. Secondly, the paper sort the development experience of typical rural areas around Tokyo, Seoul and London out. Finally, the paper discusses the future value and role of rural areas in Shanghai under the background of global cities from three aspects of "basic role", "characteristic role" and "future role".

[Keywords]　rural revitalization; rural value and role; global cities; rural Shanghai

[文章编号]　2023-92-P-056

本文受到上海市哲学社会科学规划青年课题资助（编号：2018ECK004、2020ECK001）

在乡村振兴进一步上升为国家战略的背景下，有必要结合地域特征、发展阶段和目标愿景而更加前瞻性地预判各类乡村地域在区域和城乡未来发展中的差异性价值与角色，从而创造更为多元、更具特色、更富魅力的城乡空间。上海作为全球城市和国际大都会，所辖乡村在其强大的中心城市辐射力和中产化消费带动下体现出更紧密的城乡互动和更多元的新兴功能；但在一定程度上，由于空间减量化政策而导致了内生动力有所不足，并高度依赖于政策型和资本型"输血"。因而，有必要进一步研究上海乡村地域在建设全球城市背景下的未来价值与角色，进而明确发展方向和规划策略。本文首先总结上海乡村地域的发展特征，然后对东京、首尔、伦敦等全球城市周边典型乡村地域的发展经验做梳理，最后在立足现状发展特征并借鉴国际经验的基础上，对全球城市背景下上海乡村地域的未来价值与角色作探讨。

一、上海乡村地域发展特征

《上海市城市总体规划（2017—2035年）》确定了"主城区—新城—新市镇—乡村"四级城乡体系；在空间形态上，城镇开发边界外的区域即为乡村地域，约3823 km[2①]；上海市2020年常住人口2487.1万，其中城镇人口2220.9万，乡村人口266.2万，城镇化率为89%。作为中国城镇化水平最高的都市区域，上海中心城区的经济辐射力毋庸置疑，因而外围乡村地域也高度依赖于中心城区的经济、社会资源——一方面，上海乡村已出现了诸多与城市相关的休闲度假、文创科创等新兴功能，形成了诸多新兴产业集聚区，乡村功能也趋于多元化，并带动外来流动人口甚至城市人口的迁居与集聚；另一方面，上海中心城区日益壮大的中产消费群体也在消费主义和追求乡村生活方式的带动下，进入乡村开展休闲活动甚至长期定居。总的来看，上海乡村地域的发展体现出以下几方面特征。

1.多层次的乡村建设与示范体系

在中央于2013年和2018年先后提出美丽乡村建设和乡村振兴战略以来，上海市也开展了相应的建设，并出台了《关于本市推进美丽乡村建设工作意见的通知》（2014年）、《上海市美丽乡村建设导则（试行）》（2014年）、《上海市乡村振兴战略规划（2018-2022年）》、《上海市乡村振兴"十四五"规划》等一系列政策和要求，建立了"农村人居环境整治—美丽乡村示范村—乡村振兴示范村"的多层次、递进式乡村建设体系。人居环境整治主要关注村容村貌、污水处理和水环境、四好农村路等乡村物质环境的改造与提升；美丽乡村示范村在物质环境改造提升的基础上强调农村生态品质、产业发展、文化内涵等；乡村振兴示范村则在人居环境整治、美丽乡村建设的基础上强调分类引导、产业发展、农民增收、制度改革等内容，较之前的政策更具战略性、前瞻性和系统性。截至2022年底，上海市自2018年以来已批准了五批共113个乡村振兴示范村，自2013年以来已批准了十批共262个美丽乡村示范村，合计共有303个村庄获得示范村称号。

2.以外生动力为主的多元驱动发展

上海长期实行城市主导的发展政策，乡村在土地、产业等方面多受限制，内生动力也相对匮乏，使得自上而下的政府和资本介入等外生力量成为乡村发展的主要驱动力，包括直接影响和间接影响两类。首先是直接影响。上海市、区两级政府近年陆续认定了69个市级乡村振兴示范村和169个美丽乡村示范村，并打造了若干乡村振兴示范片区。这些示范村大多在市、区两级政府牵头下，得到了各方资金的大量投入，而且其中很多均有国资背景。如嘉定区联一村"乡悦华庭"农旅田园综合体项目，村集体将经营性建设用地作价入股，与上海地产集团合作成立项目公司，将原宅基地进行平移归并，腾出土地用来发展特色民宿、第二居所等，实现了村集体、村民、地方政府、国有企业的共赢。其次是政府、资本投资大项目对乡村产业内外动力的间

1.青浦区莲湖村蛙稻米种植基地实景照片　　　　3.嘉定区六里村的工业园区实景照片
2.闵行区革新村土地整治后的村民集中居住区实景照片　　4.浦东新区界龙村高端民宿实景照片

接带动。如迪士尼乐园周边已形成上海乡村民宿聚集区，界龙村是典型之一——由于迪士尼带来的游客住宿需求，民宿成为最先兴起的产业，而且还出现了政府—资本联营、外部资本自发运营、村民自发运营等多种模式，内生动力被逐步激活。在民宿经济带动下，餐饮、购物甚至中高端酒店等业态陆续进入，并从单一服务迪士尼游客的过夜住宿地转变为面向上海市区居民甚至市外商务客流的综合休闲基地，衍生了家庭休闲、公司团建、同学聚会、网红拍照打卡等多元业态。除上述政府和大型资本的影响外，上海乡村还受到外部分散市场主体以及高校的影响，如青浦区岑卜村自2012年后陆续入驻了数十户从市区迁入的"新村民"，他们或开展民宿、皮划艇、私房菜等经营活动，或将其作为用来度假的第二居所，进而带动乡村服务业发展；又如同济大学建筑与城市规划学院全面参与了金山区水库村的规划建设和活动运营，诸多教授、研究生、建筑师、艺术家都深度介入了村庄发展。

3.半城市化鲜明的"乡—城—镇—产"交融空间格局

上海在快速城市化中形成了"中心城+新城+新市镇"的多中心结构，在中心城和外围组团间仍保留有大量乡村建设用地和生态用地，形成了"乡—城—镇—产"交错的半城市化格局，并为城乡功能业态的融合创造了条件。如浦东新区张江镇新丰村，正是由于处于城市地区的区位优势，其闲置民宅被张江高科企业租用作为员工公寓。此外，还有村庄利用邻近产业区的优势将城市型产业引入乡村，如松江区泖港镇黄桥村，泖港镇联合临港松江科技城运用集体经营性建设用地入市政策盘活了村庄土地，建设了以电子信

息、生命健康等为主导产业的"漕河泾开发区黄桥科技园"，从而实现了多方共赢。

4.多元社会群体交互的异质性社会空间结构

上海郊区工业园区中的劳动密集型企业吸引了大量外来务工人员就业，他们中的大多数租住于附近村庄民宅；虽然外来人口在2017—2018年间的"五违四必"行动中有所减少，但在邻近工业园区的村庄中仍有可观规模。如浦东新区界龙村附近存在大量服务型就业岗位，加之村内企业需求，村中至今仍有民宅租住给外来务工人员，还有部分人家将整栋民宅改造为出租房。而且，上海乡村中不仅有外来务工人员的聚居，还存在中产阶级的迁入；仍以界龙村为例，民宿开发带动了更多经营者和游客进入，形成了"外来务工人员"与"城市中产阶级"共处的异质性社会空间。此外，村庄中大部分青年人向城市流出而留下空置民宅，但也仍有部分老龄人口未迁出，因而形成了更为复杂的社会空间结构；而不同类型社群对生活环境的需求也不尽相同，导致了村庄空间的撕裂和混合空间风貌的出现。

5.两端分化的村庄发展能级与村民收入水平

由于在区位、资源禀赋、发展基础等方面的先天差异及各类政策、规划与投资上的差别性干预，并非所有乡村均存在上述特征，而是存在村庄间的发展能级分异，上海中心城区的强辐射以及政策上对大部分乡村建设用地的"减量化"管控进一步更加剧了这种分异，由此造成了村庄发展与村民收入的两端分化。尤其是部分纯农地区和生态保护区，农民收入水平偏低，亟待通过公平可持续的空间流转政策提高土地利用效率。

二、国外全球城市周边乡村发展经验借鉴

1.日本东京都桧原村[2]

（1）基本情况

桧原村位于东京都西多摩郡，属东京都市圈第一圈层，是东京都除岛屿部分外留存的唯一建制村，距东京都市中心约60km、两小时车程。桧原村80%的村域位于东京第三大森林公园——秩父多摩国立公园内，生态环境良好。起初由于丰富的木材储备，桧原村以"多摩产材"而成为有名的木材出产地；后由于市场变化及生态管控要求，伐木业受到限制，人口也出现过疏化，于是开始从在地资源激活、服务产业培育、基础设施投入等方面开拓出一条乡村振兴之路。近40多年内，虽然村庄总人口不断减少（从1960年的2032人减少到2005年的1275人），但其中从事服务业的人员比重从1960年的22%提升至2005年的68%。

（2）桧原村在区域中承担的角色

①优质生态游憩基地。桧原村依托神户岩、拂泽瀑布、都民之森等生态资源进行本土要素挖掘，围绕自然野趣与农旅风情将森林、水系、温泉、神社串联起来，共同形成了东京都范围内尚存不多的珍贵乡村图景和高品质生态游憩基地。

②地域品牌特色的农产品和健康饮食供给地。桧原村在村内鼓励开设各种形式的商铺，售卖本村出产的蔬菜、土豆、柚子、蘑菇、蜂蜜等农产品，以及加工而成的土豆烧酒、土豆冰激凌、桧原村水、柚子葡萄酒、红茶等有鲜明地域特色的健康食品。同时，桧原村内还有餐饮店家运用特产食材制作并出售天然发酵面包、时令美食、豚骨汤拉面、茶饮等健康餐饮。

③乡村文化精神体验地。桧原村还将乡土建筑赋予新的功能业态，如特色民宿、特产体验店、乡土木

6.桧原村实景照片（材料来源：https://hinohara-kankou.jp/）
7.桧原村温泉中心实景照片（材料来源：https://hinohara-kankou.jp/）
8.桧原村掌心餐厅实景照片（材料来源：https://hinohara-kankou.jp/）

艺体验店、特色书店等，并举办木工教学、乡土料理教学、自然科普等体验活动，以实现乡村文化对都市精神的反哺。桧原村还建设了乡土资料馆，对村庄历史和文化遗产进行集中展示；并以村内散布的神社为集聚点，依托"神代神乐""祭典伴奏""式三场"等传统活动打造富有乡土艺术特色的节庆活动，让游客亲身参与其中。

2.韩国坡州市普罗旺斯村③

（1）基本情况

普罗旺斯村位于韩国京畿道坡州市炭县面城洞里，距首尔约40km。村庄发展源于连接首尔与坡州的自由路转360省道匝道口处的区位优势，是公路经济带动村庄转型发展的典范。随着首尔都市圈扩展和交通设施完善，首尔地铁京义线已延伸至普罗旺斯村附近，从金村站至村庄仅有不到20分钟车程，普罗旺斯村已经从公路旅游目的地转变为首尔都市圈的城郊游憩地。

（2）普罗旺斯村在区域中承担的角色

①异域风情的观光体验目的地。普罗旺斯村以南法浪漫风情为基调进行景观设计，从而满足了韩国游客对于法式风情的钟爱。通过丰富的花木种植、明快鲜艳的建筑色彩和装饰，以及"田园—小巷"式的童话主题空间组合，使得整个村庄充满了欧陆浪漫气息。而且，普罗旺斯村还作为许多浪漫电视剧与电影的取景地，使得游客进入其中能产生共情式的浪漫体验。

②面向年轻人的昼夜休闲消费中心。普罗旺斯村引入包括网红餐饮、时尚潮物售卖、生活方式体验、手工工坊、漫画创意、网红拍照等年轻人欢迎的商业业态，将乡村打造成为年轻化、潮流化的休闲消费中心；而且，这些活动的体验性均较强。此外，还打造了沉浸式夜游等"夜经济"，丰富了商业业态，拉长了游客的驻留时间，使村庄成为昼夜持续营业的休闲消费中心。

3.英格兰科兹沃尔德地区（Cotswolds）④

（1）基本情况

科兹沃尔德地区位于伦敦以西，贯穿格洛斯特、牛津、沃里克、威尔特和伍斯特五个郡，占地约2000km²，其中大部分为乡村地域，距伦敦市中心约100km。科兹沃尔德不仅具有悠久的历史传统和众多古老的村庄遗迹，还拥有丰富的乡村风情和多元的旅游体验，是英国法定特殊自然风景区（Areas of Outstanding Natural Beauty，AONB）之一。在统一的风貌引领下，科兹沃尔德每个区域都有其独有特征及各式活动，并分布有大量高级餐馆、酒吧、酒店，使得整个地区具备极高的旅游品质，被誉为英国最美乡村地区之一，吸引了伦敦都市区和全球游客来此度假休闲。

（2）科兹沃尔德地区在区域中承担的角色

①融入历史风情的高端消费体验地。科兹沃尔德历史悠久，保存了大量可以追溯至亨利四世时期的历史建筑；而且，科兹沃尔德还在历史建筑中嵌入丰富的高端业态，如独立古物商店、咖啡屋、红酒博览体验馆、水疗中心等，依托古色古香的场所氛围来升级消费体验。如东部的威特尼村将饱含中世纪风情的泵房、羊毛仓库、谷仓等具有历史记忆的空间用于餐厅、咖啡店、剧院等业态，使人们在体验高品质消费服务的同时能够感受浓郁的中世纪风情。

②与乡野田园结合的户外度假区。除历史城镇外，科兹沃尔德还具备广袤的乡野田园，依托良好自然风光的露营、徒步、骑行等活动成为都市居民周末的热门选择。科兹沃尔德为此精心策划的徒步、骑行路线，使游客能够同时游览赛文谷缓和的斜坡与科兹沃尔德山陡峭的悬崖，在多样的地形地貌中体验乡野风情；与此同时，在完整的行进路线中还设置了露营点和休息站，增添了活动的丰富度与体验性。

③传承文学艺术文脉的艺术文旅区。科兹沃尔德广阔的城镇与乡村地域与许多音乐、艺术与文学天才都有联系，使得整个地区充满了创造力与想象力。一年一度的文化节庆活动囊括了电影、文学、音乐等领域，并经常举办讲座、阅读、采访、讨论、表演等各式活动，这些活动分散在科兹沃尔德的各个城镇与乡村，使得科兹沃尔德地区对于都市居民的吸引力进一步上升。

4.小结

对于全球城市周边的乡村地域而言，发展的最大阻力源于如何在核心都市的强吸引力下彰显特色，并明确其价值与角色。桧原村以优越的山水本底以及生态、农业和人文资源，确立了其都市"慢活地"定位，吸引都市居民来此进行生态游憩、健康食品体验以及文化感悟。普罗旺斯村通过人工景观打造了独具异域风情和网红特色的吸引力，完成了由旅途供给站向旅游目的地的华丽转身，其面向都市年轻群体开发的多元消费业态、营造的浪漫化场所空间、昼夜连续的消费体验均是其成功的关键。而科兹沃尔德则在保护在地历史资源和乡土要素的基础上，融合高端消费业态，将在地资源转换成发展资源，将历史遗迹转换成怀旧情怀，使乡村地区成为大都市周边不可或缺的休闲场所。上述发展经验表明，全球城市周边乡村地域在发展历程中，如果能充分利用在地资源，并抓住目标人群进行高质量、特色化的产品供给，就能够最大化地借

9.科兹沃尔德布伦海姆宫实景照片（材料来源：https://www.cotswolds.com/）
10.科兹沃尔德泵房餐厅实景照片（材料来源：https://www.cotswolds.com/）
11.科兹沃尔德田野骑行实景照片（材料来源：https://www.cotswolds.com/）

助庞大的都市消费市场，将紧密的城乡空间联系转变为乡村的发展资源与动力。

三、全球城市背景下上海乡村地域的未来价值与角色探讨

"卓越的全球城市"不仅包含中心城区，乡村地域也是其重要的特色承载区。国外全球城市发展经验也表明，乡村并非仅有农业生产、生态保育和一般居住功能，还有其多元丰富的业态，并成为全球城市中的魅力区域。《上海市乡村振兴"十四五"规划》提出上海乡村发展方向为"提供高品质鲜活农产品""水土保持、水源涵养、环境净化、生物多样性等生态涵养""农村居民生活居住和生活配套服务""传承传统乡土文化、民俗风情、农耕文明""市民后花园"，基本延续了以保护和限制为主的发展思路，对特色型、开发型战略涉及较少。本文提出上海可在延续目前发展基础之上，借鉴全球成功经验，在全球城市背景下进一步探索面向未来的价值与角色定位。而且，上海乡村地域的发展应当立足于现有基础和独有特征，坚持以下四条原则。一是"面向多元群体"，适应本地居民、城市中产、一般市民、全球高收入者、游客，以及外来务工人员等不同阶层，青年、老年、儿童等不同年龄人群的多元化需求。二是"培育多元动力"，未来要赋予部分基层村以更大的发展权限，培育自下而上的内生发展动力，调和目前内外动力不平衡和可持续性不足的局面，并进一步强化与国际知名品牌的对接和高品质联合开发。三是"构筑交融空间"，基于上海乡村地域"乡—城—镇—产"交融的特色，灵活运用闲置民宅和集体物业、田园大地等各类村庄资产，发挥临城、临镇、临产优势，在功能业态、空间组织上充分融合。四是"设计多元场景"，在未来需求牵引下，延续现有"减量化"政策的同时，在全市内进行空间的整合腾挪和更大胆的制度设计，创造更具前瞻性的空间格局。在上述原则基础上，从"基本角色""特色角色""前瞻角色"三方面进行如下探讨。

1.立足基础价值，保基本角色

（1）健康农产品与食品供应基地

在推进都市现代农业发展、提升粮食储备和农业安全水平、建设高品质鲜活农产品基地基础上

12.上海乡村地域的未来价值与角色定位示意图

表1　　　　桧原村、普罗旺斯村、科兹沃尔德地区基本情况

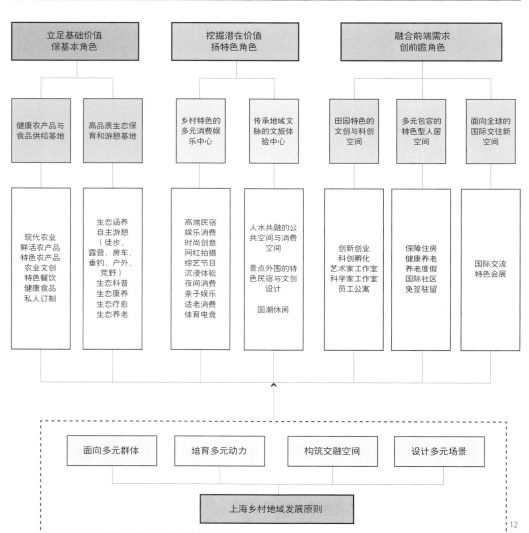

乡村名称	桧原村（日本）	普罗旺斯村（韩国）	科兹沃尔德（英格兰）
在大都市圈的位置			
距离都市中心距离	60km	40km	100km
业态构成	生态农业 健康饮食 森林康养 休闲游憩 文化体验	网红餐饮 时尚购物 创意生活 影视拍摄 沉浸夜游 浪漫体验	高端购物 品牌餐饮 户外运动 艺术文创
在都市区的角色定位	优质生态游憩基地 地域品牌特色的农产品和健康 饮食供给地 乡村文化精神体验地	异域风情的观光体验目的地 面向年轻人的昼夜休闲消费 中心	融入历史风情的高端消费体验地 与乡野田园结合的户外度假区 传承文学艺术文脉的艺术文旅区

做进一步拓展，强化全球城市在品质生活服务方面的软实力：一是提升农产品品牌价值，如将水蜜桃、西瓜、葡萄、稻米、花卉等优势农产品进行品牌设计，开发冰激凌、甜酒、葡萄酒、定食套餐等食品，并与文创设计、餐饮娱乐、网红经济、健康食疗、私人订制等活动载体紧密对接，提升上海乡村产品对全球中高端消费者，尤其是青年人和老年康养人群的吸引力。二是提升农产品在就地加工、销售、体验等方面的产业链延伸，整体打造特色农旅文创集聚区，促进三次产业创新融合。笔者在调研中发现上海乡村的部分优势农产品已有很强的就地加工需求，但囿于土地指标而无法实现，因而需要空间开发政策予以支持。

（2）高品质生态保育和游憩基地

上海乡村在生态保育方面成效显著，崇明世界级生态岛、环淀山湖、长江口、杭州湾等重点生态区域以及诸多郊野公园、绿道、绿廊等均已发挥了重要的生态作用，但在适度的高品质开发方面仍待提升。一是在保证生态系统安全的前提下，为高品质、高自主性的游憩活动创造空间，如徒步、露营、房车、垂钓、户外运动、荒野体验、生态科普等，而且应提供特色化的公共空间和必要设施，如停车场、充电桩、服务站等。二是可积极创新生态游憩项目，进一步与静态康养、体验康养、生态疗愈、生态养老等业态结合。

2.挖掘潜在价值，扬特色角色

（1）乡村特色的多元消费娱乐中心

上海的消费娱乐产业处于全球领先地位，但集中在中心城区，未来在乡村地域也可适度打造具有田园、郊野、江南水乡风格特色的消费娱乐综合体。一是依托既有围绕迪士尼、郊野公园等重大项目形成的自主开发型休闲产业集聚区，通过引入品牌、资金进行整体提档升级，开发高端民宿、娱乐消费、时尚创意、网红拍摄、综艺节目、亲子娱乐、适老消费等新兴业态，进一步激活大项目牵引下的集聚开发效应；但同时也应促进农户等多元主体与资本开发运作的共融，并从改造方式、色彩风格上加以管控和引导。二是发展美食餐饮、网红集市沉浸体验、夜间消费等功能业态，打造具有国际风范的昼夜休闲消费中心。三是结合上海建设"国际体育赛事之都"与"电竞之都"契机，发展符合乡村功能和空间条件的体育、户外和电竞业态，如休闲健跑、马拉松、户外越野、赛车、皮划艇、汽车拉力等，同时结合村镇空间发展休闲体育产业。

（2）传承地域文脉的文旅体验中心

乡村地域是上海江南文化的主要传承区，同时兼有海派文化和红色文化。上海乡村虽少有如科兹沃尔德那样历史悠久且品质高端的历史建筑，但仍可在业态培育、空间设计上充分对田园空间、乡土建筑以及闲置建筑进行活化利用，从而传承地域文脉。一是依托乡村丰富的水体形态，创造适应各类业态的人水共融空间，包括用于户外运动、家庭聚会、休闲露营等的公共空间，以及特色商业消费空间等。二是强化郊区文化类景点对周边乡村产业业态、空间开发的带动效应。如遗址公园、郊野公园、植物园、游乐园周边的乡村可进一步凸显与核心景点的业态和空间联系，引入特色民宿、文创设计等业态。三是可对闲置民宅及其他建筑空间进行整合与活化，并依托村落与田园的传统肌理进行整体包装，发展以沉浸式、互动性为特色的娱乐消费产业，打造江南特色"国潮"休闲示范区。

3.融合前端需求，创前瞻角色

（1）田园特色的文创与科创空间

上海的文创与科创空间仍集中在中心城区，但两类功能均有向乡村拓展的必要和需求。一方面，城市空间趋于饱和且租金高昂，有必要在开发边界外寻找价格适宜且环境良好的空间用于功能拓展，乡村中的各类闲置空间恰好能满足这一需求；另一方面，乡村具有开敞、疏朗的空间感及人文氛围，相比于高密度的城市空间，在激发创新创意灵感方面有其独特优势。而且，"乡—城—镇—产"的交错融合形态以及各类农村土地创新政策也有助于上海乡村打造面向未来的文创与科创基地。因而，可在毗邻科技园区、工业园区、高校等的乡村中，将闲置宅基地单独或成组开发为低成本的创新创业基地和孵化基地，并设置艺术家工作室、科学家工作室、员工公寓等，打造江南风范的国际创新社区和文化灵感策源地。

（2）多元包容的特色型人居空间

为了疏解中心城区住房紧张与土地利用压力，上海乡村可适当创新土地流转和用途政策，依托闲置宅基地和闲置集体物业空间开拓适应外来务工人员，甚至城镇低收入人群的保障性住房，而且上海便捷的轨道交通也能支撑城乡通勤与交流需求——此举既可缓解外来人口的住房经济压力，还能进一步提升上海的城市凝聚力、包容性与创新力。同时，在上海老龄化程度进一步加深的背景下，乡村的田园风情和疏朗空间也适于发展健康养老、养老度假及相关配套服务产业。此外，上海乡村也可在保基本角色的基础上适度

发展"国际乡村社区"，建设面向全球高收入者的国际生活区、围绕国际交通枢纽和走廊的短时免签驻留区域等。

（3）面向全球的国际交往新空间

上海作为全球城市，经济、文化等方面的国际交往是其重要的城市职能之一，乡村地域中具有生态、文化特色的重点区域，可以发展为承载国际重大活动与事件的国际交流场所和特色会展空间，以此丰富上海在全球视野中的多元化形象，并提升中国文化和江南文化在国际上的影响力和美誉度。同时，还可围绕国际交流空间发展高品质的休闲度假、科创、文创等产业业态。

四、结语

在乡村振兴战略背景下，上海对乡村地域的发展日益重视，而"卓越的全球城市"目标又赋予上海乡村地域以不同于一般乡村的独特价值和未来使命。因而，有必要在保护乡村农业和生态角色的基础上，进一步挖掘潜在价值、融合前端需求，发扬并创新都市区乡村的特色角色和前瞻角色，以此促进上海乡村地域的特色化、创新性发展，与中心城区一道构建充满魅力的全球都市区域。

（感谢浦东新区政协、金泽镇政府及岑卜村村委、漕泾镇政府等机构对调研工作的支持，感谢上海大学李峰清老师、上海社科院程鹏老师、上海江南建筑设计院有限公司王超院长等在调研中提供的帮助。）

注释

①《上海市城市总体规划（2017—2035年）》规划2035年建设用地总规模为3200km^2，扣除其中农村居民点用地的约190km^2，得到城镇开发边界内的建设用地规模约为3010km^2。城镇开发边界外为乡村地域，面积约3823km^2。

②本部分参考了桧原村官方网站（https://www.vill.hinohara.tokyo.jp/）和桧原村观光协会官方网站（https://hinohara-kankou.jp/）的相关资料。

③本部分参考了普罗旺斯村官方网站（https://provence.town/）的相关资料。

④本部分参考了科兹沃尔德官方网站（https://www.cotswolds.com/）的相关资料。

参考文献

[1]谷晓坤,等. 大都市郊野乡村多功能评价及其空间布局：以上海89个郊野镇为例[J]. 自然资源学报, 2019, 34（11）：2281-2290

[2]李翌宇, 肖盟. 基于城乡融合发展的乡村振兴策略研究：以东京市郊为例[J]. 小城镇建设, 2019, 37（9）：41-46+53

[3]周晓娟. 资源约束背景下超大城市乡村振兴战略和规划策略的思考：以上海为例[J]. 上海城市规划, 2018,（6）：22-29

[4]上海市城市总体规划（2017—2035年）[R]. 上海市人民政府, 2018

[5]上海市乡村振兴"十四五"规划[R]. 上海市人民政府, 2021

作者简介

郝晋伟，上海大学上海美术学院建筑系副教授、硕士生导师。

李良伟，上海大学上海美术学院建筑系硕士研究生。

实践与案例
Practice and Case

理想照耀乡村
——乡伴文旅探索未来乡村的多种可能性

The Ideal Illuminates the Countryside
—Xband Tourism Explores Options of Future Countryside

周立军
Zhou Lijun

[摘　要]　未来乡村，并不仅仅是典范村的概念，更不是典范村加上几大场景。未来乡村应该体现一种理念，以及是一种生活方式的转变，而不仅是简单地植入一些新业态。因而关于未来乡村的建设，需要思考的是如何让村民更好地融入新生活，以及如何使他们的生活方式更现代、更便捷，使精神生活和物质生活都有所提升。

[关键词]　未来乡村；乡村建设；乡村振兴；乡村版未来社区；乡伴理想村

[Abstract]　The Future countryside is not just the concept of a model village, or a model village with a few major scenes. It should embody an idea, a change of lifestyle. If we only implant some new commercial format simply, what changes will it make for the natives? How to attract returnees and additional population? Regarding the construction of the countryside in the future, what needs to be considered is how to let the rural resident integrate into the new life better, and make their lifestyle more modern and convenient, and how to improve their spiritual and material life

[Keywords]　future community; rural construction; rural revitalization ; rural future community; Xband ideal village

[文章编号]　2023-92-P-062

一、引言

未来乡村建设已开始进入快车道。

在我国乡村振兴进入密集推进期的当下，全国多地都在"摩拳擦掌"谋划建设未来乡村。但未来乡村是什么样子？与美丽乡村相比有何不同？未来乡村建设最关键的是什么？如何推进？未来乡村中原乡人、归乡人、新乡人都应该发挥哪些作用？这一系列问题都需要在行动前想清楚。

未来乡村，并不仅仅是典范村的概念，更不是典范村加上几大场景。未来乡村更应该体现的是一种理念，是一种生活方式的转变。如果只是简单地植入一些新业态，那对原乡人有什么改变？又如何吸引归乡人？新乡人又会增加几个？关于未来乡村的建设，需要思考的是如何让村民更好的融入新生活，如何使他们的生活方式更现代便捷、精神生活和物质生活有所提升。

二、乡伴文旅的未来乡村实践探索

乡伴文旅集团董事长朱胜萱曾表示："社会的发展是向前看、走向未来的，那么在未来的社会发展过程中，城市和乡村会有一种新的模型。乡伴文旅在未来乡村的打造中，不单把科技的理念下沉、技术下沉，更多的是把城乡融合发展、城乡一体化发展的生活模型带回到乡村。乡伴希望用技术、能力和方法，创造出城乡生活的双行舰。"

乡村振兴是个宽阔的"赛道"，同时也是考验"慢工细活"。作为国内精品乡建全程服务商，乡伴文旅集团（以下简称"乡伴"）深耕乡村建设领域十余载，整体业务涉及乡村建设的各个方面，创造了很多行业第一，努力探索打造新时代的未来乡村。

因为乡村的非标准性很强，乡伴找到的解决路径类似于乐高，标准化模块形成了多产品供应链，根据需要组成非标准化的多样产品，进入某个乡村的单个产品，或综合体项目。而创意是最大的落脚点，并需因地制宜开展实践，以乡伴打造的三个未来乡村项目为例：考虑到未来乡村的发展需要与城市无缝对接，乡伴在浙江龙游溪口镇，打造了国内首个乡村版未来社区；为了探索乡村实现共同富裕的新路径，乡伴在浙江松阳县，"针灸式"改造重构了一个乡村；从寻找乡村文化IP力量角度出发，乡伴在浙江河山镇，打造了国内首个乡村文创未来社区。

1.溪口乡村未来社区——国内首个乡村版未来社区

始建于1959年的黄泥山小区坐落于衢州市龙游县溪口镇，是一个有着60余年历史的黄铁矿职工生活区，至今拥有住户500多户1000余人。20世纪80年代的黄泥山小区，曾是溪口镇乃至整个衢州市龙游县的中心。然而从90年代起，随着当地产业结构的调整，人才流失、资源闲置、生活品质下降……黄泥山小区一度陷入凋敝。

2019年，乡村未来社区开始规划。乡伴开始了在衢州龙游县的第一个乡村实践项目，以提升当地居民的生活幸福感为目标进行规划，将这里改造成了国内首个乡村版未来社区。

与城市版未来社区相比，打造乡村版未来社区的最大难点在于如何保持好乡土味、乡情味、乡愁味，留住乡村的记忆，对于这样一个以工业遗存为主的旧改项目，乡伴以"溪口公社·快乐老家"为主题定位，聚焦"四化九场景"，提出了乡里、乡味、乡情、乡邻、乡业、乡教、乡健、乡谈的"八乡"改造策略；在场景设计上，尽量保留场地内建筑历史风貌，植入现代设计语言，记得住乡愁、看得见发展，让历史与未来产生对话。

（1）实现共享

政府搬到黄泥山区块，就是为了打造乡村版未来社区的公共服务核心，它是有核无边的。溪口镇党委书记曾表示："我们希望能够通过政府的迁移，将一些资源汇集到这里，带动社区的发展。在这个过程中，我们考虑的就是共享。如何让政府的资源以及投入，通过互联互动技术，来实现政府、企业、居民的共享。"

秉持着尊重历史背景和文化脉络的设计原则，并结合政府的诉求，乡伴设计师决定将"共享"作为溪口乡村未来社区的关键词。在这一整套共享机制的背后，是政府对于资源再分配的意愿。让利于民，推进政府资源全民共享；为民谋福利，实现公共服务设施的可持续使用。

（2）更新配套设施

激活一个地区，首先需要更新地区的配套设施，使它能满足当地人对于智能化生活以及办公的需求。改善更多人的生活，让他们生活得更便利，才是建设者的夙愿。

溪口乡村未来社区的主要建筑都是由原先的老建筑改造而来，实在无法和小区兼容的部分，也通过迁移，在别的地方保留下来，尽可能地留住了乡愁。同时，智慧球场、共享食堂、乡村礼堂、共享图书馆、联创公社等大量智能化公共服务设施也逐渐完成建设并投入运营，乡村未来社区从图纸变成了现实，这里的生活变得更加便利。

以共享食堂为例：由黄泥山食堂与政府内部食堂合并升级而成，面向所有人开放，解决了区域范围内吃饭问题，普及了触屏点餐、手机支付等新型生活方式，同一屋檐下的一日三餐更是将周边居民与公务人员的关系变得日益紧密。

此外，还有由老旧的电影放映厅改造而成的、用以丰富居民以及后续入驻产业文化生活的乡村礼堂，如今多功能放映厅、会议室、展示空间一应俱全。采取积分奖励机制的共享图书馆，除了乡伴联合在地政府面向社会长期举办的"递书进镇"公益活动外，当地居民还可以通过捐赠书籍换取积分兑换相应福利。城市中随处可见，但乡镇罕有的咖啡馆/水吧在这里也可以找到，可日常休闲亦可商务洽谈。而改造后的篮球场，更是新添了看台和座椅，加入夜光照明、智慧直播、自动拍照等功能，一场场精彩的篮球赛，重现了属于这座小镇的集体记忆。

（3）人才引入与产业升级

一个地区想要可持续发展，除开必要的生活配套，最重要的还有人才引入与产业升级。在乡村改造过程，最迫切的依旧是吸引年轻的团队、创客回归。他们来参与社区共建，才能真正使共享资源发挥最大效益，为实现"乡村未来社区"打下坚实的基础。

联创公社是由废弃的招待所改造而来，作为供给回乡创业人士和小微企业的联合办公场所，与镇政府行政楼"背靠背"，便于快速办理各项行政事务，自对外开放以来已吸引了15家创客团队入驻。原先的黄泥矿宿舍楼也被改造成共享宿舍，同时承载游客集散中心、政府内部工作人员住宿，以及对外接待功能，作为旅游业的配套。

二期的未来社区，还融入康养、社交、教育等主题，加入民宿、共享菜园、儿童探险乐园、多功能运动馆等空间和业态，使溪口乡村未来社区成为集田园生活体验、康养、研学与艺术交流中心以及旅游集散地的复合型社区。

2.画圣浜理想村——国内首个乡村文创未来社区

位于浙江省河山镇的东浜头村，除了在地物产丰富，还拥有多元的人文资源，是一代漫画大师丰子恺中年颠沛流离的开始与最后安息之地，丰子恺的墓园即坐落在东浜头村，多年来一直吸引着众多游人自发前来。

2018年，朱胜萱偶然来到了东浜头村，发现这个村子和乡伴以往理想村的标准不同，它虽然没有古香古色的建筑，但却有着一种中国最独特的人文情怀和人文IP。丰子恺的大量画作都有这片土地的影子，与乡村生活有着密切关系。那么，为什么不把这些画作和想要打造的理想村生活方式结合起来呢？

层次丰富的人文资源，为东浜头村的发展极大地拓展了想象空间。

2019年10月，河山镇政府携手乡伴将这一优势运用到实践，决定充分利用当地人文IP推动文旅产业发展，一期投资1.5亿元打造国内首个以"丰子恺漫画"为核心的文创乡村未来社区。

（1）用好历史名人"IP"牌

丰子恺是嘉兴文化史上的一颗璀璨明珠，他曾用妙趣横生的笔墨，留下了一幅幅田园绘卷，作品被称赞为"如同一片片落英，含蓄着人间的情味"。他丰厚的创作背后，是中国文脉的传承。

5-6.画圣浜理想村实景照片

画圣浜理想村就是要打造成一个践行丰子恺先生生活态度与美学精神的地方。乡伴重新梳理了村庄资源和脉络，将项目总体定位为"漫田画乡"，以本土传统漫画为切入点，融合研发、乡居、乡宿、乡游、教育、未来社区等场景，还原丰子恺笔下的漫画田园，以古人居游的理想，探索一种中国传统美学的生活方式，共同品读先生的情和思，共同传承先生的神与意。

（2）艺术元素的呈现与表达

为了有主题地呈现桐乡特色的丰子恺文化，村子建设中植入很多与当地文化和丰子恺相关的艺术元素。比如民宿原舍河洲，专门设计了以当地竹刻、麦秆画、印染工艺为灵感主题和丰子恺主题的特色房型。为了尽可能地贴近丰子恺当年"颠沛流离"的历史，丰子恺主题的房型里，家具上都做了当年皮行李箱上特有的绑带设计。除此之外，各类丰子恺主题元素也通过软装、墙面等方面呈现。通过植入强烈的主题IP形象，将乡村振兴战略与未来社区理念相结合。

"各种各样充满设计感的漂亮房子，并不是乡村振兴或外部建设的最佳切入点。相较于大部分城市，乡村更多地保留了当地特色文化、生活习俗和非物质文化遗产，应当成为城市汲取中华优秀传统文化的源泉。强化在地文化的独特性、唯一性，确实是目的地或项目长红的主要因素。河山镇画圣浜理想村强调丰子恺人文精神的分享，通过走访丰子恺当年的乡贤、家人，用文案、图像等方式活化了丰子恺的生活和美学态度。"朱胜萱表示。

（3）新型开发模式的实践与创新

除了以当地的文化符号丰子恺为主题，画圣浜理想村最大的特点，还在于以共同富裕为目标的新型开发模式。政府提供平台，集合本地乡贤、村民以及返乡创业的新村民，由乡伴操盘运营，汇聚多方力量共同打造的理想村。

理想村里包括漫田文创生活区、精品民宿岛、未来乡村社区、亲子绿乐园、招商民宿、乡野美学农庄、双创中心、村民食堂、市集等区块。依托画圣浜理想村带动周边村落传统文化及手工艺的活化，带动农民致富，打造乡愁场景；留住乡情记忆，结合村内水系，梳理连通打造乡愁水上集市，延续乡愁记忆。联合国内外动漫产业、高校资源在此进行创新创业等。

3.揽树山房理想村——"针灸式"改造重构一个乡村

在城乡关系重构的今天，一个个传统村落已成为传统文化传承与重塑的重要载体，一座座诗意栖居的家园。被誉为"最后的江南秘境"的浙江丽水松阳县，是"古典中国"留存最完整的县域样板，山水间隐藏着100多座古村落，海拔700多米的椰树村就是其中之一。

椰树村，由最多时有181户人家的古村，到荒芜不堪的空心村，成了深山里一粒空壳弃子。2016年，朱胜萱来到这座正在"安置村民下山"的废弃古村，开始了一场耗时六年的"针灸式"精心改造，重构了一个糅合现代和传统的乡村——揽树山房理想村，以一种野奢且不失传统的生活方式重新呈现。

揽树山房理想村既是松阳县首个整村开发民宿综合体项目，也是浙江省古村落保护和发展基金首个投资的理想村改造项目。总投资超2.5亿，历经6年建设，合作百家供应单位，涵盖建筑材料上百种，近1.5万名工人为之付出心血。体量比肩五星级酒店，跳出单体建筑、单一民宿层面，尝试构建更深的主题、更大的空间、更多元的业态。

（1）共生相容的发展道路

乡村如何重构？在椰树村重塑过程中，揽树山房坚定了走与人、山共生相容的发展道路，坚持对本地留存的建筑和文化进行还原与保护。

团队多次到现场踏勘测绘，对古树与古道进行准确定位，不同台地的原始标高反复确认，最终设计布局是在对无数种可能性尝试之后，最契合于地块的答案，秉承最低程度破坏自然的原则。

特别邀请中国夯土界第一人，安吉泥土学校校长任卫中老师，亲临现场指导、调色，制作出带有特殊肌理的抹面夯土墙；专门从异地定制80万片过火窑烧瓦片，以青红相杂的艺术拼贴方式呈现；同时延续古村垒石挡墙的特色，15万块毛石全部用手工垒砌而成。

在建造过程中，团队多次组织古树保护专家召开专题讨论会议，以最大程度降低建造过程中对古树的影响，为树的生长预留充足的生长空间。为了留下古树，甚至拆除了阻碍古树生长的客房，正是这类看似"浪费"的着笔，让揽树山房"自动"有了历史和年龄。

"乡伴文旅集团开发的松阳原舍·揽树山房，创新亮点之一就是坚持最低限度影响自然的原则，对古树古道进行最大化的保护，严格把控建筑的高度和色彩，使之最大化地亲近自然、融入自然、和谐自然。"中国旅游行业资深专家、中国社会科学院旅游研究中心特约研究员高舜礼曾在行业大会上发表评价。

（2）用现代建筑设计重构乡村

当我们看松阳建筑的时候，能清晰地看到，建筑师几乎都是来修旧补旧的。然而，松阳不缺传统街区修复的东西，而中国不能只有保护和传承，没有创新，所以乡伴的设计手法没有那么收敛。在松阳所有山里面的酒店和民宿都没有泳池和落地大玻璃的情况下，揽树山房不光建了两个泳池，并且还做了纯白的现代绳网。这一切能在山上实现，是预想之外的难。

在山地做建筑不像平地造房子，当时工地几乎都在70度以上的坡上，要一层一层做，人行路线、货运通道、管线综合铺设等，都非常复杂。乡伴重构一个这样大的村庄，总共经历了1580个日夜，搬运了50000多块垒石，砌筑280股墙体，瓦盖88万片，涵盖建筑材料上百种，协调不下百次卡在上山弯道上的工

7-9 揽树山房理想村实景照片

程车，会审3000多张图纸，合作百家供应单位，人工费近4000万，其中3000万是付给松阳当地人的。

揽树山房，一个在2016年因为数十棵古树确定要做的建筑群，到2021年年末才全面完工投入运营，花了整整六年。

（3）从传统中生长更接近未来

重构后的村子，拥有传统夯土墙、百年古树和层层叠起的垒石路。还拥有无边泳池、一线云景和装进山谷的160多间房。一批本地村民实现了在"家门口"上班，有效带动了当地就业。另一批来自城里的新村民也慕名而来，满足了对山水田园的渴望。

新产业与本地原产业开始"双轮驱动"，推动本地经济更好的发展。而贯彻始终的共生精神也在发挥作用，例如在受疫情影响当地茶叶滞销时，乡伴团队积极调动资源与村民联动，通过直播、公众号宣传等方式，有效缓解了本地茶叶销售压力。

揽树山房项目采用的"村民下山，产业上山"模式，既是实现资本回乡的一种新途径，也是乡伴探索共同富裕的一次创新尝试。

三、未来乡村建设经验总结

1.居民喜欢的，才有"未来"

乡村建设的主体是人，人心安、有归属感，才能在新农村乐土上创造生活。

如今的溪口乡村未来社区是当地人的骄傲。

"这里弄得很不错，有空的时候我就和家里人来转转。吃饭可以去共享食堂里吃，对所有人都开放的，确实很方便。" "我家的小孩回来以后天天晚上去智慧球场打球，现在多了好多年轻人。" 从溪口镇居民热情洋溢的介绍中，能感受到他们心中对溪口现在样子的喜爱。

河山镇画圣浜理想村也同样承载着当地人的殷切期望。

"双创中心把一个原本比较陈旧的老厂房改造成了一个网红打卡点，作为东浜头本地人我非常开心。"村民张燕婷对已启用的双创中心赞不绝口。"画圣浜理想村项目是我们探索农业与旅游、农业与文化融合发展的有益尝试。我们既要把这些资源转化成优势，又要结合乡村振兴战略，让未来乡村成为美丽乡村的另一种探索和实践，在大好河山这块沃土上，生根、发芽、开花、结果！"河山镇党委书记田思轶表示。

而在松阳揽树山房理想村，古村居民的思维也发生了转变。

"我原本普通话也讲不好，这两年外面的游客来得多、聊得多了，普通话就越练越好了。我们老年人其实打扮起来也不比年轻人差的对吧，也很酷的。"村民陈月仙笑着说道。从言谈中可感受到，古村居民对自己家乡文化和经济价值的认同，并主动接受文化新思潮，变得更加自信。

2.从服务到平台，乡村振兴的乡伴模式

从上述案例不难看出，从服务到平台，乡伴一直在用模式创新为乡村振兴赋能，并因地制宜，根据地方特色更换模式或者升级创新，打造中国未来乡村最美乡居的创新样本。乡伴采取的这些乡建措施，既提升了村民的居住环境标准，也搭建了城乡之间的互输渠道，使得城市的优势资本、先进技术、优秀文化、创新人才可以有效地反哺乡村发展。

这样的案例在乡伴还有很多，截至目前，乡伴投资运营管理的项目横跨11个省份，参与设计建造乡村振兴项目300+，持续参与运营乡村项目100+，自营目的地和乡村文旅业态50+，打造了理想村、绿乐园、原舍、树蛙部落、野邻等多个备受喜爱的创新文旅产品。

朱胜萱认为，乡村振兴不是一场"造房子"运动，而是一场多层次的全面振兴。乡伴以推动中国乡村文明化的进程为使命，积极践行产业振兴、人才振兴、文化振兴、生态振兴、组织振兴五个维度的全面乡村振兴。

乡伴相信，中国的乡村还有很多的可能性，乡村振兴还有很长的路要走，而永不离开的乡伴，将会伴随着中国乡村一起成长。

作者简介

周立军，乡伴文旅集团合伙人，乡伴四季总经理，高级工程师。

寻找北寨的振兴之路
——一个特殊乡村的规划研究与策略探讨

Searching for the Road to Revitalization of Beizhai
—A Study on the Planning and Strategy of a Unique Village

虞大鹏　赵　桐
Yu Dapeng Zhao Tong

[摘　要]　随着乡村振兴战略的不断推进，乡村文化资源的重要性也不断凸显，日益成为影响乡村经济增长、提升乡村综合实力的重要因素。中央美术学院建筑学院7工作室尝试从文化振兴视角切入并结合文化资本相关理论研究，对沂南县北寨村乡村文化资源与文化价值进行挖掘整理，从资源保护、价值提升、文化体验、空间营造等角度探究北寨乡村振兴的新途径，并以此为基础探讨乡村振兴的路径实验，以图为乡村文化资源的保护与开发提供新思路。

[关键词]　乡村振兴；文化振兴；文化资本；北寨汉墓

[Abstract]　As the Rural Revitalization Strategy proceeds, rural cultural resources are becoming increasingly significant and reveal themselves as the vital factor for the development of the economy and the comprehensive strength of rural areas. The 7 Studio of the School of Architecture at CAFA explores the rural cultural resources and values of Beizhai Village of Yinan County through the perspective of cultural revitalization, with reference to relevant studies on the theories of cultural capital. The project aims to find new ways of Beizhai rural revitalization from the aspects of resource preservation, value promotion, cultural experience and space construction. Those ways shall serve as the foundation for the investigation into the paths of Rural Revitalization and thereby provide new ideas for the conservation as well as the development of rural cultural resources

[Keywords]　rural revitalization; cultural revitalization; cultural capital; the Han tomb of Beizhai

[文章编号]　2023-92-P-066

一、引言

对乡村的多维度现实复杂性问题探讨以及未来乡村发展图景展望已经成为话题性和事件性存在；但中国地域宽广，不同地区、不同条件的乡村面临各自不同的发展问题。北寨村位于山东省沂南县界湖镇政府驻地西3km处，国家级文化遗产北寨汉墓[①]就坐落在这里。

北寨村现有耕地1220亩，居民560户，户籍人口约为1700余人。从乡村风貌来看，北寨村村内建筑相对破败，道路系统不够完善，且由于青壮年进城务工，现状居住人群以老年人和儿童为主，老村基本处于空置状态。

北寨村不仅有已经挖掘并对公众开放的汉墓，其地下仍有尚未挖掘的大量历史文化遗存，统称"北寨墓群"。北寨墓群是东汉至唐、宋、明时期的一处墓群，基本确定该墓群是由东汉、唐、宋、明时期墓葬组成，已发现的遗迹有墓葬共50座，灰坑7个，井1口，窑址3座，已经考古发掘的墓葬3座。

综上，北寨村既具有一般北方村庄的普遍面貌，又具有其独有的历史文化遗产，是一个既普通又特殊的村庄。总体来说，北寨村所拥有的特殊（甚至是唯一）资源——北寨汉墓虽然级别够高（第五批全国重点文物保护单位），但无奈规模太小（最重要的一号墓仅占地面积88.2m²），导致游人稀少（主要是专业人员以及文物爱好者），同时也难以较长时间停留。

按照《沂南县县城总体规划（2018—2035）》，沂南县城将向西发展，北寨村周边区域规划为防护绿地。这样的话，北寨村将不复存在，而北寨汉墓博物馆将成为更为孤单的存在。

二、研究工作与策略探讨

2018年，中央美术学院建筑学院7工作室介入北寨村的振兴工作，以量身定做为原则，深入研究和探讨了北寨村乡村振兴策略。

1.开展以乡村复兴为导向的毕业设计研究

相对于南方基于血缘、宗族形成的聚居村落，我国北方乡村普遍呈多姓杂居状态，再加上历史上经历多次战争、运动等反复破坏，导致北方乡村的文脉、宗族关系等传统乡村凝聚力量、协调力量甚至管理力量近乎损失殆尽，北寨村堪称此类村庄的典型代表，老村已经彻底空心化。

乡村振兴通常指的是乡村振兴战略，包括：产业振兴、人才振兴、文化振兴、生态振兴和组织振兴。[②]实施乡村振兴战略，重点是解决"三农"问题，坚持党管农村工作，坚持农业、农村优先发展，发挥农民主体地位，加强城乡融合发展，坚持人与自然和谐共生，因地制宜、循序渐进，实现乡村全面振兴。针对北寨村这种事实上已经衰败的村庄，振兴之前首先要考虑复兴，也即首先需要恢复乡村的活力或者说生命力。恢复乡村生命力，需要从"人与环境""人与人""人与历史""人与物"等角度入手，艺术家渠岩在广东顺德青田进行的乡建实验提出了"青田范式九条"，试图构建中国乡村文明的复兴路径，每一条都有具体对应的文化内涵。[③]

基于北寨村的现状，2018年7工作室结合毕业设计组织相关研究工作，确定的题目为"多重语境影响下的北寨乡村复兴"；试图针对文化复兴的途径、乡村振兴的手段以及城市发展的驱动三个层面不同需求作出自己的解答。在前期调研中，同学们除了对北寨汉墓进行了深入了解还详细考察了沂南县乡村建设的几个样板案例：作为十大国家级田园综合体之一的朱家林①和拥有竹林、泉水的"中国十大最美乡村"之一的竹泉村⑤。

朱家林主打"文创+旅游+生态建筑"的深度融合，以文创产业活化乡村，主要建设青年乡村创客中心、手工作坊、乡村创意集市等综合型社区服务基础设施和乡村生活美学馆、美术馆、咖啡馆、茶舍、精品民宿、生态建筑技术工坊等新兴产业样板工程。同时结合朴门农业示范、休闲养老、健康饮食、艺术展览、田园婚礼等特色产品，把生产、生活、生态融为一体，以传承乡土文化精华、激活乡村再生能力，打造青年返乡创业基地、乡村旅游示范基地、城乡资源对接平台。竹泉村的竹林、泉水、古村落的自然形态和各种民俗项目的展示保护是当下中国美丽乡村建设的典范。从其迁出村民，将整个村庄打造成为旅游和体验景点的做法来看，竹泉村更加侧重的是打造旅游目的地。这两个代表性村庄选择了迥然不同的发展策略和实施途径。

北寨村所拥有的条件与朱家林、竹泉村有相似之处但又有巨大的差异。从发展途径来看，前两者的方式方法值得借鉴但更应该充分挖掘北寨村自身资源以形成独有特色。毫无疑问，北寨汉墓博物馆是北寨村空间的核心和文化复兴的驱动。同学们试图探讨"文化介入"与当地原有生活模式之间的关联，在保有原有村落氛围的基础上，力求将开放现代的空间、功能元素融入其中，在对原有居民影响最小的前提下，植入旅游民宿、沿河景观带、汉文化体验、汉风影视基地、采摘农业等新功能，与原有建筑群融为一体，利用文化背景优势带动开放性发展，探索乡村振兴的新途径。

具体分析"五个振兴"：生态振兴可以为乡村发展提供良好的环境基础，产业振兴可以拓宽村民的增收渠道，人才振兴可以激活乡村的内生动力，组织振兴可以凝聚基层民众力量，文化振兴则能够筑牢乡村文化精神根基。

北寨村不仅具有北寨汉墓这种宝贵的历史文化资源，更具备非常良好的地理环境与自然景观，背山邻水，耕地环绕，桃林密布。北寨汉墓位于北寨村偏南的中心位置，村落整体向北围绕汉墓布局，道路呈纵横棋盘式结构。保留的传统民居多为木结构、硬山顶、三合院形制，建筑外墙及院墙多以当地堆砌块石的传统做法为主，村落空间肌理与建筑风貌独具特色。

基于此，同学们结合北寨村的现状问题与其自身优势提出以下振兴策略。（1）以保护修复为主，逐步完善基础设施建设并提升配套服务。修复加固河岸坍塌的土体，对沿河现有景观带进行组织利用，并结合北寨村内部道路规划慢行系统，串联村落中的各功能空间，实现滨河景观与北寨老村的空间联动。此外，对北寨村北部、东部的耕林区域进行规划改造，将景观、农业、商业相结合，形成互

1 沂南县城与北寨老村影像图　　2 北寨复兴计划鸟瞰图　　3《沂南县县城总体规划（2018—2035）》中心城区土地使用规划图

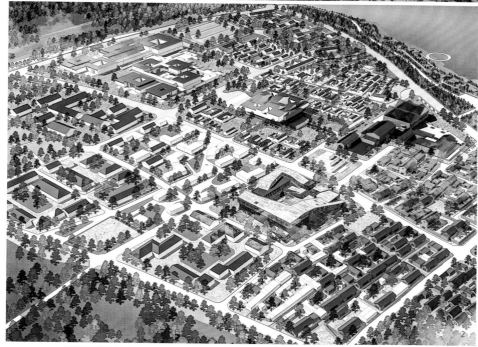

4.北寨复兴计划总体功能布局　　5.北寨复兴计划总平面图　　6.北寨老村现状

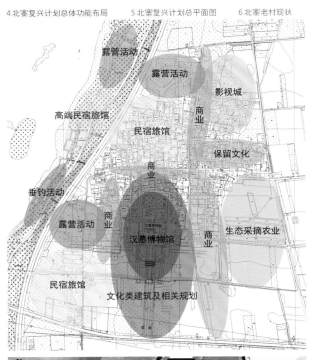

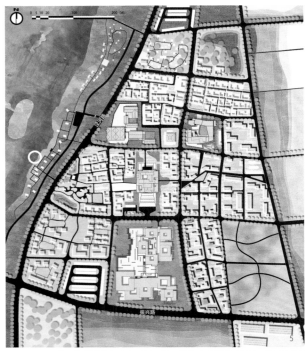

动式的旅游农业景观，实现新产业链的构建并促进旅游业的发展，打造宜居宜业宜游的生态环境。（2）整合当地产业资源，逐步介入适合当地发展的相关业态，如当地特色的非物质文化遗产面塑、泥塑烙画、手指画等特色艺术，土陶制作、砚台雕刻以及节庆的手工玩具和民俗用品等。让业态多元发展惠及当地的居民，引导乡村走上市场化、产业化的道路，进而解决村民就业问题，吸引更多的外出务工村民返乡创业经营。（3）充分挖掘北寨村文化资源与文化特色，宏观层面保留以汉墓为核心的原有村落肌理，基于村庄自身特点组织交通并进行功能布局。微观层面运用传统建造技艺改造村内老旧建筑，利用当地特色块石作为外立面建造材料，对原有建筑环境、外立面进行修复改造，并提升室内空间舒适性。此外，通过相关公共文化建筑与功能空间的置入，丰富文化体验内容如民宿、游学、采摘、汉服与汉风影视体验等，实现游览游玩功能的聚集。根据需求逐步实现产业的转型，最终实现村落良性的发展循环，在精神和物质层面实现全面的乡村振兴。

在本次毕业设计中，同学们通过对北寨村特色文化资源与文化价值系统的梳理，分析北寨村文化保护利用现状及存在的问题，多角度多层次探讨了振兴北寨村的可行性。在对当地相关案例分析学习的基础上，积极探索多重语境影响下北寨村保护与发展的具体策略，尝试为北寨村的复兴与振兴提供新思路与方法。

2.基于文化资本的空间营建策略建议

"文化资本"是法国社会学家皮埃尔·布迪厄（1930—2002）于20世纪60年代末、70年代初在对马克思主义经济学中的资本概念进行非经济学解读后提出的一个社会学概念[6]。布迪厄认为文化资本可以有三种存在形式：具体的（身体化的）状态（以精神与身体的持久"性情"的形式）、客观的状态（以文化商品的形式：图片、书籍、词典、工具、机器等），以及体制的状态（以一种客观化的形式，如学术资格）。[1]在布迪厄看来，文化资本可以视作是一种文化要素的资本化，并可以通过生产和再生产的形式实现增值，其增值性主要体现在文化资本与其他的资本形式相互作用和相互转换上。文化资本使潜在的文化资源转化成文化资本，使可能性的文化资本转化成经济资本，最终实现资源转换成资本。文化资本通过转化活化了文化资源，不仅创造出新的价值，更使文化资源实现了价值转移和促使文化资本发生增值，进而获取经济利润，推动经济的发展。[2]

2020年，中央美术学院建筑学院7工作室基于之前针对北寨乡村振兴的路径实验和探讨，进一步结合文化资本理论为北寨村提出更为深入详尽的策划及规划方案。主要思路是把文物保护与生态环境建设、经济发展结合起来，使文化遗产的真实性、完整性得到有效保护和延续传承，以发挥社会教育作用，促进社会效益、生态效益与经济效益的协调统一并谋求营造文化保护与社会发展的和谐关系。此外，考虑以客户导向为核心的经营模式为基础，开放互动多元体验的价值原则为导向，最终完成文化资源到经济资本的转化，从而实现价值创造并带动北寨村的复兴与发展。

此次北寨村规划试图从游客思维、跨界思维、流量思维和艺术思维四个角度出发，实现基于文化资本的空间营建策略：（1）游客思维指从游客的角度出发思考北寨村的规划设计，通过旅游文化资源振兴北寨村。（2）跨界思维是指借助互联网实现多领域有机结合。比如农业+旅游衍生出采摘活动、农业+创意延伸出农业嘉年华、文化+互联网衍生出在线学堂、文化+旅游衍生出研学体验等。（3）流量思维指利用互联网优势通过线上线下等方式对北寨汉墓文化进行传播，提高北寨村的关注度，促进文化信息流动，以获得更多的社会资源，实现文化资源价值最大化。（4）艺术思维是指利用现代的艺术手法，增强北寨村的空间趣味感与社会参与感，充分利用当地的艺术特色优势并结合当代艺术手段以完整体现北寨村艺术文化资源的价值。总体而言，以文化资本为导向的营建策略，不仅是对北寨村历史价值、艺术价值的保护与提升，更是通过对文化资源的合理利用使北寨村的社会价值进一步显现。

同质化的商业开发模式与标准化的旅游产品导致大部分乡村旅游产品特色缺失，浮于表面，造成文化资源的浪费。因此，应当充分尊重文化市场的发展规律，在深入了解研究的基

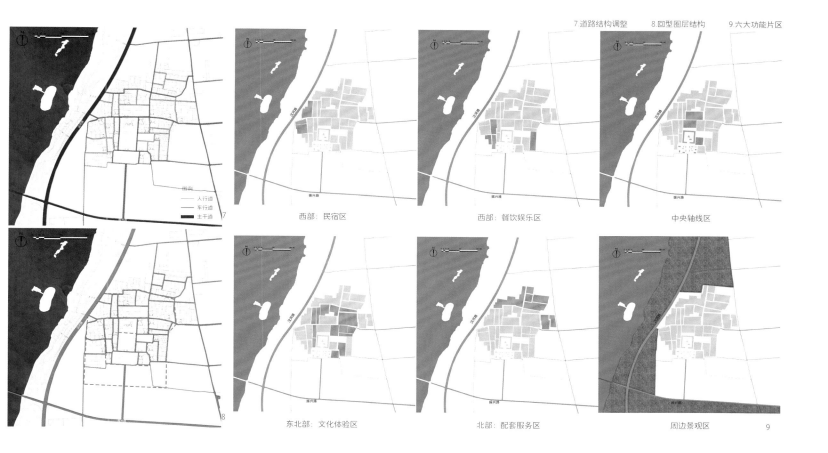

西部：民宿区　　　　　　　西部：餐饮娱乐区　　　　　　中央轴线区

东北部：文化体验区　　　　北部：配套服务区　　　　　　周边景观区

础上，进行文化资源的资本化开发，使文化资源成为乡村振兴的根本动力，促进乡村可持续发展的同时也有益于从根源上对传统文化资源进行传承和保护。基于以上思考，7工作室设想围绕北寨村历史文化，结合物质空间营建、新型功能置入、文化氛围营建打造"北寨博物馆群"。以北寨汉墓为中心通过组织三条主线、六个片区使空间、文化和功能相互融合、相互作用。设置主干道、车行道与人行道三级道路：南侧、西侧为城市主干道，为外来车辆进入区域的主要道路；环绕村落为车行双行路，配合停车场，为外来游客提供交通服务；村落内部为人行游览路线，禁止机动车穿行，保障安全舒适的步行环境。此外，将所有影响景观的基础设施管线进行改线或地埋处理，以消除其对于周边环境的影响。北寨汉墓博物馆地处北寨村的核心位置，拥有面积较大的院落空间，但由于围墙阻隔，与现有的村落在空间和功能上相互割裂，没有形成有机的联系。因此，在北寨整体空间结构组织上考虑以汉墓博物馆为核心空间，通过博物馆四周柱廊、村落内部路网、水网构成三层"回"形圈层结构，层层深入不断渗透，形成有机渗透的整体空间。

通过对北寨村文化资源的梳理，将汉画像石博物馆、中央广场、北寨汉墓博物馆、北寨村史馆自南向北依次布置，着力打造北寨村的文化主轴线。东侧围绕现有汉墓博物馆设置有民俗展览馆、影视剧场景体验馆、汉代水利技术展示馆、烹饪馆、汉服体验馆、造纸馆、烧窑馆、土陶馆、手工艺展示馆等文化体验场所打造文化体验线。西侧配置有特色美食广场、咖啡馆、水吧、酒馆、民宿与文创零售等形成娱乐餐饮线。以三条轴线串联的六大功能片区，融合了娱乐、住宿、交通、生产等多重功能：西部特色民宿区结合当地建造材料与传统建造技艺对原有建筑环境、外立面进行改造升级，同时中轴线尽端预留绿地空间，以此作为人群聚集的公共空间节点向外扩散，为民宿区域提供发展空间；西部餐饮文化区结合现有汶河湿地公园景观，利用水景、扩展景观视野范围。游客可在享受美食的同时观赏滨河景观，收获独特的文化餐饮体验；东北部文化体验区利用原有院落建筑进行空间设计，置入各种文化体验功能，结合村落原有耕地与灌溉设施、设立水利灌溉、农作物认知、农产品加工等活动项目，以增强游客的旅游体验；北部配套服务区设有大型停车场、商场、医疗急救站与游客接待中心等，为游客和外来车辆提供完善的配套设施；周边景观文化区按照《沂南县县城总体规划（2018—2035）》，结合北寨周边基本农田和其他耕地，

考虑划出充足的地块用于农业展示。由管理部门统一组织，可采取部分使用汉代的农具、利用传统的耕作方式来展示耕种收获的过程，同时鼓励游客参与、辅以采摘等方式使人们了解古代农耕文明，形成参与式生态农业文化体验区，既丰富了北寨村的文化内涵，也可以发展文化品牌吸引游客造福村民。

三、结语

目前我国的乡村已经实现全面脱贫，下一步的工作目标是实现乡村的全面振兴，未来的乡村建设需要在目标、途径以及方法上进行深入的研究和探索，基于北寨村的经验，可以概括为以下三个方面。

1.目标：文化振兴

基于国家大力推行乡村振兴战略的历史背景，在未来乡村建设中应当深刻把握"产业兴旺、生态宜居、乡风文明、治理有效、生活富裕"[1]总体要求，扎实推进"文化振兴、产业振兴、人才振兴、生态振兴、组织振兴"战略目标，抓住时代机遇，积极挖掘乡村传统文化的核心价值，充分发挥其引领作用，为乡村振兴提供内核支持，乡村振兴的终极目标其实就

是文化振兴，这也是我国文化自信的基础和必然发展目标。北寨村作为有一定特殊性的普通村庄，通过文化资本导向下的乡村振兴策略将文化资源产品化、文化产品市场化同时结合高效率运营和管理，将"北寨汉墓"这种历史文化资源通过生产和"再生产"的形式，实现产业增值，引导金融资源向乡村聚集，能够切实有效的促进脱贫攻坚和乡村振兴。

2.途径：依靠城市

乡村振兴离不开城市的反哺，北寨村作为一个处于沂南城市规划区内的村庄，其未来发展与沂南城市的发展更是息息相关。借助城市资本，适度开发旅游产品，在尊重乡土的前提下，通过对乡村文化资源的深度挖掘，运用符合市场经济的现代化开发管理和运营模式，带动乡村经济的发展，为乡村振兴助力。[3]未来乡村与城市的关系应该是相辅相成互相成就，乡村生活应该是一种生活方式的选择而非社会等级的划分。

3.方法：筑巢引凤

不管城市还是乡村的发展，都离不开足够的人口和适宜的人口组成。乡村的发展一方面需要留住村民，尤其是中青年村民，这样需要为中青年村民的需求（包括工作需求、生活需求、发展需求等）予以尽可能的保障和满足，中青年村民是乡村的中流砥柱，只有留住了他们，乡村才会有发展的根基。在此基础上，应尽量保障老年村民的养老、治病等需求，满足青少年的教育需求。另一方面，条件合适的乡村，如北寨，应大力引进新村民，通过新鲜血液的注入，焕发乡村的活力，促进乡村的发展。我国各区域发展很不平衡，因此前文所述游客思维、跨界思维、流量思维、艺术思维等几个方面虽不是一个标准性质的方法论，但却能切实有效地为乡村振兴打开一条创新性思路，能够为乡村引来"人"，是值得参考的思路和样板。

注释

①北寨汉墓俗称"将军冢"，位于山东省临沂市沂南县界湖镇北寨村，该墓建于东汉时期，距今已有1700多年的历史，是目前中国现存规模最大，保存最完整的大型汉画像石墓，画像总面积442m²，刻有朝仪、宴饮、舞乐、狩猎、战争等画像，代表了汉代绘画雕刻艺术的较高水平。
②2018年两会期间，习近平提出"五个振兴"：乡村产业振兴应着力构建现代农业体系、乡村人才振兴要着力增强内生发展能力、乡村文化振兴要着力传承发展中华优秀传统文化、乡村生态振兴要着力建设宜业宜居的美丽生态家园、乡

村组织振兴要加强以党组织为核心的农村基层组织建设。
③（1）青田村的祠堂代表的是"宗族凝结"；（2）青藜书院代表的是"文脉"；（3）关帝庙堂代表"忠义礼信"；（4）岭南水乡村落布局的修复代表"人与环境的关系"；（5）重建礼俗、乡规民约是想修复"人与人的关系"；（6）老宅的修复是代表"人与家的血脉信仰"；（7）桑基鱼塘的生产方式代表"生态永续"；（8）物产工坊、民间工艺代表的是"人与物的关系"；（9）经济互助代表"丰衣足食"；等等。
④朱家林村是首批国家级田园综合体朱家林田园综合体的核心，是全国第一个田园综合体四项标准的地方发布者。
⑤2014年由农业部、住建部、国家旅游局、国家新闻出版广电总局、中央电视台授予沂南竹泉村"中国十大最美乡村"的荣誉称号。2016年11月，竹泉村被住房和城乡建设部等部门列入第四批中国传统村落名录公示名单。
⑥皮埃尔·布迪厄在《资本的形式》一文中将资本分为三种不同的类型，分别是经济资本（economic capital）、文化资本（cultural capital）与社会资本（social capital）。

参考文献

[1]皮埃尔·布尔迪厄. 文化资本与社会炼金术：布迪厄访谈录[M] 包亚明, 译. 上海：上海人民出版社. 1997.
[2]王铭. 旅游背景下乡村文化资源的资本化空间规划探讨[D] 重庆：重庆大学. 2016.
[3]虞大鹏 纪晓惠. 基于文化资本理论的乡村振兴策略研究——以沂南北寨村为例[J] 城乡规划. 2020 (06)：63-71
[4]中共中央. 国务院. 乡村振兴战略规划（2018-2022年）[M] 北京：人民出版社 2018

作者简介

虞大鹏，中央美术学院建筑学院城市设计与规划系系主任，教授、博士生导师；

赵桐，中央美术学院建筑学院博士研究生。

未来乡村社区的空间场景建构
Spatial Scene Construction of Future Rural Communities

魏 秦 常 琛
Wei Qin Chang Chen

[摘 要] 在国家乡村振兴战略的指导下，浙江省杭州市在2020年率先提出"未来乡村"的新型乡村发展模式，并展开一系列的实践探索。论文基于未来乡村 "五化十场景"的发展构想，结合国内外的乡村建设优秀案例，对生态、服务、创业、建筑、数字、文化六大场景的空间建构展开讨论，提出了未来乡村的空间场景建构原则与策略，即乡村生态场景的田园化塑造、数字服务场景的共享化流通、"农业+"创业场景的联动化发展、新旧建筑场景的融合化建构、未来数字场景的科技化导向、乡土文化场景的时代化表达，初步勾勒了"未来乡村"的空间场景轮廓。

[关键词] 乡村振兴；未来乡村社区；空间场景建构策略

[Abstract] Under the guidance of the national rural revitalization strategy, Hangzhou City, Zhejiang Province, took the lead in proposing a new rural development model of "Future Village" in 2020, and launched a series of practical explorations. Based on the development concept of "five transformations and ten scenes" in the future rural villages, this paper combines excellent cases of rural construction at home and abroad to deeply explain the six basic scenes of space construction such as ecology, service, entrepreneurship, architecture, digital and culture. Afterwards, it puts forward the principles and strategies of future rural space scene construction, that is, the pastoral shaping of rural ecological scenes, the shared circulation of digital service scenes, the linkage development of "agriculture +" entrepreneurship scenes, the fusion construction of new and old architectural scenes, the scientific and technological orientation of future digital scenes, and the contemporary expression of the rural cultural scenes. These scenes have constructed the development direction and spatial scene of the "Future Village".

[Keywords] rural revitalization; future rural community; spatial scene construction strategy

[文章编号] 2023-92-P-071

1.未来乡村四类五化十场景示意图（浙江省版）
2.未来乡村四类五化十场景示意图（杭州市版）

一、未来乡村缘起

2013年中央一号文件《中共中央 国务院关于加快发展现代农业进一步增强农村发展活力的若干意见》首次从国家层面上提出建设"美丽乡村"的奋斗目标[1]，生态文明建设成为农村发展的主旋律。2017年，中国共产党第十九次全国代表大会工作报告中提出实施乡村振兴战略，首次将其上升至国家战略，次年中共中央、国务院印发了《乡村振兴战略规划（2018—2022年）》[2]，在美丽乡村的基础上，进一步扩充了乡村经济、文化、治理、民生等方面的发展目标。2019年，浙江省政府工作报告中首次提出城市发展新型单元"未来社区"。在乡村振兴战略规划指导下，2020年8月，杭州市余杭区率先提出乡村发展新型单元"未来乡村试验区"，2022年，浙江省人民政府印发了《浙江省人民政府办公厅关于开展未来乡村建设的指导意见》，明确提出了未来乡村的"四类五化十场景"，初步勾勒出未来乡村的雏形。

"未来乡村"是以"人的活动场景"营造为核心，基于乡村当地的文化特色、产业结构、自然资源，以人本化、生态化、数智化、现代化、共享化为价值导向，打造未来邻里、文化、健康、生态、创业、建筑、交通、数字、服务、治理十大应用场景，坚持美丽普惠、数智赋未

来引领的建设路径，是美丽乡村、数智乡村、共富乡村、风貌乡村、善治乡村高度融合的综合性新型乡村模式[3]。

当下"未来乡村"概念已经成为学界共同关注的焦点，2020年，库哈斯在古根海姆博物馆以"乡村，未来所在"为主题策划展览，提出应当把建设中心从城市转移到乡村，未来全球发展在乡村。各国针对乡村发展也提出了不同的政策措施与解决方案，例如：日本实施"一村一品"以及"造村运动"、西班牙主打创意景观农业、法国推进"领土整治"农村改革、德国实施"整合性乡村发展"、荷兰并行"土地整理"与"土地开发"等，都在探索未来乡村的发展道路。

"未来乡村"是我国在新时代对乡村发展提出的新要求和新探索，是乡村振兴战略基础上的前瞻性数字化乡村建设，是城市未来社区基础上拓展而来的乡村版未来社区，是全新未知的新型乡村建设模式。未来乡村更重视村民的幸福感与归属感，实现"本乡人爱乡、离乡人返乡、新乡人入乡"的目标，缩小城乡差异，为进一步落实乡村振兴战略、城乡融合发展提供了指导方向和理想范本。

二、未来乡村场景

根据《浙江省人民政府办公厅关于开展未来乡村建设

3.未来乡村十大场景示意图　　4.未来乡村六大场景的重要地位示意图

表1　　　　　溪口未来乡村社区的服务场景建构策略

服务场景	建构策略
基础设施	1.安全保护：AR云景监控设备、一键报警的无线智慧灯杆 2.生活服务：无人超市、智慧寄存柜、售卖柜、无人医药柜、"云端大脑"
休闲娱乐	1."邻里盒子"：生鲜茶水吧和共享卡拉OK 2.智慧运动场：扫码获取精彩瞬间视频影像
智能办公	联创公社：线上会议、智能多媒体设备
数字教育	1.共享图书馆：满足全年龄段阅读需求 2."AI+教育"数字学习平台：海量外部互联网教育资源，满足青少年学习教育
智慧医疗	1.城乡医疗共同体：与龙游县中医院联合，实现医疗共享 2.智慧养老平台：远程监控、安全传感、一键呼叫、智能安防

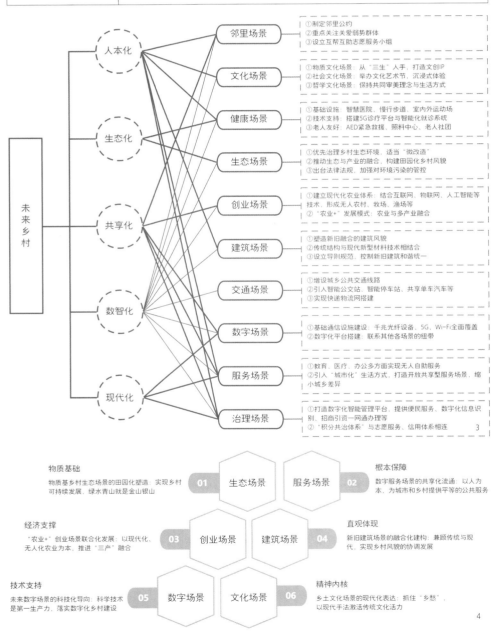

的指导意见》中架构的"四类五化十场景"，未来乡村十大场景主要包括邻里、文化、健康、生态、创业、建筑、交通、数字、服务、治理场景。其中，生态场景是实现乡村可持续发展的物质基础，强调人与自然的和谐共生，突出展现"生态化"。服务场景是乡村居民高质量生活水平的根本保障，注重普惠共享与社会公平，邻里场景与健康场景从广义上来说亦可归纳于服务场景之中，皆以"人本化、共享化"为准则。创业场景是乡村不断更新发展的经济支撑，以第一产业——农业为本，促进三产融合发展，实现产业"现代化、数智化"。建筑场景是乡土风貌与人居环境的空间载体，兼顾传统建造体系与现代舒适居住，集中体现"人本化"。数字场景是贯穿未来乡村各大场景的技术支撑，将互联网、人工智能、5G技术合理运用，以"数智化"为导向。文化场景是乡村得以存在延续的精神内核，是村民长期以来形成的共同认知与社会意识。

本文将主要针对与乡村空间直接关联的生态、服务、创业、建筑、数字、文化六大重要场景的建构进行阐释。

三、未来乡村的空间场景建构

1.乡村生态场景的田园化塑造

生态场景是未来乡村场景的物质基础，其他场景皆依附于生态场景，因此未来乡村最先考虑生态场景的塑造。与城市生态场景不同，乡村回归自然淳朴，远离世俗喧嚣，有着"芳草鲜美，落英缤纷"的桃花源式理想景致，优先保护与治理生态环境，合理利用生态环境风貌，发展生态农业、适度带动旅游业等多种产业发展。

首先，未来乡村应优先维护治理乡村生态环境。应尽可能保持乡村原始景观风貌，杜绝照搬城市景观环境，降低人为活动对自然环境造成的负面影响，构建乡村生态廊道，合理利用当地的山、水、树、石等资源，形成宜人的自然风光。而且，对局部不利自然环境进行"微改造"，整治耕地，清理河道，形成山、水、田园融为一体的可持续发展的生态场景。

荷兰经过"土地整理"活动整理之后，形成独特的乡村景观风貌，以乡村纵横交错的绿地农田为中心，外围则是现代化城市，形成所谓的"绿核"。以荷兰羊角村为例，羊角村位于荷兰东北部上艾瑟尔省，东侧为博文怀德湖，土地治理后，村正中有一条南北走向的河道，分出多条东西向支流，整体呈鱼骨状走势，使得农田呈现出西侧大片农田为主、东侧长条形农田为主的格局。居住空间沿主村河道南北向展开分布，形成了"水道为骨，农田为肌，依水而居，田居耦合，居游一体"的空间模式[4]。人与自然和谐共处，茅草小屋、小桥流

水、良田美景一同构成了羊角村宁静安逸的田园风光。羊角村土地一部分作为生产用地，一部分作为自然保护用地；河道类似，只有特定河道为旅游行业服务，尽可能维持原生态的水文地貌。

其次，未来乡村更强调生态环境与多种产业的融合发展。除了自然景致引发的旅游产业以外，乡村景观风貌亦可以与农业场景相结合，形成区别于城市公园绿地，极具农耕特色的农业景观，满足乡村农业与休闲旅游的发展。还可以结合数字山水、光影艺术、动画投影等现代科技，赋予乡村生态场景科技前沿的属性，以人工技术提升自然生态的山水图景。

2.数字服务场景的共享化流通

乡村要素与城市要素在未来将实现更深层次的双向流通，未来乡村最重要的特征是拥有与城市相同的现代化的公共服务设施，新时代下我国已经完成脱贫攻坚的目标任务，乡村居民对日常生活的要求不再局限于吃得饱、穿得暖，而应提升公共服务，秉持着以人为本的原则，满足人们对日益增长的美好生活向往，保障乡村居民的生活质量。

未来乡村要落实公共服务基础设施建设，需要利用先进科学技术，在教育、医疗、休闲、娱乐、人居等多方面提供便民服务，增进人民福祉；以数智化、人本化、现代化为价值导向，利用数字化网络信息平台，实现城市资源共享、线上远程教育、专家诊治、无人自助服务等。

作为浙江省龙游县首个5G信号覆盖的乡镇，溪口镇黄泥山区块将5G技术运用在溪口未来社区的服务中（表1）。在基础设施方面，24小时无人超市自主选购结算，智慧寄存柜、售卖柜、无人医药柜为居民生活提供最为便捷的服务。未来社区中的"邻里盒子"可以完全实现无人化办事，智能设备连线场外工作人员解决纠纷。在休闲娱乐方面，"邻里盒子"内设有生鲜茶水吧和共享卡拉OK，篮球运动场可以自动生成精彩瞬间短视频，扫码便可获取。在产业发展与智能办公方面，将老招待所改造为联创公社，为民居以及返乡大学生创业提供服务，室内配有智能设备以及安防监控门禁系统。在教育方面，溪口社区积极构建"终身学习"教育机制，依托数字学习平台，与外部教育资源实现"AI+教育"交互对接。同时，溪口还组建了四大联盟，即青春联盟、创客联盟、专家联盟和网红联盟，为青年学生开展研学活动，提供了实践平台。在医疗方面，溪口卫生院与龙游县中医院建立医疗共同体，实现医疗技术、医疗水平、医疗设备、医疗人才多方位合作共享，为老人搭建智慧养老平台，实现信息化设施建设[5]。

未来乡村要提升生活品质，打造开放共享型服务场景，如设立共享餐厅、共享菜园、共享图书馆等生活服务，让乡村与城市拥有同等的公共服务体系，进一步吸纳归乡人和新乡人。在溪口未来社区设立有共享食堂，居民可以提前在手机APP上选择菜品下单，老人可以享受送餐上门服务。同时，共享图书馆为村民提供良好的阅读环境，居民通过捐献书籍等社区公益活动获取积分，根据积分可兑换不同的商品，享受不同的社区福利，例如，停车服务、儿童托管服务、家政清洁服务、菜园使用权、物业费等，意在将"积分奖励"机制与社区公共服务相结合。

除了当地居民的共享之外，未来乡村服务场景还需兼顾外来游客的需求，实现与外乡人资源共享。如开发服务APP小程序时，提供游客入口端，增设实时三维游览地图、推荐行程规划方案、住宿信息、停车地点、特色餐饮等信息窗口，其他服务窗口与当地居民并无差异，给予游客沉浸式的体验感受，成为当地"一日村民"。在这里乡村与城市生活方式并无明显差异，实现了智能化的社区管理。

3."农业+"创业场景联动化发展

农业作为乡村产业经济的基础，在经历数千年的农耕文化洗礼，始终是乡村发展的立身之本。未来乡村一方面应当大力发展现代化的数字化农业，建立现代化农业发展体系。另一方面，进一步推动三产融合，实现农业与旅游业、文创产业、先进制造业、服务业之间的融合，第一产业带动第二、三产业联动发展，建立"农业+"的发展模式。

在建立现代农业发展体系方面，美国、德国、日本在无人农场方面有着世界先进的技术水平（表2），而我国目前尚处于实验探索阶段，现代农业发展是未来乡村农业发展的主攻方向。无人农场主要依靠物联网、互联网、人工智能等技术，通过对设备远程控制、自动化控制，建设无人大田、机器人采摘果园、无人牧场，实施大数据实时跟踪监测，机器人代替人工，村民不再亲自从事产业劳动，转而控制机器运作，实现数智化农业。

在管理方面，采用ERP（Enterprise Resource Planning）管理将农业作为制造业经营，打造从种子种植采摘到产品加工上市销售的农产品商品化供应链。浦东新区航头镇长达村与阿里盒马鲜生合作，建立了一个百亿级物流产业园，占地100亩，是国内最大的进口食品和农产品冷链中心[7]。与"淘宝村"农村电商模式相似，根据大型网络销售平台数据，分

7.溪口未来社区鸟瞰图　　8.溪口未来社区"邻里盒子"实景照片　　9.共享食堂实景照片

析市场供需关系以及价格判定，提醒村民种植采摘的具体数额，及时采摘及时包装配送，实现高质量供货的"订单农业"。将市场、消费、种植等多方面信息综合处理，缓解农产品生产滞后性，农业产品成为新型零售商品。同时，长达村与盒马平台共同搭建了"共享基地"，实现了共享平台、共享冷

库、共享展示、共享直播，打造上海农产品特产标签，形成品牌效应，进一步扩大销售渠道，带动长达村农业发展。

　　推动建立"农业+"发展模式。未来乡村由低收益劳动密集型转向高收益技术密集型，推动产业场景与生态、文化、数字、精神等场景相结合，主要分为

以生态景观为导向的休闲农业产业、以先进制造业为导向的科创产业、以地域文化为导向的旅游业与文创产业，实现第一、二、三产业的高度融合。

4.新旧建筑场景的融合化建构

　　作为未来乡村社区的空间载体，建筑空间塑造尤

为重要，未来乡村的建筑场景是传统乡土元素与时尚艺术元素相结合的建筑场景，既保持原始乡村的空间肌理与建筑风貌，又兼备现代宜居的生活环境，为村民塑造一个有乡愁记忆又现代舒适的新旧融合的建筑场景。

首先，打造新旧融合的乡村风貌，要注重保护传统建筑，对有价值的老旧建筑进行修缮，使用AR成像以及建构虚拟模型的方式复原街巷空间，建筑内部空间则可以采用现代智能家居，改善人居环境，提升生活质量。对于损坏过于严重的传统建筑可以适当拆除，保留部分不承重墙壁。新建房屋不应照搬城市建造模式，要传承传统建筑的乡土基因，与传统建筑风貌协调，注重建筑的在地性表达，提升居民对乡村文化的认同性与依赖感，激活传统建筑的深层内核。同时要注重新建建筑与周边生态环境之间的契合，形成建筑与环境和谐共生、绿色友好的模式，打造乡村诗意栖居的美好生活。

其次，新型建筑材料可以对传统建筑语汇创意性地表达。使用新型材料重建时，新旧材料的组合并置，可采用色调和质感的协调一致，也可以追求材质的对比与色彩的反差，既能传承传统营建的要素，又能彰显未来乡村风貌的时代化表达。

再次，提升传统村落的防灾意识，建设"韧性乡村"。近年来为了应对气候变化，各国纷纷开始建设"韧性城市"，乡村亦是如此，我国传统村落房屋多为木结构体系，易发生火灾。"中国最后的原始部落"翁丁古村于今年2月发生火灾，竹木结构房屋大面积烧毁，这也为未来乡村建设敲响警钟。日本合掌村已有300多年的历史，为了抵御冬季积雪，形成了独具特色的陡坡屋顶，坡度可达60°，形状如合掌状，材料则全部为当地木材茅草建造，与我国村落建造材料相似，1965年的一场大火损毁了村中一半以上的建筑。为了保护当地传统建筑，应对火灾突发情况，当地采取了以下措施：首先，增加消防基础设施，合掌村设有消防水池、消防栓、喷水枪，能够及时应对早期小型火灾。其次，加强建筑内部明火与电气设备的防火措施，如在火炉上方增设防火隔板、建筑内部增设电线电源节点装置、燃气空调等设备全部置于室外等。再次，增强居民的防火安全意识，每年组织防火演习，喷淋水幕也形成一道独特的风景。

最后，设立规范导则限制乡村新建建筑的无序建设。通过设立乡村建筑风貌导则，合理规范新建建筑的选址、高度、立面、彩色、材质、结构等，避免新建建筑过于与众不同，破坏村落的整体协调性。合掌村规定村内新建住房必须预先向"白川乡合掌村集落自

然环境保护协会"提交建筑效果图与施工图纸，需要与传统建筑风貌保持一致，与周围自然环境相协调，得到协会审核批准后方可施工[8]。村民自治协会制定了一系列维持原有乡村风貌的保护准则[9]，例如，建筑不可贩卖出租毁坏、满足日常生活需求的管线空调外机等设备必须隐藏于街巷背侧、禁止使用硬质铺装等。另外，合掌村民宿外形与传统民居并无差异，室内装修现代化，内部配有现代家用电器，依旧保留少量可供观赏的传统民具，作为乡土气息的艺术装饰品。既满足外来游客的生活需求，同时也能使游客感受到合掌村的风土人情。

5.未来数字场景的科技化导向

数字化是贯穿未来乡村场景的价值导向，与其他各场景密切联系。在大数据时代，城乡可以排除不利的地理限定与分隔，突破乡村自身的发展局限，通过互联网实现物资、人才、产业、资金、技术等多方面的交互。未来乡村的数字场景搭架主要分为基础通信设施建设与数字化平台搭建。

在基础通信设施建设方面，实现5G技术、千兆光纤网络、Wi-Fi全面覆盖，推进通信基础设施建设，与城市数字网络接轨，完成城市与乡村之间信息要素的流通。

在数字化平台搭建方面，与未来乡村文化场景、服务场景、交通场景、产业场景、治理场景等深度融合。结合物联网、大数据、云计算、人工智能等核心技术，实现智能交通、智能农场、智能家居、数字教育、数字办公、智慧医疗、智慧停车等全方位技术支持。

以德国北威州东威斯特法伦利普地区实施的"智慧乡村"项目为例[10]，为未来乡村数字化平台搭建提供范本。在文化场景方面，搭建"村庄广播"网站，

发布当地社会新闻和活动信息，展示村庄风貌。在服务场景方面，与城市搭建共享智慧化网络平台，村民远程享有与城市居民相同的社会服务条件。线上教育为青少年提供学习平台，线上专家诊治为村民提供远程医疗服务，"紧急呼叫系统"帮助老人应对突发意外情况，"信仰平台"借助当地学校资源，提供宗教活动服务。在交通场景方面，设立智慧公交站，利用太阳能供电技术为候车乘客提供手机充电与Wi-Fi服务，夜间提供照明。在治理场景方面，针对青年人提供数字农业、信息媒体、线上教育、无人机培训等多种数字化能力培训教育，为乡村未来发展运营储备后续人才。建立"共享乡村客厅"，设有智能家居，村民自发成立互助组织，通过虚拟供需地图构建数字化的邻里互助关系。

6.乡土文化场景的时代化表达

未来乡村文化场景是乡村精神内核，包括物质文化场景与社会文化场景。物质文化场景是指经济基础层面上村民日常衣食住行、生产生活方面最直接的反映，是一种显性文化。社会文化场景是指上层建筑主体层面上整个乡村形成的宗教、礼仪、风俗习惯方面的社会集体意识，是乡村发展过程中集聚的内在动力，是一种隐性文化。

在物质文化层面，未来乡村要注重保护具有当地特色的物质文化，将现代元素与热点相结合，开发特色文化品牌，注重互联网的媒体宣传。与产业场景深度融合，利用现代技术开发文创衍生产品，拉动产业振兴，特别是当地特色服饰、饮食、出行方式、建筑风貌、生产方式等。以日本九州岛熊本县为例，熊本县主要以传统农业为支柱产业，虽然有着阿苏火山和天草海域等旅游景点，却一直不被大众所知。在九州新干线贯通契机之下，熊本县希望可以通过现代元素

表2　　　　　　　　　　　国外无人农场发展模式及案例

国家	模式	技术
美国	"3S"技术 （遥感RS、地理信息系统GIS、全球定位系统GPS）	i Scan+多参数土壤理化性质测绘系统进行土地养分探测； 农机自动避障、自主路线规划； 农业无人机对农场实施检测并分析提供决策建议
德国	机械设备与现代管理相结合的大型农场模式	Krone Bi G X 1180自走式青贮饲料收获机实现饲草生产机械化； Calfmom U40自动犊牛饲喂机可自动添加药物，检测奶牛个体数据等
日本	适度规模经营型精细化农业生产模式	新型智能插秧机可检测土壤品质、规划行驶路线等

材料来源：笔者根据参考文献[6]整理

10.合掌村建筑风貌实景照片
11.合掌村防火演习现场照片
12.熊本县熊本城实景照片

表达当地文化，从而来吸引游客前来，于是邀请水野学设计师为当地设计一款吉祥物。水野学从物质文化中的"住"入手，借用多以黑色为主色调的建筑风貌，转译生成黑色基底的吉祥物雏形，同时呼应熊本县"火之国"的称号，添加了红色腮红，与当下动漫形象契合，形成动漫拟人化的吉祥物"熊本熊"[11]，通过网络社交平台，场景化故事营销，在多家媒体网络刷屏，宣传了熊本县的当地文化品牌，并开发了一系列文创产品，迅速带动熊本县的旅游业、文创IP产业的兴起。

在社会文化层面，摒弃封建迷信等陈规陋习，挖掘乡村优秀民俗、传统节庆活动、历史名人事迹、民间手工技艺等资源，举办文化艺术节，激发村民自身认同感，为外来游客打造沉浸体验式的文化场景。"一村一品"是日本推行的乡村振兴运动，力求挖掘本土文化特色，以水上町为例。水上町以当地传统手工艺文化为起点，深入挖掘民间手工技艺，将村庄名片设定为工匠之乡，打造不同种类的手工艺作坊，每一间手工作坊在前三年可领取政府补助，使得大量手工艺者成为乡村新住民。旅游产业围绕工匠文化展开，游客不仅能够参观传统手工艺的制作过程，还可以自己动手体验。传统文化与旅游产业的深度结合，有效拉动了乡村经济的发展，迸发出新的活力。除了以传统手工艺为代表的民俗文化，美食、养生、景观、建筑等多方面均可以挖掘乡村本土文化。

四、结语

"未来乡村"是在乡村振兴与城乡融合发展过程中提出的具有前瞻性与战略性的美好愿景，是与城市建设并驾齐驱的新型乡村发展蓝本。虽然目前仍处在探索实验阶段，但并不是虚无缥缈的空想。以人本

化、共享化、生态化、数智化、现代化为价值导向，借鉴国内外成功案例，从乡村生态场景的田园化塑造、数字服务场景的共享化流通、"农业+"创业场景的联动化发展、新旧建筑场景的融合化建构、未来数字场景的科技化导向、乡土文化场景的时代化表达六个空间图景构建入手，绘制和谐共生、开放共享、产业兴旺、乡土风情、科技智能、底蕴深厚的未来乡村范本。

参考文献

[1]中华人民共和国中央人民政府 中共中央 国务院关于加快发展现代农业进一步增强农村发展活力的若干意见[R/OL](2013-01-31) [2021-11-10] http://www.gov.cn/jrzg/2013-01/31/content_2324293.htm

[2]中华人民共和国中央人民政府 中共中央 国务院印发《乡村振兴战略规划（2018—2022年）》[R/OL] (2018-09-26)[2021-11-10] http://www.gov.cn/gongbao/content/2018/content_5331958.htm

[3]刘垦如 解斌 罗雅 浙江省"未来乡村"的实践探索[J] 城乡建设 2021(13):46

[4]汪洁琼 江卉卿 毛永青 生态审美语境下水网乡村风貌保护与再生——以荷兰羊角村为例[J] 住宅科技 2020.40(08) 50-56

[5]乡伴朱胜萱工作室 留住乡愁，链接未来，龙游溪口乡村版未来社区[EB/OL] (2020-12-30)[2021-11-10] https://weibo.com/ttarticle/p/show?id=2309404587776522977427

[6]陈学庚 温浩军 张伟荣 潘佛雏 赵岩 农业机械与信息技术融合发展现状与方向[J] 智慧农业(中英文) 2020 2(04) 1-16

[7]未来乡村社区生活圈：自然生态场景&创新生产场景[J] 上海城市规划 2021(03) 60-64

[8]顾小玲 农村生态建筑与自然环境的保护与利用——以日本岐阜县白川乡合掌村的景观开发为例[J] 建筑与文化 2013(03) 91-92

[9]石晓凤 杨慧 Beau B Beza 活态传承视角下我国传统村落保护思路思辨[J] 华中建筑 2020 38(06) 12-16

[10]李依浓 李洋 "整合性发展"框架内的乡村数字化实践——以德国北威州东威斯特法伦利普地区为例[J] 国际城市规划 2021 36(04) 126-136

[11]陆超一 基于"萌文化"的品牌传播策略研究[D] 广州：暨南大学 2018 39-44

作者简介

魏秦，博士，上海大学上海美术学院建筑系副系主任，副教授。

常琛，上海大学上海美术学院建筑系硕士研究生。

"修补"视角的乡村公共空间营造策略研究
——以安徽省岳西县云峰村规划设计为例

Research on the Construction Strategy of Rural Public Space Under the Concept of Repair
—Take the Example of Rural Design in Yunfeng, Yuexi

章国琴 成 燕 倪松楠
Zhang Guoqin Cheng Yan Ni Songnan

[摘 要] 乡村公共空间是村落中地区历史文化、自然环境相结合的精髓。在未来的乡村振兴实践中如何依据地域独特性进行乡村公共空间的重塑，并有效激发乡村发展活力是学界关注的焦点。本文基于"修补"视角，结合项目实践，从问题根源的寻找和空间形态的系统修复两大方面进行设计对策思考；涉及从空间形态设计的策略层面上进行综合把控，以及通过分析乡村现有资源和活动者行为探究问题的源头。空间形态的系统修复措施包括：组合式的整体设计、主题明确的序列设计、特色强化的细节设计三大方面。此外，为使乡村公共空间的整体营造具有特色，提出了直面问题本质、营造的在地性和度的把握三方面建议。

[关键词] 乡村规划；"修补"视角；公共空间；规划设计策略

[Abstract] Rural public space is the essence of the combination of regional history, culture and natural environment. In the future rural revitalization practice, the academic circle focuses how to reshape the rural public space based on the uniqueness of the region and effectively stimulate the vitality of the development of rural industries. Based on the theory of "repair" and combined with project practice, this article considers design countermeasures from two major aspects: the search for the root of the problem and the systematic repair of the spatial form. In order to conduct comprehensive control from the strategic level of spatial form design, the source of the problem is searched for by analyzing the integration of existing rural resources and reshaping the behavior of activists. The systematic restoration measures of the spatial form include three major aspects: collaborative overall design, sequential exhibition theme design, and feature-enhanced differential design. Additionally, for the construction of the rural public space, it can be integrated and has outstanding characteristics, and summed up suggestions for the grasp of the nature of the problem, the locality of the construction and the degree of control.

[Keywords] rural design; repair; public space; planning and design strategy

[文章编号] 2023-92-P-077

一、前言

我国的乡村振兴战略已经推进多年，推动乡村"人、产、村"的共融发展是一项需要长期关注的重点问题。乡村公共空间作为乡村聚落的重要组成部分之一，随着时代变迁和人民生活需求的提升而逐渐被重视；乡村公共空间是乡村地区历史文化的载体，是历代村民与地域自然环境相磨合而成的空间结果。对乡村公共空间塑造的研究，既能巩固乡土人文情怀、又能加大乡村自身优势和促进发展。乡村公共空间环境营造的成效将直接或间接地长期影响乡村振兴的顺利推进。因其表达形式和具体内容均存在一定的特殊性，如何让乡村公共空间有效地助力乡村发展是设计师需要关注和解决的课题。

乡村公共空间的营造与乡村建设的推进如影随形而开展。在城乡统筹和新农村建设的方略下，乡村公共空间建设大致经历重启、拓展和理性发展三个阶段。在第一阶段，恰逢对乡村环境品质提升的关注，开始了公共空间建设的重启；在此阶段，以更好地满足当下村民活动需求的本质目标为出发点，主要对村庄内原有的村民自发集聚地，如村入口、河塘边等进行空间环境的美化、绿化，以及增补相应的配套功能设施。

在第二阶段的乡村公共空间设计中，随着乡村人居环境品质提升的推广，对乡村公共空间的文化承载力及空间美化要求寄予了更高的要求。在对细部精益求精的设计趋向下，各类文化墙、装饰物陈设装点在各地乡村公共空间。同时，乡村公共空间的功能定位也由村民自发活动的场所，向承担一定公共事务活动的村集体活动空间转型。公共空间的位置会结合活动类型的需求进行有目的地选择。

在如今的第三阶段，时遇乡村休闲产业的兴起，乡村公共空间的营造不仅需要满足村民日常活动的需求，作为村文化的展示窗口，更被寄托能成为乡村产业提升转型的媒介场所。此时的公共空间已经成为乡村建设中的重中之重。对于它的选址、设计均会着重考量村域内值得推广的特色因素，进行有目的地、分批次地系统开发。而随着乡村建设的日益成熟，公共空间环境营造的特色化、系统性和追求产出效益将是未来设计的总体趋势。

二、"修补"理论及相应的设计策略

从公共空间营造的简要发展历程可知，乡村公共空间营造的特征有以下三点：①小尺度空间的嵌插、植入；②乡村特色的彰显；③系统性的思考维度。此类空间的设计特征，与"存量规划"下城市更新的环境和要求有一定的相似性。因此，在已建成区内进行"小尺度介入""渐进式"地解决空间病因，提升空间品质的"修补"更新理念尤其适合当前乡村公共空间的氛围营造。

1.云峰村村庄规划鸟瞰图   2.云峰村环境风貌实景照片   2.云峰村村居现状实景照片

"修补"理论是现代规划设计从"增量规划"向"存量规划"转型时期提出的空间更新创新模式。区别于其他更新理念，"修补"更多地强调是在小范围内小动作，不提倡强力干预。在不影响城市正常运行、保护人文内涵的同时，自然环境、物质环境和人文环境综合修补，疏通网络系统，改善空间环境，同时杜绝塑造千篇一律的空间风貌。

国外对于"修补"理论内涵的"小尺度""渐进式"规划的关注，开始于20世纪的60年代。多数是从关注城市社会现状入手。如马修·B.安德森（Matthew B.Anderson）基于社会学角度对芝加哥两个非洲裔美国人社区进行调研，提出在城市更新和经济发展中对非本地种族（Non-White）充分考虑，促进他们逐步融入城市生活环境[1]。梅格·霍尔登（Meg Holden）从社会学视角，在温哥华海滨重建项目中，以批判务实的态度，提倡渐进性规划，给居民提供多样性的居住选择[2]。

国内对"修补"理念的诠释多是针对某一个具体的设计方案，归纳总结"修补"思路。如刘力对西单西侧商业区的城市设计，总结了现存的弊端：建筑之间缺乏必要的联系；交通缺乏统筹规划，混行干扰严重；建筑密度过大，造成渗透开发空间的缺失。针对以上问题，提出了修补功能景观，接驳公共交通，缝合街区建筑等激活商业环境整体活力的措施[3]。萧百兴在台湾石碇小镇规划中，分析历史和规划过程，采取"有如小针美容般的精准外科手术的修补式设计"，挖掘内在的"脉络总体性"，找到"关节之处"，采取"着重点滴"的营造方式，切中要害，释放空间活力的全部能量[4]。

从以上的综述中，可知"修补"理念提倡的设计方法是：首先针对某个特定的设计问题找到可以牵一发而动全身的关键"病灶"；然后进行干扰性最小的微型规划；进行旧事物的修缮或者新事物的补充；利用其触媒式反应逐步进行几轮规划行动，最终解决问题。

乡村空间建设的背景复杂、活动需求多元，与城市更新有一定的相似性，两者的"修补"设计方法运用具有异曲同工之妙。依据"修补"理念的乡村公共空间营造在清楚存在的困境或问题后，要直面"病灶"，进而以全面系统的对策来分步骤地解决问题。

三、确定村庄公共空间营造的目标和修补策略

确定村庄公共空间营造的目标和修补策略，一是要全面梳理村庄的环境资源，把握公共空间营造的本底特征和现实矛盾；二是要分析活动者的行为轨迹，辨析公共空间供应与活动者的公共空间需求之间的差异。

1.公共空间营造的本底特征和现实矛盾

乡村现有的资源类型，主要包括县镇级别上的资源和

村域内部资源两大部分。通过对此两方面的资源梳理，分析资源的优劣势，挖掘目前乡村所存在的隐形问题，做好宏观层面的总体"修补"。

（1）县镇级别的资源整合

对乡村所在的县镇级别资源的整合是从宏观层面对乡村发展的有力把控。通过分析此类资源不仅可以获知上一层级对所在村落的定位规划、村落所拥有环境资源，而且可以深入了解周边县镇的发展趋势。分析的资源类型包括：政策导向、地理环境、交通条件、产业资源和文化资源等。

以安徽省岳西县黄尾镇云峰村为例，县域的产业规划定位为加强全域旅游体系建设，发展乡村旅游。云峰村所处的黄尾镇，森林生态旅游发展较好，将作为未来旅游核心区、重要的乡村旅游区进行规划开发。为此，黄尾镇政府有意识地对村庄进行逐步更新改造。目前云峰村周边已初步形成了大别山文化旅游产业链。其中，部分景点由投资商投资开发。

此外，村落所在之处植被丰富，水资源丰富的自然资源。村落与外部交通联系便捷，G35济广高速在黄尾镇设有出入口，村落西侧为村镇主要干道。

（2）村域内的资源整合

云峰村依山傍水而建，自然环境优美，各年代的传统民居分片地依山就势营造在缓坡上。行政村域内已经逐步开发有体现农耕文化为主的省级森林康养基地道元古村和展现水文化的4A级青云峡休闲度假旅游景区两大景点。村内有若干零散的村民自发的农家乐。

从资源条件的优劣势分析（表1）可知，云峰村所处环境正处于旅游局部开发的拓展阶段。它的公共空间的本底特征是：一方面，在产业发展的诉求下，急需在空间功能的设置上有系统、有组织地完善。不仅能为村民提供便捷、适宜的日常交往场地，而且为外来游客提供富有吸引力的游览观赏空间。另一方面，公共空间作为向外界推广的媒介，需要在特色营造上展现出村子独有的文化、环境特征。

然而，因在多年的建设过程中，村庄公共空间相对地被忽视和弱化。当前村庄公共空间在功能布置上仅仅在村部周围混合布置有篮球场、舞台和运动器械等简陋场地；村庄空间分布零散，整体风貌营造仅仅是在房前屋后的空地上部分种植了部分绿植，没有将村庄特色真正展现。

综合考虑，为避免同质化的竞争，村庄公共空间不应再重点开发与其他景点相似的主题，如水资源、传统民居等。它最值得争取的资源优势有

以下方面：首先，它丰富的不同年代的传统民居量；其次，可充分发挥村落的地理位置优势，它位于青云峡景区和道远古村两大景点的必经之路上的；再次，可借助村落周边的自然环境特色进行特色营造。

依据上位规划定位，以青云、道远和云峰村三者联袂发展为切入点，结合云峰村的资源优势，将村庄定位为具有山林野趣的山村村居生活体验园。规划通过村落公共空间环境的系统营造，鼓励村民自发参与经营具有不同年代特征的家庭农家乐，打造山村民居生活体验园，形成漫步于村野，沉浸式地体验不同年代山村生活乐趣。

2.活动者的行为轨迹与公共空间需求

村公共空间环境营造的本质初衷是为了改善村民的日常生活品质。公共空间作为产业发展的媒介是领导者从提升村庄经济产业特色提出的设想。因此，无论是在村庄建设，还是核心的公共空间环境提升中，提高村民的日常生活水平是首要的必备条件。在确定设计的主题策略，进行空间环境的详细布置时，可以以村民、游客的活动路径作为空间位置选择、空间功能设定、空间主次排列的基本依据。

经调研观察村民日常活动类型，可归纳为作息、劳作、锻炼和交往四种。中青年村民多在宅前屋后、田间地头等进行作息、劳作和交往活动；老人和儿童常在村健身场地开展锻炼、交往的活动。

为改善村公共空间功能单一、层次薄弱的现状，将游客游憩、观赏等活动空间的增加作为契机，选择在靠近溪水的村口、村中心以及主要的邻里小广场与村民活动的场地现状整合，建立村民、游客活动共融

的场所体系。

村民、游客的活动在不同村庄空间形态上会呈现交错或叠合的路径轨迹。在线状型村落中，轨迹多呈现交错的状态，在团状的村落中，轨迹叠合的概率就高。行为轨迹呈现交错状态，公共空间的营造将可依活动对象的不同需求分别设计；活动轨迹叠合率高的状态，空间在营造时多需要双向考虑活动需求。

在本案中，因村庄成团状发展，村民、游客的活动轨迹叠合率很高，村庄公共空间在营造时需要同时考虑两者的活动需求特征。

四、村庄公共空间的系统修补策略

村庄形态和公共空间是乡村自身生态环境、经济社会需求、主观引导综合而成的整体，需要以较为系统的设计方法来加以修补和完善。

1.组合式的整体设计

整体的设计思维方式是"修补"理论能从空间细微处入手来对治整个发展困境的"法宝"，是真正能从问题源头寻找解决途径的方法。

例如基于资源梳理后，对云峰村的定位为作为与青云峡景区和道元古村两者共同发展的交集部分，从宣传、游憩两方面对游玩性强的青云峡景区和休憩为主的道元古村进行功能内容的补充，从而完善村域文旅产业线，作为区域产业链中的"又一村"。

2.主题明确的序列设计

公共空间清晰的序列关系能为活动者提供惬意又

表1   村庄资源整理

资源类型	优势	劣势
政策资源	1.岳西县产业定位为：全域旅游体系建设； 2.县域乡村建设规划中，定义云峰村为未来旅游核心区，重要的乡村旅游区	周边自然资源相类似村庄：黄龙村、黄尾村，也为规划重点村，且发展现状较好
文化资源	1.拥有祖师殿、大小松尖、石门等零散景点； 2.传统民居保存量丰富	1.景点的文化价值未被整体挖掘； 2.传统民居存量丰富，部分已遭破坏
旅游资源	1.周边已初步形成以4A级大别山彩虹瀑布风景区为主的大别山文化旅游产业链； 2.村域内拥有省级森林康养基地道元古村、4A级青云峡景区	1.周边同质特色村庄和旅游项目逐渐趋于多样化、成熟化； 2.目前云峰村尚未有区别于周边村庄的发展特色
地理资源	1.G35济广高速在黄尾镇有出入口设置； 2.生态植被丰富、水资源优越、空气质量高	1.村庄内部空间呈现相对随意的布局，尚未进行系统性的治理； 2.村庄内部道路系统较混乱

4.村口装置设计示意图　　7.行为路径分析图
5.老屋功能平面布置图　　8.结构分析图
64.发展模式图

储藏区

耕作区　　展示区

生活区
5

6

7

8

印象深刻的空间体验感。序列的设计主要是村庄的重点公共空间，如村中心广场、邻里小广场、村口广场等空间，能结合乡村的资源条件，活动者的行为轨迹特征，进行空间主次的划分、空间功能的界定，有的放矢地进行空间环境的有序布置。

以云峰村为例，结合村民和游客的行为轨迹特征，重要的公共空间节点有两处：①村口广场，这是村民和游客进入村庄的第一个行为叠合点，是村庄环境、文化的第一个展示窗口；②村民广场，这是两类活动者在村域内行为重复叠合的第二处场所。该广场将设计成为村民的日常交流与外来游客停驻为一体的村文化展示场所。此广场的规模和所处位置决定了它具有协调云峰村内各片区的功能，既分隔又统一了各年代的建筑片区。位于广场一端的土垒老屋参观区又是广场空间的重点所在。老屋作为序列的"点睛之笔"，将通过重塑当年生活场景的方式来直观地反映了乡村振兴前大别山山村居民的真实传统生活风貌。其余的宅前屋后小游园、村委小广场和路口景观节点的环境经有的放矢地修葺整理后，跟随着这两大广场将整个村落主次有序地串联成整体。

3.特色强化的细节设计

公共空间中的细节塑造是"修补"理念中"从细微处着手"的设计方法落实。细节的特色往往能强化村庄的记忆点，吸引注意力，营造良好的空间互动环境。对于沿途道路进行记忆强化就是其中之一。如村口装置的设计既体现村庄民居建筑的风貌，又符合当今社会的审美需求；联系两大景区的村干道的景观以绿植和彩色护栏进行环境美化，做到特色性和乡土性并存。

对于特色的细节设计以多样统一的手法，通过反复强调来实现乡村特色。比如使用具有当地文化特色的材料以高低有序的矮墙表现形式，用以进行空间分割、肌理梳理和节点串接，既增强了视觉交互性，吸引活动与墙体进行互动，又表达了对于地域文脉的尊重。

微观层面的设计应致力于服务乡村居民，将乡村优化落实到每个角落，以良好的基础建设保障后续发展的顺利。

五、若干延伸讨论

随着乡村建设的推进，乡村困局因素逐步暴露，如村落的文化特性和历史质感逐渐丧失，乡村产业结构单一，无法提供多元化的体验感[5]。在今后，依据上位规划定位进行积极转型，发挥现有优势资源联动周边产业链，致力于做到村庄业态融合和产业聚集，将是未来乡村建设的主导趋势之一。

依据"修补"理念的村落公共空间营造，不仅能充分挖掘乡村潜藏的发展潜力，而且能巧妙地借助空间的整体联系，空间的细微处特色营造，将村民及游客等人群的各类活动需求融合满足。结合实践，对设计方法的运用提出以下注意要点。

1.直面问题本质

随着乡村发展的进一步优化，乡村建设将面对更加复杂的设计背景和更为多元的需求环境。以解决问题为导向的设计，能以"四两拨千斤"的巧劲，高效低成本地化解乡村发展中面临的问题。可通过村庄环境资源的层层分析、活动者的行为特征总结等，以设计者独有的洞察力深度剖析寻找问题的根源。

2.营造的在地性

乡村休闲活动能获得大众的喜爱，主要原因在于乡村空间多样化的地域特色，让人能获得新奇感的感官享受。乡村公共空间是乡村文化的重要载体之一，在空间特色塑造上，尤其需要关注空间形式的乡土性和材料的本地化。有选择地采用当地营造方式，潜移默化地通过空间语言来传递当地文化。

3.度的把握

无论对乡村公共空间的营造寄予多大的发展期望，归根结底，它都是在村落层级进行的空间设计。无论是在整体布局、内容的设置、造型尺度，还是开发力度上都应遵循"细微处着手""渐进式推进"的设计方法，避免大拆大建、规模化等方式来营造。

乡村公共空间的设计营造，无论是现在还是将来，都将继续深度影响乡村发展。在此，拙笔总结小小的实践经验，以期能为今后的设计提供借鉴。

参考文献

[1]Matthew B Anderson. "Non-White" Gentrification in Chicago's Bronzeville and Pilsen Racial Economy and the Intraurban Contingency of Urban Redevelopment[J].Urban Affairs Review.2013,49:435-467

[2]Meg Holden.Justification,compromise and test:Developing a pragmatic sociology of critique to understand the outcomes of urban redevelopment[J].Planning Theory,2015,14:360-383

[3]刘力，邵韦平.城市空间的修补、接驳、缝合与触媒——北京西单文化广场设计创作与体会[J].建筑创作，2000(3):12-19

[4]萧百兴.溪石之间——石碇小镇时空依存之美的魅力地方营造[J].中国园林，2010(11):63-67

[5]陈阳，范墙.城乡融合视角下乡村文旅产业发展策略研究[J].城市建筑,2021,18(08):50-52

作者简介

章国琴，上海大学上海美术学院建筑系讲师；

成　燕，上海大学上海美术学院建筑系硕士研究生；

倪松楠，上海奉贤规划设计研究院规划设计师。

9.中心广场鸟瞰图
10.中心广场活动效果图
11.老屋风貌意向图
12.宅前屋后小园设计效果图

地方差异视角的"未来乡村"的发展路径与实践方式
——库哈斯策展《乡村报告》引发的思考

The Development Path and Practice Method of "Future Countryside" from the Perspective of Local Differences
—Reflections from Rem Koolhaas's Exhibition Catalogue *Countryside, a Report*

张 维 沈真祯
Zhang Wei Shen Zhenzhen

[摘 要] 我国各地的乡村振兴事业由于地方差别而面临着发展路径上的较大差异性。各乡村处在不同经济发展水平、资源和资金投入状况,以及文化传统等的差异境遇中,如何发掘自身潜力进而创造新的机遇是一个值得探讨的问题。库哈斯策展的相关《乡村报告》呈现了一些建筑师如何基于地方乡村的差异条件和诉求,采用不同路径和方式展开设计创作实践,从而取得了较好的效果。本文对有关案例加以梳理,探讨其对未来乡村发展路径和设计实践的启示意义。

[关键词] 未来乡村;地方差异;发展路径;实践方式

[Abstract] Rural revitalization in China is faced with a wide range of development paths due to local differences. In the context of different levels of economic development, resources and capital investment, and cultural traditions, how can villages explore their own potential and create new opportunities? A number of architects have responded well to the development paths of local villages and have developed their design practices in different ways, mostly with good results, and have demonstrated the feasibility of these future-oriented practices.

[Keywords] future countryside; local differences; development paths; practical approach

[文章编号] 2023-92-P-082

本研究获得教育部产学合作协同育人项目(项目号:202101284004)资助

一、一份《乡村报告》引发的思考

本文将"未来乡村"的发展路径和实践方式作为议题,主要是基于以下方面的考虑。

首先,是针对"未来乡村"发展路径的讨论。中国共产党第十九次全国代表大会提出的乡村振兴战略为我国乡村建设和发展开创了史无前例的重大机遇。与此同时,近年来各地乡村建设多样和复杂的现象也直观地反映出不同地区"乡村复兴"路径之下的不同效果。2020年2月20日至8月14日,著名建筑师库哈斯[1](Rem Koolhaas)在纽约古根汉姆美术馆策办了以"乡村·未来"[2](Countryside, The Future)为主题的展览。从该展览的一份关联出版物《乡村报告》(Countryside, A Report,以下简称《报告》)当中呈现的几个中国乡村调查案例来看,反映出我国各地区乡村由于地方性差异而呈现出的发展路径的巨大差异。对《报告》中的案例的介绍和评述,将有助于我们深入地思考当下纷繁多样的乡村振兴实践方式,从而进一步对"未来乡村"的发展路径和趋势获得合理的判断[1]。新型工

业化与行政体制改革而助力乡村的产业发展,规划师、建筑师和艺术家的介入和实施改造而提升乡村的品质和旅游业,信息化和智能技术应用于大规模农业种植产业和乡村发展的迭代升级,地方产业与互联网资源深度融合发展的乡村,这些都是我国乡村近年来得以发展的有效路径。这是引发展开本议题讨论的主要原因之一。

其次,我们也应该正视近年来乡村建筑过程中所面临的诸多实践方式的适用性问题,并进而讨论不同地方发展路径下的乡村建设实践。经过对《报告》中调研问题的梳理,呈现出若干乡村实践面临的现实悖论及挑战。第一,打着"扶贫"名义对乡村的整体拆除和重建事件时有发生,乡村被简单粗暴地建成新兴"乡愁"旅游业消费地;第二,乡村行政体制和市场经济之间的协调机制如何紧跟时代步伐而不断优化,新型建筑技术如何介入乡村并不断加以创新;第三,核心产业对乡村空间的快速侵占,迫使原本并不充裕的乡村居住空间受到挤压,原有"人—地关系"的脱节进一步导致农业产业空间与居住空间之间的对立;第四,乡村产业发展中

对于低成本的追求,导致产品的简单复制和模仿,形成以低成本"生产—复制"为主导的不可持续模式。这些都会导致乡村实践的迷茫。与此同时,我们也应该看到"未来乡村"有着宽广的发展前景;在乡村振兴战略的推进过程中,《报告》中的案例所积累经验有没有可能为"未来乡村"的进一步实践提供开拓性、引领性、创新性的启示?本文旨在思考和回应这一问题。

二、展现乡村发展路径与实践方式差异性的若干案例

1.浙江杭州富阳区洞桥镇文村

相对于城市而言,传统乡村地区建筑的居住方式、施工工艺、建筑材料等因素都相对稳定并具有很强传承性。在未来更大规模乡村建设的背景下,如何在新时代的建筑理念、施工工艺、建造技术的背景下,继续发展和提升原有地方性、可持续性的建造系统,从而让乡村建筑及其生活方式重新获得文化上的引领,那么更加需要建筑师思考乡村发展

的路径与实践方式之间的创新关联。

　　然而，从以往建筑师、艺术家等群体介入乡村建设案例和积累实践经验来看，十分成功的案例并不多见。究其原因，第一，近期许多乡村实践项目投资和落地的周期很短，当中涉及拆迁的社会问题也极其复杂，因此整体性地拆除和重建经常作为一种快速解决问题的策略。这样一来，当乡村脱离了原有建成环境的文脉，新村庄规划和建筑设计经常简单地将问题转化为一种均质化、民居建筑形式的拷贝和粘贴，这样的方式对于未来乡村的发展很难有价值上的积累。第二，很多建筑师对于乡村的调查和研究缺乏深度，在乡村社会空间的行为使用方式、历史发展过程、历史文化积淀等问题上很少有深刻的发现和梳理。如此，只有解决上述问题，建筑师在乡村的设计实践才能经得住时间的考验，进而为未来乡村建设贡献设计智慧和价值积累。

　　建筑师王澍、陆文宇在浙江杭州富阳区洞桥镇文村3年多的实践，能够恰当地说明建筑师对于传统乡村建筑文化更新的实践方式[2]。2012年，在杭州市富阳区政府的邀请下，王澍同意为当地设计博物馆、美术馆、档案馆等"三馆"项目，但他有个交换条件，要在富阳区洞桥镇文村做乡村民居的保护规划和建筑设计[3]。王澍推翻了该村原规划设计当中拟定新建的15幢别墅方案，为该村设计建造了14幢新时代民居的样板。最初，他的方案由于受到村民反对而停滞。后来，他的团队带着设计文案逐门逐户与村民沟通，听取意见并修改设计。王澍的乡村住宅设计从黄公望《富春山居图》的画境出发，结合回收利用当地的建筑材料展开"循环的建造"并与现代的混凝土结构相结合，每一幢住宅都试图回归当地传统，围绕一个内向庭院设计建造。进而，建筑师依次对当地的十几幢村居展开改建和新建，并完成了整个传统村落的保护和更新。虽然住宅项目的规模都不大，但是他们的更新实践为文村传统文化的传承和发展打下了重要基础。值得一提的是，在王澍对文村改造后所产生较大社会影响力的带动下，2016年，文村与阿卡农庄展开"文村·阿卡项目"的合作，以"互联网+农业"为核心技术平台投入建设，为文村的农业、教育业、休闲旅游业、文创业等产业之间的整合发展树立良好的机制和前景[4]。

　　传统乡村建筑的更新常因为当代建造体系和生活方式的介入而变得新旧对立。一些实践也延续了本地传统民居的形式，但缺乏对于这种形式背后的生活方式、传统建造体系、建筑材料等成因的关联性思考。在文村的改造中，王澍及其团队以多年积累的浙江乡村地区田野考察成果为基础，对传统院落的建筑类型进行变化和创新。通过对局部结构、立面材料的调整，发展出多种具有多样性的乡村建筑类型，接着对材料和建造的方法也沿用此思路，保留了夯土墙、抹泥墙、杭灰石墙等当地传统自然材料的施工工艺与建造智慧，达到了让新村和老村有机融为一体的效果。王澍团队采用一种和地方传统文化之间紧密关联的方式，为传统乡村建筑文化的更新与创新提供了重要参考。

2.江苏徐州新沂窑湾镇陆口村"格莱珉银行"

　　除了传统乡村建筑文化继承与更新的实践方式之外，我们还应当密切地关注当代新型工业化体系对于乡村建设实践的介入。近年来，伴随着我国乡村基础设施的大规模建设，面向乡村全面开放的物流业、快递业得到飞速发展，让建筑师建造方式的选择范围大大增加。即使在偏远的乡村地区，新型预制工业化的建筑和结构构件的使用成本也在逐渐下降。伴随这些外部条件日渐完善，逐渐整合了更大地域范围的新型工业建筑体系的建造优势，异地

1-3.纽约古根汉姆美术馆"乡村·未来"展览现场实景照片

理想空间
IDEAL SPACE

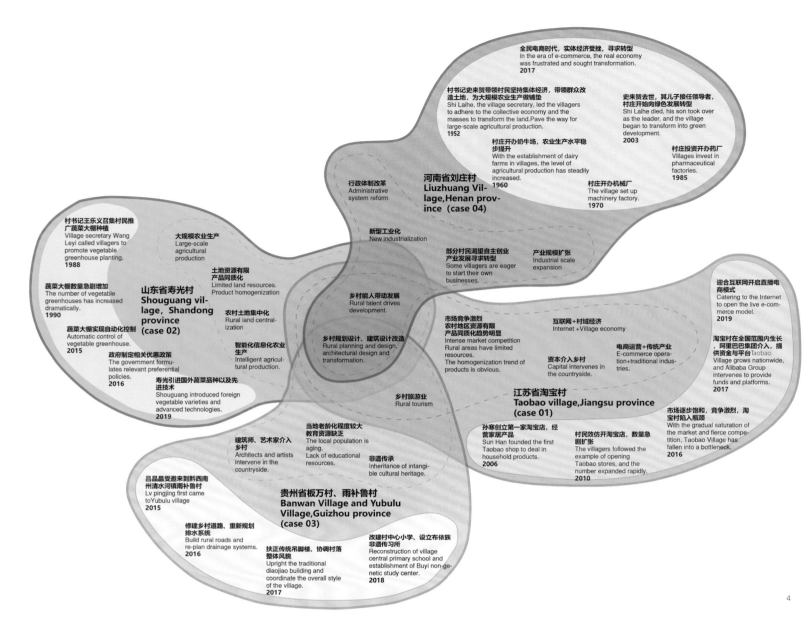

全民电商时代，实体经济受挫，寻求转型
In the era of e-commerce, the real economy was frustrated and sought transformation.
2017

村书记史来贺带领村民坚持集体经济，带领群众改造土地，为大规模农业生产做铺垫
Shi Laihe, the village secretary, led the villagers to adhere to the collective economy and the masses to transform the land.Pave the way for large-scale agricultural production.
1952

史来贺去世，其儿子接任领导者，村庄开始向绿色发展转型
Shi Laihe died, his son took over as the leader, and the village began to transform into green development.
2003

村庄投资开办药厂
Villages invest in pharmaceutical factories.
1985

村庄开办奶牛场，农业生产水平稳步提升
With the establishment of dairy farms in villages, the level of agricultural production has steadily increased.
1960

村庄开办机械厂
The village set up machinery factory.
1970

行政体制改革
Administrative system reform

河南省刘庄村
Liuzhuang Village,Henan province (case 04)

新型工业化
New industrialization

部分村民渴望自主创业 产业发展寻求转型
Some villagers are eager to start their own businesses.

产业规模扩张
Industrial scale expansion

村书记王乐义召集村民推广蔬菜大棚种植
Village secretary Wang Leyi called villagers to promote vegetable greenhouse planting.
1988

蔬菜大棚数量急剧增加
The number of vegetable greenhouses has increased dramatically.
1990

蔬菜大棚实现自动化控制
Automatic control of vegetable greenhouse.
2015

政府制定相关优惠政策
The government formulates relevant preferential policies.
2016

寿光引进国外蔬菜品种以及先进技术
Shouguang introduced foreign vegetable varieties and advanced technologies.
2019

大规模农业生产
Large-scale agricultural production

土地资源有限 产品同质化
Limited land resources. Product homogenization

农村土地集中化
Rural land centralization

智能化信息化农业生产
Intelligent agricultural production.

山东省寿光村
Shouguang village, Shandong province (case 02)

乡村能人带动发展
Rural talent drives development.

乡村规划设计、建筑设计改造
Rural planning and design, architectural design and transformation.

乡村旅游业
Rural tourism

迎合互联网开启直播电商模式
Catering to the Internet to open the live e-commerce model.
2019

淘宝村在全国范围内生长，阿里巴巴集团介入，提供资金与平台Taobao
Taobao Village grows nationwide, and Alibaba Group intervenes to provide funds and platforms.
2017

市场竞争激烈 农村地区资源有限 产品同质化趋势明显
Intense market competition Rural areas have limited resources. The homogenization trend of products is obvious.

互联网+村域经济
Internet +Village economy

电商运营+传统产业
E-commerce operation+traditional industries.

资本介入乡村
Capital intervenes in the countryside.

江苏省淘宝村
Taobao village,Jiangsu province (case 01)

市场逐步饱和，竞争激烈，淘宝村陷入瓶颈
With the gradual saturation of the market and fierce competition, Taobao Village has fallen into a bottleneck.
2016

孙寒创立第一家淘宝店，经营家居产品
Sun Han founded the first Taobao shop to deal in household products.
2006

村民效仿开淘宝店，数量急剧扩张
The villagers followed the example of opening Taobao stores, and the number expanded rapidly.
2010

当地老龄化程度较大 教育资源缺乏
The local population is aging. Lack of educational resources.

建筑师、艺术家介入乡村
Architects and artists intervene in the countryside.

非遗传承
Inheritance of intangible cultural heritage.

吕晶晶受邀来到黔西南州清水河镇雨补鲁村
Lv pingjing first came toYubulu village
2015

修建乡村道路、重新规划排水系统
Build rural roads and re-plan drainage systems.
2016

贵州省板万村、雨补鲁村
Banwan Village and Yubulu Village,Guizhou province (case 03)

扶正传统吊脚楼、协调村落整体风貌
Upright the traditional diaojiao building and coordinate the overall style of the village.
2017

改建村中心小学、设立布依族非遗传习所
Reconstruction of village central primary school and establishment of Buyi non-genetic study center.
2018

4

4 雷姆·库哈斯中国乡村调研分析案例图解分析图

加工、运输、现场安装快速建造等新型工业建筑的优势赋予了乡村建筑新的可能性。此外，传统乡村民居的手工建造体系通常以传承为主，优化和更新只在非常局部的部位缓慢发生。而体系化、工业化的建造体系对于乡村建设的优势还体现在可以通过多次的、短时间内的实践积累，建立一种技术和经验上的持续优化机制，从而在未来的项目中实现高效的、较大幅度的迭代升级。

从乡村金融模式实践的角度来看，格莱珉银行（Grameen Bank）③模式是目前世界范围内最成功的普惠金融扶贫模式[5]。2014年12月17日，在穆罕默德·尤努斯（Muhammad Yunus）④的见证下，格莱珉银行登陆中国，格莱珉银行陆口支行成立。建筑

师朱竞翔及其团队设计了这座银行。这一团队近十年来在乡村地区对预制轻钢建造系统的多项设计和实践为业内所熟知。项目从委托到落成只用了8周时间，其中现场安装仅用4周。设计建造调动了基地周边更大范围的中、小型加工制造业和工匠们的充分参与，其中，徐州及其周边建筑材料和生产加工服务提供的项目供给占整体建筑需求的95%。虽然周期短，建筑团队依然在其原有"新芽轻钢建造体系"的基础上对项目应用做出适应与更新，在建筑构造设计中进行了针对性的热工性能改良。其中包括建筑主要界面的持续保温设计，以及通过精细化的立面设计整合了墙体保温和门窗设计，很大程度优化了建筑室内的通风与保温的物理性能。此外，

作为一个乡村社区级的小型公共建筑，它超前的技术性并没有停留在研究室里抑或者图纸上，而是通过乡村建设这个载体高效地组织了项目周边新型建筑工业相关的产业人员以及工匠们，实现了建筑师、制造者、使用者之间的超级整合[6]。

对于未来乡村的建设而言，积极利用更大范围内的现代化、工业化建造的经验和成果，适应性地对其加以改造，创造出不断优化的、适合地方性生活需求的现代乡村建筑体系，将在未来成为非常重要的建筑实践方式。

3.四川巴中市南江县金台村

中国现代化农业和生产生活当中，土地一直都

承担着生产资料的重要角色。在近年乡村振兴的大背景下，乡村居住、生产及其他用地被大规模集中腾挪与搬迁的例子屡见不鲜。乡村生产与生活空间资源的短缺现象，正在迫使一些乡村建筑类型突破了传统的观念，继而朝向规模化、立体化的趋势发展。面对大多按照棋盘式的新城规划并采用网格状布局，多采取"白板"（Tabula rasa）策略[5]进行新村规划和建筑设计，建筑师如何在这样的现实中试图发掘一种中间路线的实践方式是至关重要的，将现代的建筑形式、结构、技术与传统乡村的文化结合，让未来乡村在生产、生态、社会等层面均得到可持续的发展[7]。

四川巴中南江县是2008年5·12汶川大地震的灾区。2011年9月，该县还发生了一场十分严重的山体滑坡事故，一千多户村民无家可归。由于村落原址被自然灾害彻底毁坏且不能进行原址重建，重新选址和规模搬迁就成为本项目的一个必要的背景条件。经过政府的部署，新村落选址在原址附近的台地上，且建房必须在经过混凝土抗滑治理和加固的9~10亩坡地上，前后抗滑桩之间相差有8m的高差，并要在其中安排22幢村居和一个社区中心。建筑师林君翰及其团队受到委托接受设计这个搬迁后的乡村聚落。规划设计的4种不同户型都充分考虑了采用当地的建筑材料、屋顶菜地、采光中厅、室内采光通风、净化废水的湿地等传统乡村日常生活的多方面需求，通过相对密集的空间居住模式与乡村自然环境和生活方式之间紧密地结合起来。新村聚落设计的覆土屋顶作为农户自己种植的场所，接近地面的空间为对外协作和经营的家庭作坊，住宅内部的中庭院落空间则负责改善村居室内的通风和采光的品质，并结合了户内雨水回收的功能。设计开始于一片灾后的废墟，规模化、立体化的新村布局策略完全是处于极端条件的被动所致，此外建筑师的设计任务还担负着22户村民重新开展生产、恢复生活和生态的新生活方式的重要责任[8]。建筑师没有把规模化重建的聚居类型当作一种和自然的对峙关系的借口，与之相反，设计将乡村和自然环境之间的紧密关系作为设计的原点，以创造出充分适应地方活力的聚落形态和空间布局，进而很大程度上消解了因土地空间资源紧张所导致的居住和自然之间的对立关系，让未来乡村的社区关系、建造体系、日常生活、生态系统形成互为乡村可持续发展的必备要素与逻辑闭环。

林君翰及其团队的设计实践向我们证明，即使是极端条件导致的乡村"人—地关系"的脱节，甚至已经形成农业空间与居住空间之间的挤压和对峙，也并不妨碍以高度有机整合的设计实践方式来化解这样的矛盾，进而把乡村设计成为面向未来可持续发展的现代化活力栖居的场所。

4.河北秦皇岛昌黎县三联书店海边公益图书馆

当下，基于技术变革带来的乡村产业升级、例如互联网、共享经济等多种方式对于乡村经济的介入，持续增长的互联网—城乡混合型产业、直播电子商务、物流业的整体发展对乡村生产和生活方式带来巨大的影响。《报告》中展开详细调研的"江苏省

9 浙江杭州洞桥镇文村实景照片
10 河北秦皇岛昌黎县三联书店海边公益图书馆外部实景照片
11 河北秦皇岛昌黎县三联书店海边公益图书馆内部实景照片

淘宝村"⑥可以说是这一类型作用下的典型代表，但这只能说明，新时代的乡村发展路径为未来乡村的实践方式提供了全新的机遇。然而，依此机遇下的乡村建设实践却亟待探索新的可能性。

建筑师董功设计的"三联海边公益图书馆"（2014—2015）位于河北秦皇岛昌黎县渤海湾岸线上的一个度假区。图书馆建筑功能定位的初衷，是一座贴近优美滨海自然环境的社区文化和娱乐休闲设施，建筑面积为450m²。图书馆的具体功能由一个主要的阅读空间、一个冥想空间、一个活动室和一个水吧休息空间组成。建筑通过经典的现代建筑空间语言、留有施工痕迹的清水混凝土界面、每个房间当中围合要素对于视线与身体的精确控制，表达出每个房间的物理和精神意图，来突显建筑空间与极端自然的海景之间的精神互动。"孤独、海岸与建筑、精神空间"等这些关键词通过网络媒体以几何倍数的增长传播，使得2015年开业以来数十万名读者已经慕名而来拜访，呈现出建筑设计对远离都市的荒凉地域释放出的巨大魅力。也许正是这样一种自然海景当中营造出的独特氛围，契合了这个时代当中一些十分凸显个性化的阅读心理，也折射出这个时代当中一次持久的"网红事件"[9]。

像董功这样的建筑师以及他的设计成果证明了乡村设计实践当中建筑设计保持高水平的重要性。因此，积极地利用乡村周边自然环境等条件，创造属于这个地域当中独特场所精神的建筑，是对当下这个互联网时代低成本"生产—复制"为主导的模式最充分的批评和回应。也正是这样的批判性视角，促成了乡村文化创意产业与互联网资源深度捆绑的乡村实践方式的一次成功实验。

三、结论

当我们再次回到一份《乡村报告》中的乡村建设现实问题时，一些直接或者间接面临这些问题且产出超越性回应的实践案例，实际已经呈现出面向乡村未来发展方向的重要启示。以地方传统乡村建筑文化的更新与创新为出发点的实践方式，利用现代化、工业化建造的经验和成果并加以适应性改造，乡村民居与自然环境之间高度整合的设计，乡村产业与互联网资源深度捆绑的设计，这些都是"未来乡村"发展中可资借鉴的实践方式。但仍应注意，即便是本文所介绍的成功案例，也只是我国多样化乡村发展路径下的一部分具有代表性的实践方式；建筑师应当在今后"未来乡村"的设计实践中，因时因地，探索更多的路径与方式。

对于未来的乡村建设而言，城市与乡村之间发展的差异性仍将继续存在，但是这并不意味着乡村建筑设计实践的水平永远低于城市。一些建筑师在乡村展开的具有代表性的实践方式和成果已经表明，"未来乡村"具有大量产出高水平设计作品的条件。事实上，乡村的一些特殊优势和挑战更能给建筑师们带来新的机遇；如果能够恰当地把握这些机会，相信一定能够创作出更多高品质的乡村设计作品。

注释

①雷姆·库哈斯（Rem Koolhaas，1944—）：荷兰建筑师，2000年获得第22届普利兹克建筑奖，OMA大都会建筑师事务所创始人，哈佛大学设计研究生院建筑学科教授。

②展览地点：纽约古根海姆博物馆；展览时间：2020年2月20日—2020年8月14日；展览内容：在由雷姆·库哈斯（Rem Koolhaas）和萨米尔·班塔尔（Samir Bantal）主

导的研究中探索全球性的乡村地区转变。本次展览主要分为五个部分。第一部分，综述：研究乡村重要性；第二部分，追溯到古代哲学中的乡村的重要性；第三部分，八个案例探究乡村早期以法国为代表的乌托邦式社会实践；第四部分，世界各地乡村发展方式的实例；第五部分，环境保护：关注气候危机的影响。此外，本次展览当中呈现的乡村调查研究的内容，是由库哈斯主持和执行。其乡村调查团队主体包括AMO以及在哈佛设计研究生院、中央美术学院、荷兰瓦赫宁根大学、日本早稻田大学和内罗毕大学等学校的学生们。

③格莱珉银行（Grameen Bank）诞生于孟加拉国，以小额贷款服务于穷人阶层，为较难获得贷款的群体开辟了新的贷款途径。30余年间，格莱珉银行小额信贷模式有效地解决了孟加拉国农户抵押担保不足的问题。格莱珉银行帮助了数以亿计的贫穷人口，是当今世界规模最大、效益最好、运作最成功的小额贷款金融机构。

④穆罕默德·尤努斯（Muhammad Yunus，1940—）：孟加拉国经济学家，孟加拉乡村银行（Grameen Bank，也译作格莱珉银行）的创始人，有"穷人的银行家"之称。

⑤白板（拉丁语：Tabula rasa）是一个认知论主题。在建筑学领域内，Tabula rasa的思想在1950年代开始盛行。对规划师和建筑师而言，Tabula rasa是一种"从零开始的状态"，富有浓厚的乌托邦色彩。1995年，雷姆·库哈斯撰写一篇题为《新加坡短歌行：30年空白板》（"Singapore Songlines: 30 Years of Tabula Rasa"）的著名学术论文，追溯新加坡独立后的城市更新进程。

⑥阿里巴巴旗下的淘宝网凭借进入门槛低、技术难度小、初始资金需求量少等优势，成为农民参与电子商务的主要阵地。也正因为目前农村网商主要是以淘宝网为交易平台，以淘宝电商生态系统为依托，人们习惯上将电子商务专业村称为"淘宝村"。本文所指的"江苏省淘宝村"为江苏省徐州市东风村。

参考文献

[1]钟念来.从城市到乡村——库哈斯新展" 乡村,未来所在"[J].时代建筑,2020(03):172-175.

[2]王澍,陆文宇.循环建造的诗意——建造一个与自然相似的世界[J].时代建筑,2012(02):66-69.

[3]张雨薇,范文兵.在地的建筑:乡村营造的几种路径分析[J].建筑与文化,2019(01):172-174.

[4]袁泽平,潘兵.乡村振兴背景下浙江省网红村产业发展策略研究——以富阳文村、东梓关村、望仙村为例[J].建筑与文化,2019(10):108-111.

[5]史永高.作为一种乡村建设路径的轻型建筑系统——徐州陆口村格莱珉乡村银行[J].建筑学报,2015(07):17-21.

[6]韩国日,夏珩,朱竞翔.尤努斯中国中心陆口格莱珉乡村银行 徐州 中国[J].世界建筑,2017(03):94-97.

[7]关暐盈.从构想到建构 建筑在中国现代农村[J].建筑学报,2018(12):29-35.

[8]林君翰,约书亚·伯尔乔夫,ZHANG Jingqiu.金台村重建项目 巴中.中国[J].世界建筑,2018(08):32-37+129.

[9]刘东洋,董功.泊在海边的图书馆——听董功谈三联图书馆建造体会[J].建筑学报,2015(10):33-39.

作者简介

张 维,上海大学上海美术学院建筑系讲师、硕士生导师；

沈真祯,上海大学上海美术学院建筑系硕士研究生。

未来乡村理念下乡村振兴策略初探
——以浙江省三门县坎下金村为例

On the Strategy of Rural Revitalization Under the Concept of Future Countryside
—A Case Study of Kanxiajin Village, Sanmen County, Zhejiang Province

姚正厅 李 瑜 朱灿卿
Yao Zhengting Li Yu Zhu Canqin

[摘 要] 本文从当前浙江乡村发展阶段出发，阐述了浙江未来乡村建设的内涵和意义，指出乡村发展的关键在于引导城乡要素双向流动，推动"三农"产业、空间环境、乡土人文等方面的可持续振兴。基于以上认识，本文结合坎下金未来乡村的建设案例，阐述了坎下金未来乡村在探索浙江未来乡村建设中的主要尝试，从发展定位和建设内容两方面展开，详细分析了坎下金未来乡村在"未来产业场景""未来邻里场景"和"未来建筑场景"中的实践探索。

[关键词] 乡村振兴；未来乡村；两进两回

[Abstract] Starting from the current stage of rural development in Zhejiang, this paper expounds the connotation and significance of rural construction in Zhejiang in the future and points out that the key to rural development is to guide the two-way flow of urban and rural elements, and promote the sustainable revitalization of agriculture, rural areas and farmers, space environment, local humanities and so on. Based on the above understanding, combined with the construction case of Kanxiajin future village, this paper expounds the main attempts of Kanxiajin future village in exploring the future rural construction in Zhejiang, and analyzes in detail the practical exploration of Kanxiajin future village in the "future industrial scene", "future neighborhood scene" and "future architectural scene" from the two aspects of development positioning and construction content.

[Keywords] rural revitalization; future villages; two in and two back

[文章编号] 2023-92-P-088

1.未来乡村"四化九场景"示意图
2.坎下金村区位及与周边镇村关系示意图

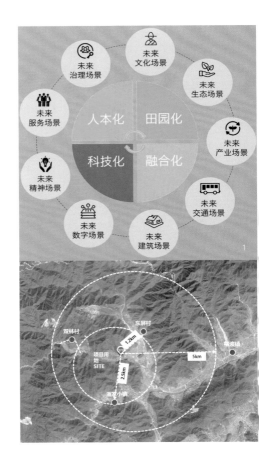

一、引言

中国共产党第十九次全国代表大会指出，我国的社会主要矛盾已经转化为人民日益增长的美好生活需要和不平衡不充分的发展之间的矛盾[1]。在推动共同富裕建设的背景下，乡村发展不平衡不充分的问题亟待解决。城乡发展不平衡不充分是新时期我国社会主要矛盾的具体体现，也成为了我国社会经济高质量发展的制约因素。因此，如何重新认识乡村价值，引导城市各类要素流入乡村，进一步推进乡村现代化建设，是新时期新发展思路下乡村振兴战略推进的重点。

浙江省在推进城乡共同富裕方面起步较早，取得成果较为突出。根据国家统计局发布的数据，2021年浙江省城乡人均收入倍差为1.94，已经连续34年位居全国各省（除直辖市）排名第一。浙江省乡村建设起步较早，资金投入量大，经验较为丰富，是我国美丽乡村建设的先行实践区。从浙江乡村建设的历程看，大致可以分为四个阶段：第一阶段从2003年开始到2007年结束，是基础环境整治阶段；第二阶段从2008年开始到2010年结束，是人居环境提升阶段；第三阶段从2011年开始到2015年结束，

是美丽乡村建设阶段；第四阶段从2016年开始到2020年，是美丽乡村建设深化阶段，同时也进入了全面乡村振兴阶段。

目前浙江省乡村物质空间环境建设已基本完成，已进入未来乡村探索阶段。浙江省委省政府指出，破除要素流向乡村的壁垒、打通要素在城乡间双向流动的渠道是推动全面乡村振兴、构建城乡融合发展格局的核心问题。在此基础上，2022年浙江省人民政府印发了《浙江省人民政府办公厅关于开展未来乡村建设的指导意见》，在全省启动未来乡村建设，重点围绕"原乡人、归乡人、新乡人"的需求展开乡村建设，探索实现要素在城乡间双向流动的乡村建设模式。

真正实现要素流向乡村需从正面直接回应当前以"城市建设"为主的社会发展体系，找出制约乡村要素流入的关键所在，从根本上解决问题。浙江开展的"未来乡村"是当前集中实践城乡要素双向流动的乡村建设行动。本文通过对浙江"未来乡村"第一批试点台州市三门县坎下金村未来乡村实践案例的阐述，对"未来乡村"建设模式的重点和难点进行分析，并提出在落实"未来乡村"建设中的相关思考。

二、未来乡村的内容要求

1.总体要求

　　未来乡村建设结合浙江乡村发展现状，突出为各类生产要素服务的核心诉求。浙江省政府发布的《浙江省人民政府办公厅关于开展未来乡村建设的指导意见》中强调，"以党建为统领，以人本化、生态化、数字化为建设方向，以原乡人、归乡人、新乡人为建设主体，以造场景、造邻里、造产业为建设途径，以有人来、有活干、有钱赚为建设定位，以乡土味、乡亲味、乡愁味为建设特色，本着缺什么补什么、需要什么建什么的原则，打造未来产业、风貌、文化、邻里、健康、低碳、交通、智慧、治理等场景，集成美丽乡村+数字乡村+共富乡村+人文乡村+善治乡村建设，着力构建引领数字生活体验、呈现未来元素、彰显江南韵味的乡村新社区"。

　　从总体要求可以看出，未来乡村体现出浙江乡村正在从"村落"走向"社区"，是"村改居"的高级形式，是一种通过乡村社区化来实现乡村现代化和乡村高质量发展的新路径。总体内容体现出未来乡村建设的三个重要方向：①依托乡村生态禀赋打造富有乡土特色的乡村产业体系，激活乡村沉睡资源。②依托乡村多元群体需求打造城乡融合的乡村社区场景，打通城乡要素流动的壁垒。③依托数字技术打造乡村社区公共服务体系，提升乡村社区治理水平。

2.工作体系

　　未来乡村的工作体系创新性地使用了"场景"的概念，将"人本化、生态化、数字化"的建设方向融入"九大场景"之中，并准确地界定的相关场景建设内容。文件指出，打造未来产业、风貌、文化、邻里、健康、低碳、交通、智慧、治理场景，并特别强调"缺什么补什么、需要什么建什么"的原则，避免乡村建设的不必要的浪费。

　　总之，未来乡村摆脱了过去"静态"描述建设要求的语境，试图打造可持续的以城促乡的发展状态，真正将乡村多元群体融入现代乡村社区的生活状态中。从内容上来看，未来乡村是通过引导要素流入乡村，对乡村的产业、人口、空间结构的重新布局和调整，其本质目标是构建产业集聚、人口集中、空间集约的乡村国土空间新格局，是一次当代意义的乡村社区更新行动。

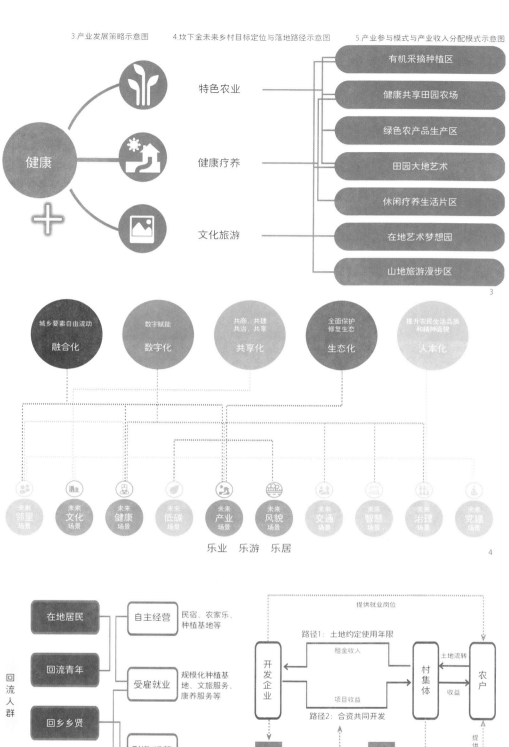

3 产业发展策略示意图　　4 坎下金未来乡村目标定位与落地路径示意图　　5 产业参与模式与产业收入分配模式示意图

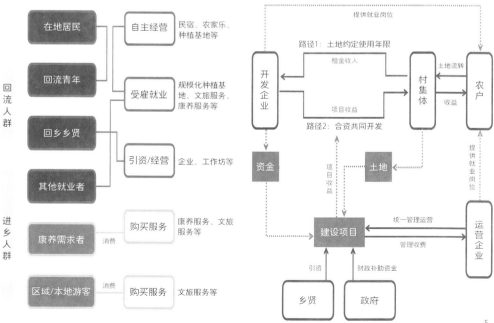

6-7.未来产业场景的空间布局图
8.坎下金村未来邻里场景总用地布局图

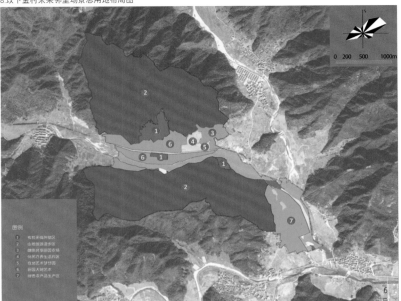

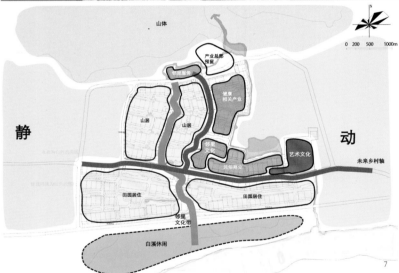

三、三门县坎下金村未来乡村实践

1.坎下金乡村振兴现状

坎下金行政村（包含坎下金、木里湾）在籍人口798人。其中，坎下金村人口657人，239户。坎下金村现有耕地面积62.08hm²，园地面积12.88hm²，林地面积288.23hm²，草地面积3.94hm²，滩涂1.56hm²，分布在四周的山地上。村民基本靠外出打工或经商获得收入来源。村中现有产业主要以农业为主，整体经济活力不足。较成规模的种植产业有猕猴桃和草莓，均为外界公司承包，非本村村民种植，其中包括三门县生益家庭农场。

2.坎下金乡村振兴发展机遇

坎下金村的未来乡村建设可以整合周边镇村，形成整体联动发展。坎下金村周边的横渡镇、铁强村、东屏村、潘家小镇、岩下村等乡村，资源禀赋各有不同且各有特色，通过坎下金村未来乡村的建设可以将横渡镇形成一个整体，打造以未来乡村为导向的共同富裕示范区。

坎下金村生态资源丰富，现有基础较好。坎下金村现有的刘氏宗祠、水库、古井古木、传统建筑、三门县生益家庭农场等特色农产品的资源优势，能够较好地对接城市优质要素，实施产业发展、旅游发展等设施共建共享与游线串联，实现城乡联动发展的目标。

3.坎下金村未来乡村建设内容

根据浙江省政府引发的《浙江省人民政府办公厅关于开展未来乡村建设的指导意见》的相关内容，坎下金村未来乡村建设本着"缺什么补什么，需要什么建什么"的原则，在明确坎下金村发展目标定位的基础上，重点围绕"未来产业场景""未来邻里场景""未来建筑场景"这三个场景内容要求进行打造。

（1）发展定位

以坎下金优良生态基底为依托，围绕"健康坎下金"主题，通过环境修复、村庄整治、产业构建、文化重塑、数字赋能等路径，强特色、优风貌、惠民生，将坎下金村打造成为以地域特征为基础、以共同富裕为目标、以健康生活为特色的乐业、乐游、乐居综合型未来乡村。强特色、优风貌、惠民生三大路线引领五化十场景建设，重点建设未来产业、风貌、文化、健康四大场景，其他邻里、低碳、交通、智慧、治理、党建六大场景作为基础场景补齐坎下金未来发展短板。

（2）未来场景塑造

① 未来产业场景

坎下金未来产业场景强调对生态资源的价值化开发利用，以大健康产业作为发展方向，通过对生态资源的价值化开发利用激活坎下金村集体经济，同时重视空间落地，科学布局乡村产业空间。

坎下金未来乡村以"健康+"为产业发展框架，以特色农业、健康疗养、文化旅游为细分类型，农业生产突出"绿色、有机、共享"，康养依托优质生态基底，文旅强化艺术魅力，构建乐业坎下金产业体系。坎下金村域共分为七个产业片区，分为有机采摘种植区、健康共享·田园农场、绿色农产品生产区、田园大地艺术、休闲疗养生活片区、在地艺术梦想园和山地旅游漫步区。

围绕坎下金村生态资源打造生态农业基地、生态果蔬产业等一系列生态产业化场景，为各种城市回流乡村的要素提供发展平台。第一，建立绿色生态农业基地，依托村庄良好的自然生态，严格按照绿色食品标准化技术和操作规程，大力发展无污染、有机绿色农业，生产出满足中高档消费需求的优质农产品。第二，提升特色种植、果蔬产业，改造提升现有草莓园和猕猴桃园，适当引进优质新品种，促进果蔬种植业发展，促进种植规模化、产业化经营，提升种植的综合效益。第三，引导设施农业与高效农业发展，引进温室种植等立式栽培，无土栽培高产技术等高科技农业技术，合理选择水果及蔬菜等种植类型，促进设施农业和高效农业的发展，提高农产品附加值。第四，优化组织模式，"以产引人"带动青年与乡贤回乡，吸引服务需求者进乡，依据坎下金特点，以"政企民"合作兴村方式形成多路径运营与盈利机制。

根据产业发展目标和定位，科学布局坎下金村产业发展空间，打造生产空间、体验空间和康养空间联动的产业布局体系。第一，采摘种植区以现有猕猴桃及草莓种植为基础，打造宜业宜游的有机采摘种植区。第二，健康共享田园农场邻近休疗养片区的农地，通过划片租赁的方式，形成"一宅一院一田"，打造健康共享田园农场。第三，绿色农产品生产区规模化绿色有机农产品种植，坎下金村农业种植主产区。第四，田园大地艺术水稻农田等艺术化种植，形成具有艺术气息的外部环境空间。第五，在坎下金居民点打造针对休疗养人群的休闲疗养生活片区，将健康资源资本化，成为健康产业重要板块。第六，在地艺术梦想园以文化地标为核心，构建在地艺术梦想园，打造共享艺术空间。第七，山地旅游漫步区以南北山坡为基底，有条件地形成部分山地漫步道，构建健康漫步体系。

②未来邻里场景

结合坎下金村的自然环境特征、现状用地布局以及村民正常增长的住宅诉求，以坎下金自然山水格局为基底，以舒适的现代乡村生活圈为主导功能，融入艺术乡建特色，打造高品质的乡村社区邻里场景。

合理布局坎下金人居空间，强化开放空间系统，提升社区邻里居住水平。坎下金村社区总用地面积62784m²，总建筑面积50333m²，其中公共服务设施总用地面积2450m²，养老公寓1788m²，康养总部5810m²。方案结合坎下金村的自然山水特征，打造了覆盖全部社区范围的公共空间系统，绿地和公共空间总用地面积1.03hm²，占总用地比例16.40%。

坎下金村的未来邻里场景营造中，注重坎下金的生态康养大公园的定位，以乡愁记忆和乡村社区历史文脉为基础，打造多元性、包容性和差异性的社区人居环境。体系化营造社区公共空间，通过公共空间体系将社区的各功能空间有机串联起来，配合民俗节庆活动、文艺表演、亲子互动等活动的植入，真正为坎下金的"原乡人、新乡人、归乡人"营造一个温馨舒适的社区邻里交往场景。

高标准配套乡村社区公共服务设施体系，打造社区5分钟和10

9.坎下金村未来邻里场景总平面图
11.坎下金村未来建筑场景中居住建筑形体设计效果图
10.坎下金村未来建筑场景中居住建筑组团效果图
12.坎下金村未来建筑场景中的社区邻里中心效果图

分钟生活圈。坎下金未来乡村打造以终身教育、健康生活方式、老有所依和商服便捷的全年龄段公共服务设施体系。在终身教育服务设施方面，坎下金社区专门建设了幸福大学、老年学堂，为老年人提供教育休闲服务。在健康生活方式方面，坎下金社区规划建设了以500m步行距离为半径的免费健身休闲设施，贯彻落实全民健身的国家战略，将中医服务体系纳入家庭医生服务序列，提供中医健康评估、中医健康教育等一系列中医服务。在老有所依方面，结合邻里中心，为老年人设立完善的养老机构和老年人服务设施，为老年人提供舒适安全的生活场所和服务设施。在商服便捷方面，坎下金社区结合社区文化中心和社区邻里中心的建设，统筹大产业和小邻里对商业服务设施的需求，引入优质生活服务供应商，打造社区商业服务设施。

③未来建筑场景

建筑是坎下金村人居空间的载体，设计在尊重当地传统建筑风格的基础上，打造自然、清新、简朴的浙东新乡土建筑。

坎下金村的居住建筑设计中重视对邻里关系的维护和重塑对对自然地形的回应。在建筑组团关系方面，各户型单元通过"三开间""两开间"的变化以及三层为主、二层为辅的方式有机组合，在还原了原有邻里关系的基础上，通过居住空间的设计实现了多层次空间的邻里互动。通过对居住组团的南北向错动关系的角度变化与地形地貌有机衔接，最终形成错落有致、多元统一、自然生长的组团风貌。

坎下金村建筑色彩从传统建筑中提取，注重对居民历史记忆的活态保留并传承。新建建筑以米白色为主体，配合浅灰色屋顶、毛石院墙，并以原木色为点缀色，整体营造出一种温暖的乡愁情怀。建筑色彩总体呈现整洁、素雅、灵动的视觉感受，配合周边自然生态以及山水背景，整体给人留下清新典雅、历久弥新的总体印象。

坎下金村的建筑立面及细部设计以浙东传统民居建筑特征为入手点，将营造乡愁与打造乡土人文精神场所结合起来。建筑设计从浙东传统民居的研究入手，将屋顶、横向大开窗、敞厅等传统民居的精髓运用到设计当中，通过比例调整、形式抽象、协调组合等设计手法，将传统元素再演绎，融入新乡土民居。

四、反思与总结

未来乡村并不是遥远的"乌托邦"，而是发生在眼前的"理想家园"。浙江的乡村建设经历了"千村万村工程""美丽乡村"和"历史文化村落保护利用"等一系列行动之后，浙江的乡村在基础设施、公共服务和村容村貌等方面已经在全国达到了较高的水平，在此基础上的"未来乡村"是真正在探索乡村美好生活的创新行动，对实现乡村振兴有重要意义。坎下金未来乡村是在引导生产要素重新流入乡村的基础上，通过合理布局产业空间、人居空间、设施空间进一步激活乡村产业和优化乡村空间，为乡村可持续发展提供了可参考的模板。在坎下金未来乡村不断建设完善的同时，对于乡村"生产、生活、生态"的可持续运营工作也在推进中，在当地乡镇政府的组织下，规划设计单位、高校、社会企业多方参与，共同促进坎下金未来乡村的可持续运营。

浙江的未来乡村实践，是对共同富裕和乡村振兴的实事求是的探索，其独特的场景构建方式也是乡村建设中值得思考的范式。

参考文献

[1]习近平 决胜全面建成小康社会 夺取新时代中国特色社会主义伟大胜利——在中国共产党第十九次全国代表大会上的报告[R] 北京 人民出版社

作者简介

姚正厅，上海大学规划建筑设计研究院副院长，上海大学建筑设计院国土空间规划与环境研究院副院长，注册城乡规划师。

李 瑜，上海大学上海美术学院建筑系硕士研究生。

朱灿卿，上海大学上海美术学院建筑系硕士研究生，通讯作者。

艺术乡建与许村实践
——兼论当代艺术与乡村节庆的共生之道

Art Village Construction and Xucun Village Practice
—The Symbiosis Between Contemporary Art and Rural Festivals

渠 岩
Qu Yan

[摘 要] 乡村建设在全国的深入开展，社会对乡村建设的筹谋划策方法和模式也越来越多元化。本文以许村长达十多年的历史文化保护和乡建为案例，介绍许村的乡建变化，阐释乡村从破败到修复，再到复苏的运作过程。

[关键词] 社火习俗；乡村文明；艺术节庆；艺术乡建

[Abstract] With the in-depth development of rural construction throughout the country, the social planning methods and modes of rural construction are becoming more and more diversified. This article takes Xucun Village's rural construction for more than ten years as a case to illustrate the changes of rural construction in Xucun Village in the past ten years, as well as how to restore the countryside from dilapidation to recovery.

[Keywords] Shehuo custom; rural civilization; art festival; art in rural construction

[文章编号] 2023-92-P-093

1.《权力空间》摄影作品（山西省广灵县南村镇沙泉村村长办公室）
2.《信仰空间》摄影作品
3.《生命空间》摄影作品

一、引言

从民国时期开始，乡村在现代化的进程中一直是一个被抛弃、被污名化的对象。但今天的乡村面临的已经不再是讨伐，或是仍停留于落后、封建和愚昧的修辞当中；相反，在资本、权力、话语和符号的交织下，乡村凭借着稀缺可贵的历史文化资源，被捧上了现代化救赎的"宝座"，转世成为了后工业时代的宠儿。

在热门的"乡村现象"面前，我们要意识到乡村的问题不是一两天形成的问题，而是一个百年危机，这种危机源自以礼俗构建的乡村共同体受到了

"反传统"的全面破坏。中国最初的城乡关系是相互守望的；一个人，当他在城市里达到了期望的社会价值以后，都要回到家乡，去实现自身的生命价值。但这样的双重价值，在乡村道德崩溃、人员出走、环境污染的多重打击下的今天，已呈现出原子化、碎片化的状态。

我从2007年开始做乡建工作，这个过程非常艰辛，乡村建设是一个系统、复杂、长期且艰苦的工作，需要汇聚不同主体的力量，才能持续地走下去。最初介入到许村，是源自我当代艺术家的身份。2000年后，我从绘画、装置、多媒体转向摄影，使用摄影作为当代艺术的主要媒介完成了自己

的创作转型，其中"人间三部曲"——《权力空间》《信仰空间》和《生命空间》，就是我通过实地探访中国的乡村而完成的作品；这不光描述了有关社会的空间，还向社会空间其本身进行了质问。作为当代艺术家的特质之一就是发现问题，但同时也还需要有解决问题的能力，也就是说，既需要也应当积极参与和寻找社会问题的解决途径。我们这一代人的生活经历比较特殊，我们还是有一些建设能力的，可亲自实践、自己动手。2007年，正好当时是山西省和顺县政协原副主席范乃文辗转找到了我，邀请我到和顺县给摄影爱好者讲课，并且到他的家乡看一看。他就是许村人，就这样开始了我对

4.许村全貌鸟瞰图　　7.许村多媒体中心实景照片
5-6.许村艺术广场实景照片　　8.许村艺术酒吧实景照片

许村的艺术乡建之路。

二、历史村落保护与艺术乡建的简要历程

许村，位于太行山北部的最高峰，海拔1300m左右，群山环绕。许村是一个千年的古村落，建村于春秋时期。经历了明清至民国，并且经历了从解放到"文革"时期，保留了其间各个年代的建筑，且有着清晰的历史线索。但同时也可以看到许村的破坏也是比较严重的，随着时间流失，老房子自然毁坏、遗弃，也有村民在盖新房，老房子被遗弃，呈现出颓败之势，垃圾遍地，新旧杂陈，看起来不伦不类。所以，我最先提出"创造新文化、救活古村落"这一有关许村保护与抢救乡村实践古村落的修复行动，称为"许村计划"。之后在许村成立了国际艺术公社，建立国际当代艺术创作基地，实现传统文化与当代艺术碰撞和对话，并逐步开始筹备艺术节。从2011年开始正式举办第一届许村国际艺术节，设置了每2年举办一次，至今已举办了十年，吸引了来自世界各地的艺术家进许村驻村创作和生活。自此，许村也正日益被世人所知并走向世界。

我在许村的实践是依据许村的历史、现实和发展现状而展开的，提出了以"救活古村落""艺术推动村落复兴"为目标的乡村建设理念。因为在许村仍留有一条较完整的明清老街，只是有些破旧的原住民建筑随时会有倒塌的风险；如果我们放任不管的话，原先的古村落风貌就会随之消失，因此如何将原先的古村建筑物进行加固，保护村落风貌成为了"许村计划"的重要问题。同样在许村也有一些几乎处于闲置状态的公共建筑，逐步积累于1950—1990年代，其中有长期未投入使用的学校和乡政府楼，还有如公共活动中心等相关的建筑物需要对其重新组织利用。所有这些看得见的问题，成为我当时介入许村首先要去直面和解决的非常具体的问题。后来就有了"许村国际艺术公社""许村艺术广场""许村当代美术馆"等这些空间修复及再利用的功能场所。当然，具体的运作执行不是我一个人，而是有一个包括政府部门、跨学科的专家学者、乡贤、村民等协同参与的群体。也恰恰是在这个群体的互动过程中，我采用了"多主体联动"方式来积极调动各方资源和力量。

三、超级对话——许村国际艺术节

1.关于"许村国际艺术节"

到目前为止，我们已经连续举办了五届"许村国际艺术节"，先后跨越十年的时间，已然深得人心。许村国际艺术公社社长范乃文说："我们村，包括和顺县，新中国成立以来60多年没有来过外国人，更不用说要在这里住了。""我们县城电视台从建台以来，电视上没有人说过英语。我把我们的采编团队派到许村20多天，采访艺术家，收视率特别高。"和顺县宣传部李正东说。如今见过大世界的许村村民更是自豪地说："在许村，我们有两个节，一个是春节，一个是艺术节。"同样，对受邀参加过艺术节的艺术家、学者而言，他们纷纷表示，许村给他们留下了非常难忘的记忆，每每夏天就会不自觉地想起在许村驻留的美好时光。能有这样的效果，是来自我在一开始对"许村国际艺术节"的设置区别于一般的艺术活动和嘉年华，我们设置了非常多的驻地项目，开展了"超级对话"。一方面，让这些来自世界各地的艺术家们、跨学科的学者们通过驻留，了解在地文化，激发他们的创意创作；另一方面，通过这些跨学科的专业人士的介入，也让许村的社会实践在各种学科交叉维度下具有了多元化、可持续化发展的意义，反过来指导和推进我们的乡建工作，也让我们的实践更加贴近乡村现场，所以"许村国际艺术节"的内容远远超越了一般意义上的艺术活动。它因地制宜，用艺术激活了乡村，用文化改造了乡村，使乡村在现代社会中复活。经

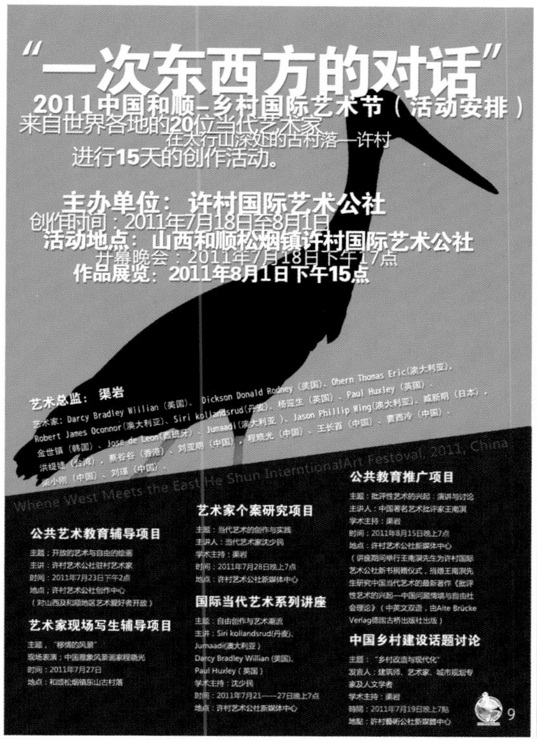

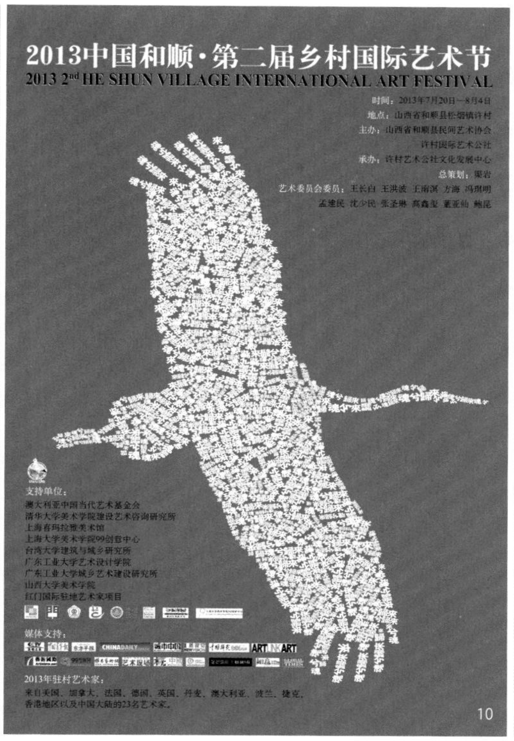

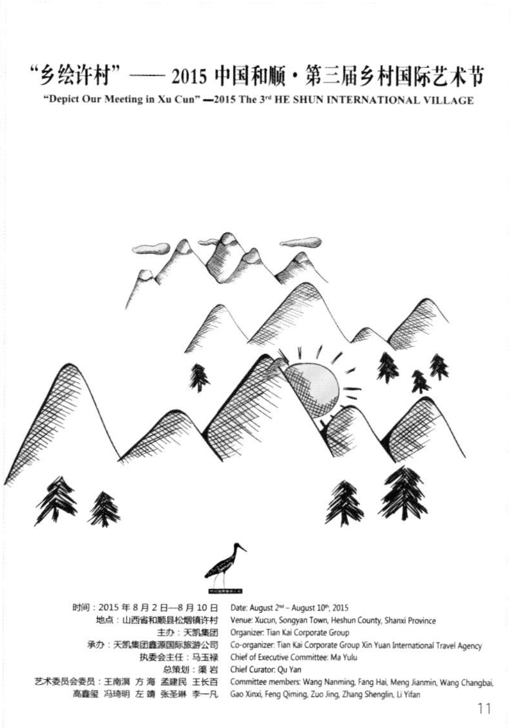

9.第一届许村国际艺术节海报　10.第二届许村国际艺术节海报　11.第三届许村国际艺术节海报

过十多年的努力，我们共同见证了从凋敝的许村到日渐复活的许村，既艰难曲折，又值得欣慰。可以说，许村既是中国艺术乡建的起点，也是见证中国艺术乡建从无到有的发展历程，还是打开中国乡村文明与世界文明联系的桥梁。

通过艺术介入许村，不但为许村注入了活力和创新，还能唤醒村民对自身所处环境的空间、历史以及周边的人群，产生好奇心和觉察力，并保存多元、包容、互助的核心价值观。许村犹如一个开放程度极高的平台将艺术加以重构，将社区的人际关系重新组织，唤醒社区成员对于文化的回忆和自身社会身份的认同，同时也让村民在许村修复的过程中，重新找回对自己民族文化以及家园的认同感，重新唤起对家族和宗族的尊敬和荣誉感，以此来规范和确立自己特有的道德规范与行为方式。

“许村国际艺术节”每两年举办一次，十年来，共邀请了来自中国、美国、法国、英国、意大利、印度、日本、西班牙、韩国、哥伦比亚、加拿大、丹麦、澳大利亚、捷克等共计100多位国内、国外的知名艺术家，为许村留下了200多幅当代艺术作品。如和顺县许村国际艺术公社社长范乃文说：“这在北京、上海不稀奇，可是在我们这个太行山的小山村里，是很可观的。”确实，200多幅当代艺术作品的价值不可小觑，但是留给许村村民更为重要的是一段非常宝贵的国际当代艺术史在许村发生的史学价值，以及当代艺术走进大众生活的美学价值。艺术节除了触及艺术层面，我们更关注的是用艺术触及社会底层的人文关怀，以及用艺术节撬动和联系社会各方资源的行动。我们尝试深入挖掘许村的历史文脉，并从中找到连接当代人文的价值，最终达到指向对“家园”价值认可和回归。所以我们谨慎设置每一届艺术节的主题，同时，让每一届都包含非常丰富的活动内容，诸如国际艺术家驻地创作，民俗文化参观，中西艺术家、文化学者的交流与研讨，许村儿童教育，驻地创作交流展等内容。试图让其渐次触及社会、乡村、人文等多方面的问题意识，正如每一届艺术节主题及对主题的阐释。

2.2011年“一次东西方的对话”：第一届许村国际艺术节

首届许村国际艺术节为期15天，我邀请了二十多位享誉世界的知名艺术家驻村创作交流。艺术家们从世界各地来到许村，在这个位于太行山中的古村落里身临其境地感受中国鲜活的历史脉络以及民风民俗，在此特殊的文化背景之下，产生全新的感受，进行全新的艺术创作，促进时间维度与空间维度的融合碰撞。这样的许村之旅体验了跨国之间的文化与交融，是一次对于中国特色的区域文化走向当代和世界的可持续发展的路径探索，是一项关乎如何建设社会主义新农村的新文化发展方向的社会总体项目。

本届艺术节当中，我们以许村为抢救古村落的典型，对许村进行保护与再造，不仅仅重视了对历史遗存这一物质空间的保护，更是确立了一系列的文化形态和再生的机制，并进而对非物质的文化遗存以及村落民居进行了保护，在农民生活水平提高、居住环境改善以及村落民居和历史遗存的保护之间找到了一个合适的平衡点。

3.2013年“魂兮归来”：第二届许村国际艺术节

第二届许村国际艺术节除了继续邀请国际国内的二十多位艺术家来许村创作以外，更邀请了国际和国内的文化及艺术团体和艺术基金会、乡村建设的专家学者、电影人和摄影家，艺术批评家及文化研究学者到许村演讲和交流。

艺术节的主题取自屈原的诗作“魂兮归来”，意欲唤醒中华民族优秀的魂魄，中华文化的传统精神仅存于乡村，为了在乡村重新燃起我们民族不息的香火和维护神圣的家族尊严，在乡村当中举办艺术节，目

12.第一届许村国际艺术节开幕式现场照片　　14艺术家墙绘作品实景照片
13.艺术家和许村孩子一起观看开幕活动现场照片　15艺术家指导许村儿童绘画创作现场照片

的就在于追寻乡村理想，召唤民族中的神性与人性，重组现代健康且文明的社会生活，完成中华民族复兴。

4.2015年"乡绘许村"：第三届许村国际艺术节

许村国际艺术公社是一个与乡村主体和家园重建交互成一体的当代艺术创作基地。它不仅是一个探讨乡村文化重建的实验地，一块质询和守护文化主体性的场所，还是一片与自然、神灵、他者以及世界进行开放性沟通和交汇的精神栖息地。2015年的许村国际艺术节继续秉持"许村宣言"对乡村文化主题重建的理念，将重建乡村精神共同体的主旨延续到乡村在地艺术的互动和实践中。

本届艺术节在年度节庆式的仪式时空中启用"绘画"这一古老的符号语言形式，通过每个人的心手交互来重新唤醒土地、祖先、万物和雨露；将每个人关于乡土、村庄、家园、故乡的回忆、情感和想象，以颜色、线条、形状、笔墨在村落壁面起舞的方式，链接村落内外的天地、人神、万物和他者，将一切关于美好与生命期盼都汇入到许村空间的有神角落。许村的子孙也通过"图绘"的方式，将自己独特的心灵图式和历史记忆投射到家园的公共圣地上，从而与村落的祖先和神灵进行垂直式的语言交流；同时，许村祖先和神灵的荣光也因有了子孙和世界的沟通而继续生气昂扬。

5.2017年"神圣的家"：第四届许村国际艺术节

如果说中国信仰由血脉传续来实现，家便是神性的出发。即便在当下的乡村日常生活中仍渗透着旺子信念，血脉传承依旧是维系家园、宗族和家庭的最后底线。百年激进的社会运动，虽动摇了乡村社会的家族根基，并带来社会失序和个体迷失的严重危机，但血脉信仰却是顽固的文化基因，它仍然在剧烈变革的社会中存在。

在大国崛起的时代和一个支离破碎的世界中，我们究竟需要怎样的家园？而这样的家园又如何抵达？将静态的、有边界的和人类知识中心的"家园"，转译为多元生命的"交合仪式"，用带诗意的爱恋向不同的生命形态发出"邀请"——邀请往来于天地的亡灵、呼吸和乐音，呼唤生态网络中共生的生命伴侣，并在节庆时空和游戏氛围中摆脱丛林终结者的恶习，就像在圆圈舞和酒神狂欢中忘我地将己身托付给外部、他者、它物，用聚会、对歌、祭献和悲剧的情怀向宇宙献出，渐入与万物相亲相爱的融汇之境。

6.2019年"庙与会"：第五届许村国际艺术节

第五届许村艺术节的主题是"庙与会"，它计划在许村庙会期间举行，以强化和延续许村在地之文化脉络与传统。换句话说，它意图在地方民众及政府带领下，让不同的文化实践者共同参与到许村的庙会活动中，以体会许村的信仰空间、伦理道德与传统风格，并学习地方传统之世界秩序，特别是个人与祖先、圣贤及万物的交往之道。比如：敬奉祖先、纪念前贤、歌颂爱国志士与民族英雄、赞美忠臣贤孝之人……可以说，这些在今日许村村民眼里仍是顺理成章的事，也是他们为人处世的价值支撑。而这样的习惯，在人心惟危、道心惟微的当下显得尤为可贵。在此意义上，可以说许村有必要和资本通过国际艺术节来彰显许村传统在当下所具备的文化自信和珍贵价值。此外，今年艺术节会依据地方民众期待被关注及与外界交流的诉求，继续邀请国际、国内艺术家来许村贡献和分享他们的才智、热情与经验。此外，此届艺术节还将邀请国际、国内的艺术团体、艺术基金会、专家学者到许村进行交流，以集结更为多元的力量、资源和关注。

"庙"是中国地方信仰活动的空间载体，"会"是各界力量汇集交融的文化方式。而庙会作为乡民公共活动的神圣之所，将世俗生活中渐次走失之力量、关系、情感及情谊，通过"在一起"才能发生的民俗信仰生活来修复，并从中更新人物、人神和人与人的关系，尤其是修缮诸关系间的节奏，让不停蔓延的意义附着其上，生长出多样且共生的情感链接及认同。

四、艺术乡建的影响

许村从启动"艺术推动村落复兴"和"艺术修复乡村"的社会实践，开始了对中华文明本体的探寻和溯源。通过举办国际艺术节，用艺术节庆来确立日渐凋敝乡村的自信。这些活动联结了乡村、社区与地方的发展，艺术家的初期参与以及地方对于知识的重视，使得许村获得了众多资源永续的经验。

邀请来自世界各地的艺术家在许村进行交流创作，达到了意想不到的惊喜和碰撞。他们带着自身的文化背景来到许村，真正感受到中国人鲜活历史标本与延续的生活状态，体验到中华民族传承下来的民俗生态传统和生活方式，为本地区带来深远的影响和积极的意义。中国本土艺术家的驻村和交流，也获得了从传统重新出发的机会和勇气，在不断受到全球化影响和外来文化的冲击后，中国的艺术家也意识到了"中国性"建构的核心价值和本土意义。本土艺术家和国际艺术家的交流，能直接获取不同文化背景下的新鲜独特的审美和文化体验，促进艺术家之间的文化认同和交流，进而激发艺术家潜在的创新意识和创造能力，促进在不同文化背景下的新话语空间的有机对话。

这样的沟通意义也同样适用于许村村民。我们通过举办许村儿童助学计划，给乡村孩子们带来了自信和希望，也从某种程度上弥补了中国乡村教育资源在偏远山区的不足，让乡村儿童从小接触艺术、音乐、英文等，拓展儿童心智发展，为他们的未来埋下多样化发展的可能性。同样，在这些过程中，我们也发现了许村的村民画家——王仲祥（他是个听力障碍者）以及一些民间剪纸艺人。这样做既能恢复村民的自信，也增加了他们的收入。

我们将许村作为一个文化平台，来讨论中国百年社会变迁中乡村存在的危机以及出路，重新解读乡村的重要性，以及乡建的紧迫性。当艺术成为一种实践行为或是社会行动介入乡村时，其本身和审美范畴就变得相对次要了。艺术是让乡村苏醒和恢复人的生命感觉的有效途径。我发起保护古村落乡村文明，成立"许村国际艺术公社"，撰写《许村村民文明手册》。身体力行带领村民在村里捡垃圾，唤醒村民对身处的环境的关注，对家乡的热爱以及文明生活习惯的培养，再到吸引更多的艺术家和有志于乡村建设的朋友积极参与，向全社会发起以抢救和保护古村落的《许村宣言》，再将"创造新文化，救活古村落"的概念注入许村，以及一系列的乡村重建家园救助和儿童助学计划等。这些艺术活动重塑了许村，为许村的历史空间文明重生找到了新的文化原动力。

艺术乡建介入许村，重要的并不是艺术本身，而是乡村与艺术之间的关系开始建立，从这时开始，艺术即将潜移默化地影响普通村民，影响他们的生活和行为，是重新恢复人与人之间相互关系的开始。艺术的确不是简单地着眼于自我创作，艺术也不仅仅是被限制在艺术史和艺术审美的情趣之中，而是一个艺术实践，我们也从中看到了当代艺术之所以区别于传统艺术，是因为它具有文化启蒙和公民教育，以及社会干预和预警的意义。许村就是将社会环境作为艺术参与的文本，它有效地成为艺术家的决策力和行动力，变成社会实践以及供大家讨论的话题。

由此可见，"乡村"在此作为艺术行动的主体和艺术行为发生的主场而在。在"乡村"这块文化空间中生长与发生的历史记忆、文化传统、诸神崇拜、日常生活与情景发生的艺术，便是以"乡村"这一复合并生长着的文化空间，以及在地的村民为文化主体之审美互动行为和情感表达来体现的。纵观每一届"许村国际艺术节"的主题，都有着对时代命运、社会文化、人文关怀等命题的阐释，这些不变的背后逻辑指向都是关乎"中国文明""乡村文明""家园回归""个体生命"等根植于许村自身已有，但未被重视的内容。仔细反观这些命题不仅是许村人要去找寻，同时也是处在当下社会中的

SACRED HOMELAND

16

17

18

19.艺术家杨迎生与村民交流现场照片
20.村民观看艺术家创作现场照片
21.许村庙会现场照片

我们每一个人都要去深刻反思的。

五、当代艺术与乡村节庆的共生

"许村"举办艺术和节庆，将乡村这一地方与更为宏观的区域、世界形成互动的关系，艺术在其间连接人与人的关系，并且影响着许村的社会网格、村民的日常生活和处世态度。也通过"许村"重新修复了人与人之间的关系，也重新找回被长期的社会改造而疏离的情感关系。这也是许村的价值和意义所在。

社会条件的不充分以及我们刻意的行为让许村并没有成为当下所时兴的旅游村，也没有成为外来艺术家迁入的聚居地，让许村依旧属于许村人，并且延续其村民一贯的历史和生活方式。既能避免单一的经济发展，也能避免外部元素过多介入带来的不适应性，符合乡村自身的运行逻辑和规律。

通过"许村国际艺术节"的举办，我们深刻感受到了北方传统文化习俗中非常重要的一个活动——社火，在人们生产生活中的重要性。我们知道，社火是汉民族传统文化的一部分，起源于中国上古祭祀活动。因为在原始社会中，先民无法抗拒自然的生死现象以及其他不可抗拒的自然力量，也无法理解其内在的科学因素，因此只能信奉一些超自然的力量，自我创造出各式各样的神。农耕文明的产生让土地成为了村民所依靠的生存基础，于是一些保佑风调雨顺、农作丰收以及驱鬼逐疫的祭祀性活动应运而生，"社火"习俗便是在此种情境下产生的。

社火是村民在周而复始、繁杂琐碎的日常生活、生产中抽离出的具有约定俗成的，一个基于共同情感而维系的共同体的体现，是人们表达喜庆欢乐和崇仰敬拜、情感寄托和信仰的重要方式。社火的表现形式中包含了人文伦理，也包含着历史文化，其具有的社会化基础以及广泛性让其他民俗文化的表现形式不可比拟。因此，人们在节庆狂欢中获得了情感的释放与满足，在社火中完成了世代沿袭相传、具有高度仪式化和功能化的精神诉求。社火对乡村而言，体现了人民的生活与生产、观念与认知、智慧与审美等多方面，是一个人们对身份、族群文化的认同感和归属感的重要体现。

在许村亦然如此。每逢春节和艺术节期间，村民表演的"舞狮子""二鬼摔跤""打铁花"等传统习俗就是社火的集中体现。尤其在2019年第五届许村国际艺术节，我们还恢复了中断几十年的"后土庙会"的祭祀活动——这一对"地祇"的祭祀是直接将土地自然与人们的生产生活方式相连，表达人与自然的对话关系。无论对于远古的农耕时代，还是至今仍靠土地养活的人类，这都是我们安身立命的重要命题。我们遵从先民流传下来的庙会仪式、重启许村祭祀信仰空间，用以强化和延续许村在地之文化脉络与传统。我们与许村村民一起和来自国内外的人们，体验许村农耕社会的质朴民俗风情的同时，感受华夏文明对土地的尊崇与敬畏，在今日的许村大地上祈求风调雨顺，同远古时期的先人们一样表达着最朴素、最真挚的人与自然、与万物之间的和谐关系。尤其在面临后疫情时代的今天，在人心惟危、道心惟微的当下，它成为反思并修正人们行为方式的指导。社火、庙会是中国乡村文化的特殊形态，它作为乡民公共活动的神圣之所，发挥着将世俗生活中渐次走失之力量、关系、情感及情谊唤醒的作用。

由此可见，节庆是一场特定群体在特定时间和特定公共空间里完成的同一价值诉求的仪式活动，从这个层面上，节庆与当代艺术的公共诉求不谋而合。当代艺术打破了传统艺术的诸多限制，尤其是公共艺术的开放性、公开性和由公众自由参与，它已经成为一种集体或群体的空间文化精神诉求。当节庆面临着被城市化进程等多种原因侵蚀，当我们的传统节庆活动也染上了"城市病"，变成嘉年华狂欢、"文化搭台、经济唱戏"时，这些都让节庆最终以消费文化和娱乐经济为导向，丢失了传统文脉精神。面对这样的情境，我们可以从当代艺术中找到正确对待传统节庆、民俗活动接续的方法和路径，以当代艺术激活传统节庆，续接传承，让传统节庆依然可以关照当代人的生活世界。这也就是我们做许村社火的重要意义所在。

节庆和民俗活动是乡村生活生产、社会交往的重要载体。当代艺术与节庆的结合是基于共生关系，他们都是对过往生活、社会等经验的判断集合，提供一种处理人与人、人与自然、社会关系的认知，进而指向去探讨关系美学中核心的形式指向——"协商"与"共处"。当代艺术因其自身所具备的创造性可以潜移默化地影响和改变节庆因受制于"地方性"和种种"约定俗成"的困境，融合当下社会生活现实，打开新视野，重新连接关系。这也是今天我们去面对乡村演变，重启乡村价值回归的理念之所在。通过当代艺术的表达，通过节庆和民俗活动的恢复和释放，重建感知、理解能力、激发创造能力。这背后就是我们讨论的"社会转向"和由此带来的人们生活的空间布局和交往方式的改变，去弥补乡村价值缺失的意义所在。

"十里不同音，百里不同俗"，我们用节庆的方式叩开这座位于太行山腹地的千年古村落许村，以举办国际艺术节的方式为许村注入中国与西方、传统与当代的文化交汇碰撞。正如许村那熊熊燃烧的社火般，让许村在热闹非凡的节庆中绽放。在此意义上，艺术介入乡村便超越了治理意义上的乡村建设，而指向用善美的行动消融现代性分裂，用神人共舞及众人欢腾之力，修复此世与彼岸、处境与追求的共同体精

神。这是艺术家基于"文化理解"意义上的介入，通过艺术家身体力行的方式来"融合"乡村，重建乡村的"情感"共同体。

六、结语

我们举办国际艺术节，邀请艺术家、学者来到许村，打破"血缘和地缘"造成人际之间的远近亲疏。我们恢复传统社火、节庆习俗，让村民点燃传统民俗文化之火，将乡村文化与现代文化融合，历史文化与前卫艺术交融，国内艺术与国际艺术碰撞。这些活动更是一场跨越地域、文化的超级对话，通过在乡村、在一起，产生人类情感共鸣。换言之，这就是我们想要复苏的中国乡村，这才是一个有精神、有灵魂、有朝气、健康发展的乡村社会。

常常有人问我，艺术介入乡村，是艺术重要吗？我认为重要的并不是艺术本身，更不是审美范畴，而是在艺术家感召下，成为一种社会行动。正如博伊斯的"社会雕塑""人人都是艺术家"的理念一样，是我们在塑造社会过程中所具有的创造性和参与性的一种社会介入行动，只是在介入的过程中，艺术是最能直击人心的方式，也是能让乡村苏醒、信仰回归和恢复人的生命感觉的有效途径。因为艺术还兼具了文化启蒙教育的功能，这是源自艺术本身是可以不受制于任何学科知识背景的限制、不受制于任何个体的差异限制，只要随心所欲就可以自由挥洒艺术，所以在创作艺术的过程中，不自觉地就培养了人们对周围世界的感悟力、思维敏捷的想象力、情感充沛的共情力等。这对在乡村建设中调动多主体的积极性发挥了重要的作用，这也是我一直强调的艺术乡建是区别于大刀阔斧、简单粗暴的社会治理和仅仅满足温饱或发财致富的经济路径，而产生的第三条乡建道路。它是用情感融入和多主体互动的温和方式建立"情感共同体"，使乡村社会整体复苏，以缓慢的方式修复乡村完整的天地人神世界，让乡村自治权利的复归，在地关系的重建与礼俗香火的延续，完成对家园及生命价值的回归。

作者简介

渠　岩，艺术家，广东工业大学城乡艺术建设研究所所长，广东工业大学"百人计划"特聘教授，硕士生导师。

22.艺术家与村民共欢现场照片
23.民俗活动现场照片（打铁花）
24.民俗活动现场照片（舞龙）

非遗传承助力乡村振兴的路径探索

Exploration on the Path of Intangible Cultural Heritage Inheritance Contributing to Rural Revitalization

章莉莉 刁秋宇
Zhang Lili Diao Qiuyu

[摘 要] 乡村生活所保留的非物质文化遗产项目，蕴含着农耕文明的智慧和思想，其传承对于提升现代乡村文化软实力具有积极作用，具体表现在留住人口、吸引游客、引入订单、文化繁荣等方面；在高原牧区乡村，当地传统工艺在生态保护及增收就业方面亦可起到积极作用。在新时代文旅融合发展的背景下，非遗成为了乡村振兴的文化财富，通过非遗文创生产、青年民宿建设、民俗节庆体验等路径，能有效激活乡村文化活力和促进乡村全面振兴。

[关键词] 非遗传承；乡村振兴；传统工艺；文旅融合

[Abstract] The intangible cultural heritage projects retained by rural life contain the wisdom and thought of agricultural civilization. Its inheritance plays a positive role in improving the soft power of modern rural culture, which is embodied in retaining population, attracting tourists, introducing orders, cultural prosperity, etc. In the villages of plateau pastoral areas, local traditional crafts can also play a positive role in ecological protection and increasing income and employment. In the context of the integrated development of culture and tourism in the new era, intangible cultural heritage has become the cultural wealth of Rural Revitalization. Through the creation and production of intangible cultural heritage, the construction of youth hostels and the experience of folk festivals, it can effectively activate the vitality of rural culture and promote the all-round revitalization of rural areas.

[Keywords] intangible cultural heritage inheritance; rural vitalization; traditional handicraft; integration of culture and tourism

[文章编号] 2023-92-P-100

一、非遗传承与乡村生活的关系

中国共产党第十九届中央委员会第五次全体会议提出，"十四五"规划时期要全面推进乡村振兴战略。乡村生活中所保留的非物质文化遗产项目，反映着当地的人文思想、民俗节庆、传统工艺、休闲娱乐、生产生活等，蕴含着农耕文明的智慧和思想。乡村文旅融合发展是乡村振兴的重要战略；非遗保护与乡村文化息息相关，乡村振兴与非遗传承之间存在着相互促进、共同发展的关系。

在2018年公布的国家《乡村振兴战略规划（2018—2022年）》包含了"繁荣发展乡村文化"的主题，提出了"弘扬优秀传统文化、丰富乡村文化生活"，以及"保护利用乡村传统文化、重塑乡村文化生态、发展乡村特色文化产业"等具体要求。2021年公布施行的《中华人民共和国乡村振兴促进法》，其第三十二条提到了"各级人民政府应当采取措施保护农业文化遗产和非物质文化遗产，挖掘优秀农业文化深厚内涵，弘扬红色文化，传承和发展优秀传统文化"。此外，迄今住建部和国家文物局已经公布了七批"中国历史文化名镇名村"，其中包含乡土民俗型、传统文化型、民族特色型等五种类型，均与非遗传承息息相关。

从一定意义上讲，中国传统农村生活的方方面面都是非遗项目的存在方式。《孟子·梁惠王上》中描述"五亩之宅，树之以桑，五十者可以衣帛矣"，可见乡村手工艺是传统农业社会的基本生活方式。费孝通在《江村经济》中记录了传统乡村中农民职业分化的情况[1]，除了农业之外，还有一批专门职业，其中传统手工艺相关职业占据了大半，比如纺丝工人、织工、木匠、篾匠、银匠、鞋匠、磨工、裁缝、泥水匠等。在今天江浙地区的乡村中，这些传统工艺仍有保留和传承，同时也面临被现代工业产品逐步替代的困境。在一些中西部地区乡村中，传统工艺面临着多重困境。受到乡村人口迁移和现代化进程发展影响，包括地震、洪涝等自然灾害的发生，独特多元的民族传统工艺在一定时期内发生锐减。在专家学者的呼吁下，在政府倡导和社会关注下，目前乡村传统工艺的记录保存、建档立制、人才培养、公众普及、转化设计等方面都有了全面进展。

根据联合国教科文组织《保护非物质文化遗产公约》[2]文件，非遗的五大门类都与乡村生活相关。比如，格萨尔、玛纳斯、彝族克智等属于民间口头传统和表现形式；侗族大歌、皮影戏、鹰舞等属于民间表演艺术；傣族泼水节、布依族三月三等都是民族村落独特的节庆活动；二十四节气是安排农业生产和民俗祭祀的时间历法，是乡村生活智慧的体现，属于人认知自然和宇宙的知识和实践；木版年画、剪纸刺绣、土布织造、竹编藤编、金属锻造等传统手工艺，都是乡土生活中不可或缺的生活方式。

非物质文化遗产在乡村中的保护传承工作对当前乡风文明建设具有重要意义，在留住人口、吸引游客、引入订单、文化繁荣等方面具有促进作用，如何做好传统文化和现代生活在乡村中的连接则是当前面临的挑战。

二、非遗文创牵动城市与乡村协同发展

在"十三五"规划期间，非遗助力精准扶贫工作获得了广泛的社会响应，并取得了较大的经济社会价值。文化和旅游部非遗司在全国设立了14个对口援建型传统工艺工作站，并在贫困村镇设立1000余个"非遗扶贫工坊"，以帮助当地居民通过从事传统工艺增加收入。例如，我们在2019年的田野考察时得知，广西崇左的壮族村落里从事壮锦织造的妇女平均每月能增收4000元左右。"壮锦堆得高、生活过得好""手艺进家，妈妈回家""在家背着娃，绣着花，养活自己养活家"等都是非遗带动居家就业和扶贫增收的生动写照。非遗扶贫帮助乡村地区逐渐恢复了传统工艺生态，培养了一批用勤劳双手致富的传承人群，对非遗活态传承起到了关键性作用。

进入"十四五"规划时期以后，以乡村振兴战略为指引，乡村文化资源如何挖掘？如何与城市资源形成优势互补和协同发展的格局？这些问题的解答至关重要。"非遗扶贫工坊"面临的最大问题，就是因缺乏设计导致的"产品走不出去"的问题，以及伴随而来的因缺乏订单导致"无法存活"的问题。因此，好的设计是乡村地区最为紧缺的当代智力资源，而城市往往是创意人才及品牌企业的聚集地，通过传统工艺在材料技术和应用拓展方面的设计，能有效帮助传统工艺融入现代生活，形成多层次的非遗文创产品。此外，城市提供了非遗文创广阔的销售市场，可为乡村非遗提供可持续的订单。另一方面，乡村具有非遗传统工艺独特的自然条件，例

1-2 大竹灯系列产品研发过程现场照片　　　3. "一路欢歌" 藤编凤凰自行车实物图

如竹编技艺大多聚集在四川省、浙江省等竹产地，黑陶制作技艺大多集中在黄河中下游优质黏土产地。此外，中西部少数民族地区妇女大多擅长刺绣和织造，因此织绣类订单适合放在当地，经过短期生产培训和科学规划组织，可望形成当地 "一村一品" 的特色，从而带动乡村特色产业发展。

2017年，灌木文化为新疆哈密绣娘研发 "哈密刺绣耳机"；2018年，开物成务推出 "喜上枝头" 湘绣蓝牙音箱系列；2019年，新年自然造物推出 "五虎临门" 刺绣香囊布老虎礼盒；2020年，上海公共艺术协同创新中心（PACC）推出 "竹报平安" 哈氏点心竹编礼盒篮、"一路欢歌" 藤编凤凰自行车、大竹灯系列产品等，都具有共同的运作方式和目标指向，就是创意设计、市场销售、后期制作在城市，传统工艺生产制作在乡村，从而逐步形成稳定的传统工艺订单和紧密的城乡协同机制。

在乡村传统工艺中，食品制作类的非遗项目较为丰富，且销量最大。在文旅融合的思路下，每个村镇都应有各自的特色产品，特别是历史文化名镇名村。这些村镇大多丰厚的历史文化、名人故事、传统工艺等，也有接地气的各类美食土特产。如何基于乡村资源，创意性地整合文化元素和民俗食品，是激发乡村活力的一种方法。比如 "手工艺+民俗食品" 礼盒设计，可以让食物有文化，也让传统手工艺找到销售搭档。比如，江南地区的 "剪纸+蹄髈" "土布+松糕" "草编+粽子" 等搭配，都可以形成新的非遗文创产品，自然造物在端午节推出的浙江遂昌 "龙舟长粽" 的销量惊人，同时也为当地培训了上千名包粽能手。

三、乡村民宿等新兴乡村空间成为非遗传承新窗口

当代乡村正面临着很多问题，而空心村现象则尤为突出。乡村需要留住人，特别是留住青年人。如何吸引更多青年人来到乡村生活工作，需要更多政府扶持和外来力量的帮助。乡村振兴的主体包括乡村生活中的 "当地人" 和 "外来人"。所谓 "当地人" 是农民和返乡建设者，所谓 "外来人" 是投身乡村的挂职干部和社会人员，包括拥有田园理想的文化艺术群体及青年创业群体等。外来人带来了乡村发展的动力和活力，带动当地文化旅游事业的发展。曾几何时，回归乡村田野生活开始成为文艺青年群体的向往，历史上 "采菊东篱下" 陶渊明式的田园生活，以及魏晋时期隐于乡野的文人生活状态，成为现代青年独立思考和选择的生活方式。

第一，乡村民宿为村落提供现代化转型，吸引外来游客进入乡野生活，促使当地得到发展的模式，其建设者大多是青年建筑师和文艺界人士，他们通常用改造老建筑和老村落的方式介入乡村建设。例如浙江省莫干山涌现出一大批青年群体投入开设的网红民宿，他们融入当地，也带来更多价值观相似的青年群体，当地政府为此开设 "民宿学院" 提供政策扶持和人才培训。比如大野之乐庚村民宿、云起琚民宿等，都镶嵌在竹林中，依山而居，现代化设施齐全。在休闲放松之余，体验下乡村染布和织布，感受下采茶和炒茶技艺，听讲当地民间文学故事等，都是相当独特的传统文化体验过程。

第二，乡村书店为古老安静的村落带来文化青年群体，形成新兴人文与传统民俗的交融发展，进一步促进民宿建设。例如先锋书店从2014年前后就探索把书店融入到广大乡村中去，有建在徽州乡村里的 "碧山书局"，有建在桐庐畲族聚集区村落的 "云夕图书馆" 等。2018年先锋书店在松阳古村落开设了 "陈家铺平民书局"，这个悬崖边的书店迎接了来自全国各地的作家、诗人、建筑师、书友，成为一种新型的乡村文化力量，也成为当地非遗项目的展示、销售、体验空间。先锋书店建在云南大理北龙村的 "沙溪白族书局" 位于茶马古道要塞，书局在白族传统建筑中围绕当地历史文化展开书籍陈列，同时也是扎染、瓦猫、甲马等当地代表性非遗项目文创产品的销售平台及手工体验空间。

第三，多元化乡村非遗体验基地正在逐步形成。"十三五" 规划期间，全国各地的非遗传承人群通过参加文旅部、教育部、人社部启动的 "中国非遗传承人群研培计划" 走进高校，通过 "强基础、拓眼界、增学养" 的课程模块获得了创造力培养和综合能力提升。当传承人回到家乡，在当地政府的支持下，他们不断开拓新的传承方式，建设非遗展览展示馆、非遗教学体验基地等，更为多元化和复合型的非遗基地正在各地兴起。例如四川崇州道明镇的 "竹里" 乡村社区文化中心，围绕竹文化展开策划，邀请建筑师袁烽采用竹木构造及竹编工艺建造，集展览展示、民宿休闲、会议餐饮、非遗体验、公众活动等多元功能，在这里可以听风赏竹、体验竹编、吃当地美味，每到周末游客慕名而来，当地村民收入得到极大提升。通过乡村民宿、乡村书店、非遗体验基地等出现，新时代乡村非遗旅游路线逐步成熟，形成文旅融合的现代乡村发展格局。

四、非遗传承助力高原牧区乡村振兴实践

中西部青藏高原地区是牧区文明及生活方式的承载地，主要涉及青海、四川、西藏三省（自治区）。"十三五" 规划期间我们通过负责青海果洛的非遗扶贫工作，对高原藏族非遗传承助力牧区乡村振兴展开了一系列实践探索。2016年，原文化部非遗司设立了 "上海大学驻青海果洛传统工艺工作站"，目标是通过振兴果洛传统工艺，激活果洛牧区乡镇文化和经济的全面发展。工作站由上海美术学院和上海公共艺术协同创新中心落实推进工作，主要提供贫困地区外部资源需求导入，帮助其通过传统工艺制作达到增收扶贫的目的。通过传承人教学激发内生动力、非遗新品

4.沙溪白族书局的内部环境和非遗文创实景照片
5."格桑花"果洛藏族银饰皮具系列实物图
6."格桑缘"青海果洛牦牛绒服饰系列实物图

研发走进生活、展览交流共享市场、多方协作共创发展等途径，逐步探索东西部协作发展的道路，共创三江源牧区的美好生活。[3]

果洛是典型的青藏高原草原牧区，其非遗代表性项目具有很强的民族特色，共计52项非遗项目，其中以民间文学和传统技艺最为丰富，例如格萨尔、阿尼玛卿雪山传说、青海马背藏戏、藏文书法（果洛德昂洒智）、班玛藏家碉楼营造技艺等。目前工作站已为果洛地区提供了6期培训班，参加培训人员超过200人，为果洛提供了坚实的人才基础。在培训班创作课程及国际交流工作营中，采用外部创意人力资源和企业品牌导入的方式，助推果洛非遗产品不断改良和创新。根据不同非遗项目特征，定向邀请合适的设计师，牵手传承人进行跨界创作，目前孵化新品约100余件。比如"格桑花"藏银锻造服饰系列、"果洛的祝福"德昂洒智藏书法挂画系列、"格萨尔"史诗英雄钢笔礼盒等，在进博会及中国品牌日等展览中发布，并形成了城市中一定的销售渠道。

果洛丰富的牦牛绒资源与传统工艺相结合，将对生态保护和增收脱贫发挥重要作用。2020年，上海大学工作团队第三次赴果洛进行考察，推进"非遗跨界创新助力精准扶贫行动"工作。[3]由于当地很多牧民从事牦牛绒制作，合作社面临的问题是产品缺乏设计，难以进入市场。牦牛毛和牦牛绒是牧民的重要原料，果洛的牦牛绒制作技艺保留着古老的加工过程。于是团队邀请毛毡设计师教授湿毛毡技艺和针毡技艺，提升了果洛牦牛绒制作技艺的丰富性和表现力。此外，在牦牛绒原色基础上增添了彩色毛毡纤维，创作出色彩斑斓的新作品。牦牛绒的温暖性和透气性很高，经过精梳的牦牛绒手感细腻柔软，适合冬天衣物方面的广泛使用。目前，工作站邀请相关文创企业，为果洛牦牛绒设计研发了"果洛印象"牦牛绒背包系列；"美妙一刻"牦牛绒家居斗篷、披肩、拖鞋等；"格桑缘"果洛时尚服饰系列等。此外，工作站帮助其对接了江苏中孚达等动物毛加工企业进行深度合作，用工业化生产和传统工艺相结合的方式，开辟更多新产品的可能性。通过"非遗研培教学+设计师和品牌企业协同研发+博览会和扶贫销售点"的多元化路径，工作站从"教学、创新、销售"三位一体展开非遗传承工作，已带来一定社会影响力。

五、未来乡村的非遗传承展望

非遗传承的土壤在乡村，需要因地制宜和文旅融合，找到每个乡村独特的自然文化特质和发展方向，形成未来乡村品牌和产业分布。国家《乡村振兴战略规划（2018—2022年）》指出要"大力推动农村地区实施传统工艺振兴计划，培育形成具有民族和地域特色的传

统工艺产品"[4]。期待未来乡村将逐步发展成"一村一品"文化产业布局；通过寻找和挖掘地方文化特色，基于差异化而形成文化生态聚合群落，串联成一条条特色非遗路线。

该规划还要求"积极开发传统节日文化用品和武术、戏曲、舞龙、舞狮、锣鼓等民间艺术、民俗表演项目，促进文化资源与现代消费需求有效对接"[4]。民俗节庆是非物质文化遗产中的一个重要类型，是一年时间中特殊的节点，体现乡村生活的原始信仰、庆典祭祀、天象历法等，比如春节、元宵节、端午节、中秋节等传统节日，还有少数民族地区的羌年、苗年、傣族泼水节、彝族火把节等。在这些节庆中，许多非遗项目被聚合起来，形成完整的传统文化生态，是游客进入当地体验人文风情的重要时段。近十年我国各地民俗旅游活动日新月异，乡村旅游市场在民俗节庆期间收入均远超平时，例如四川在羌年期间推出非遗路线，体验羌族歌舞和美食，探访羌绣等手工艺；又比如广西推出了壮族三月三等活动，在这些特殊时间里，传统文化以聚集的方式进行展现。总之，未来乡村的非遗传承大有可为，我们期待未来乡村将能够吸引各年龄段人群聚集，成为一片充满创造力和吸引力的热土。

参考文献

[1]费孝通.江村经济[M].北京：北京大学出版社，2012.
[2]中华人民共和国国务院新闻办公室.保护非物质文化遗产公约.巴黎，2003年10月17日[R/OL]（2003-10-17）[2021-11].http://www.scio.gov.cn/xwfbh/xwbfbh/wqfbh/44687/46123/xgzc46129/Document/1707763/1707763.htm
[3]章莉莉.非遗扶贫，共创草原上的美好生活[J].公共艺术.2020(5):12-19.
[4]中华人民共和国中央人民政府.中共中央 国务院印发《乡村振兴战略规划（2018－2022年）》[R/OL]（2018-09-26）[2021-11].http://www.gov.cn/gongbao/content/2018/content_5331958.htm

作者简介

章莉莉，上海大学上海美术学院教授、博士生导师，上海市公共艺术协同创新中心执行主任，上海工艺美术职业学院副院长；

刁秋宇，上海大学上海美术学院博士研究生。

艺术参与下的集体效能、社会资本与组织生态
——以重庆酉阳土家族苗族自治县花田乡为例

Collective Effectiveness, Social Capital and Organizational Ecology Under Art Participation
—Take Huatian Township, Youyang Tujia and Miao Autonomous County, Chongqing as an Example

曾令香
Zeng Lingxiang

[摘　要]　乡村振兴是一项涉及经济、社会、文化等方面的系统性事业，本文从土地问题及其意识异化的困境、以家为本与以资为本的价值冲突困境、老龄化和空心化与原子化的关系困境、信仰问题及乡风文明断链困境、组织生态困境、乡村知识系统困境、民间文化与匠艺困境八个方面对重庆地区乡村发展面临的困境进行分析，提出了艺术参与社区营造、引导多元主体参与乡村建设、重塑教育方式吸引人才回流、建设农业综合体保护乡村非遗的策略，展开了建设乡村耕读礼堂、人民美术讲读所、乡村生态人文图书馆、乡村文化艺术季等行动。

[关键词]　非遗传承；乡村振兴；传统工艺；文旅融合

[Abstract]　Rural Revitalization is a systematic undertaking involving economy, society and culture. This paper starts from the dilemma of the land problem and its alienation of consciousness, the dilemma of value conflict between home-based and capital based, the dilemma of the relationship between aging, hollowing out and atomization, the dilemma of belief and the disconnection of rural civilization, the dilemma of organizational ecology, the dilemma of rural knowledge system This paper analyzes the difficulties faced by rural development in Chongqing from eight aspects of folk culture and craftsmanship dilemma, puts forward the strategies of art participating in community construction, guiding multiple subjects to participate in rural construction, reshaping education methods, attracting talent return, building agricultural complexes and protecting rural intangible cultural heritage, and launched the construction of rural farming and reading auditorium, people's art workshop, rural ecological humanities library, rural culture and art season, etc

[Keywords]　intangible cultural heritage inheritance; rural vitalization traditional technology; integration of culture and tourism

[文章编号]　2023-92-P-103

在中华民族伟大复兴的中国梦中，乡村文化振兴至关重要。乡村文化是中华文化的根脉。乡村文化振兴是个系统的工程，与乡村的政治、经济、文化与社会机制紧密相关，与乡村文化价值与意识形态有关，更与乡村具体的人、具体的生活有关。所以，从一定意义上说，乡村振兴的伟大命题，其实就是乡村生活振兴的考题。乡村生活振兴涉及生态、组织、产业、人才与文化，而文化振兴又涉及乡村百姓的价值观、意识观，这些要素直接决定了百姓对生活世界的幸福感、获得感以及生产生活事件的选择。因此，乡村文化振兴在乡村全面复兴工作中尤为重要。

2021年5月，笔者前往酉阳花田乡中心村等三地进行长达两年的乡村振兴帮扶工作，致力于乡村振兴中的文化振兴与艺术助推乡村振兴的探索。基于八个月的乡村振兴参与、调研、实践和思索，形成以下思考。

一、困境

1.土地问题及其意识异化的困境

我国的地理状况本来就是三大梯级分布，是人口膨胀而资源短缺的国家，水土光热资源条件全匹配的地区不到10%，3万个乡镇和69万个行政村，承载了中国人口的大多数。早期的土地承载力适宜原来的生产关系和生活需求，但当来自城市化、现代性的外部消费模式倒灌到乡村后，原有的乡村土地承载力无法满足现代需求。尤其是我国经历了改革以来的"以地兴企"（1984年后）、"以地生财"（1992—1993年）到"以地套现"（1998—2003年）的三次土地相关的政策变化（也被某些学者称为"三次圈地运动"）后，土地问题表现得愈发明显。以酉阳土家族苗族自治县花田乡为例，该地区本来就是"七分山两分田一分水"的山地自然资源环境，1986年左右该乡已停止按人口变化流动分配土地制度，之后按1985年人口所决定的每户土地面积为准，几十年不再变化。这就导致了乡村土地需求的问题加剧，加上乡土社会生育观念的不同，1975年后出生的95%人口外出务工，离开这片土地。在对乡村土地文化认同上，对土地情感认同上已由生养感恩、尊崇甚至神化情感到质疑与消费心理情感。关于土地的尊重、顺应和敬畏自然的生态道德文化正在消解，加上某些农业工业化的做法，导致乡村产业单一化，对土地的意识趋于功

能化、对象化、工具化。土地越来越沦为被消费的对象。乡村文化从最基础的承载力上面临结构性解构和崩塌，乡土社会的家园文化及其情感特性遭遇挑战。

2.以家为本与以资为本的价值冲突困境

传统乡土社会归根结底是以家为本位的地方，以家为本的理念和情感认同渗透在具体的日常生产、生活与生态文化中，宗族文化、儒家文化等融入乡村百姓的文化自觉认知中，决定了乡村从聚落环境、政治生活、组织形态、风俗习惯等各个方面的情态。以家为本的乡风文明重联系、重社群凝聚力，具有相当的村社理性、村社自治的能力。因此，文化事件的展开也重联系、重聚集，即俗话所述的"爱热闹"。乡风文明都建立在维系某些伦理和宗亲文化、人与自然的协适生态关系基础上。而自改革开放以来，尤其是全球化以来，城乡二元、东西二方之间的强流动，导致了当下乡村文化内部结构的分裂，甚至撕裂：长期留守在乡村的老人坚守以家为本的文化价值，而长期在外务工临时返乡的蚁族群体受到西方教科书的以资为本的消费主义文化影响（以资本、资金为核心展开各种关系交互与能量链接并且资本成为种种能量兑换的

1.老龄化乡村实景照片　　2.文化信仰缺失照片——正堂没有神位　　3.传统割大漆技艺现场照片

标准），这两种文化在乡村经常对峙着，绞缠着，影响着乡村文化生活的方方面面，比如环境整治、邻里关系、节庆仪式、乡风乡俗等。

3.老龄化、空心化与原子化的关系困境

乡村已存在严重的老龄化与空心化。以酉阳县花田乡中心村为例，7.2km²海拔850m至1500m的山地阶梯环境里分布9个自然组，全村344户，总人口1120，常住人口却只有321人，其中60岁以上老人198人，老龄化率达到61.7%。余下占比30%都是50至60岁，他们长期在周边务工。村里有些组乡里集镇步行距离要2个半小时，再加上地广人稀，老年人出行不便，人与人之间缺乏联系，许多老年人甚至就在家门口种些基本的蔬菜，通往乡里的小路长满了青苔……当下的乡村已出现较严重的关系原子化现象！留守儿童除了在学校和近四个小时的上学、放学路途中交流，其他时间大多待在家里。没有集体文化活动的传帮带，老人、儿童的社群生活是单调的、孤独的。偶尔有几个在外务工、收入好点的家庭，留守儿童闲暇时间沉迷在游戏和手机上。文化的建设、主导与传承已发生危机，缺乏渠道、平台和主体，缺乏有效的组织，缺乏陪伴和造血，这种关系困境只会导致乡村传统文化、费孝通先生所述的"差序格局"优势逐渐消失。

4.信仰问题及乡风文明断链困境

乡村传统的宗族文化以及儒家文化正在面临着改变。以中心村为例，在对9组344户的走访中，有23处古墓已年久失修坍塌，190栋吊脚楼123户的堂屋大门损坏甚至没有大门，11户没有了"家仙"（祭主的牌位）。乡土社会赖以生存的传统信仰体系正在断链，再加上没有合适的集体活动，除了偶尔的婚丧嫁娶，大多乡贤（俗称"头人"）已外出打工或迁移进城，没人才主持乡风民约；乡村的节庆活动几乎没有；传统"行善积德"与公益性的活动越来越少，村庄里

的困难几乎完全依赖政府帮扶（例如，中心村6组出了近20个公务员等人才，该组却依然有2户困难低保户；7组出了年收入三四千万大老板，依然有3户低保户）。乡风文明也存在严重的断链困境。

5.组织生态困境

基于以上的描述，我们也可以看出，乡村的社区治理开始完全依赖政府自上而下的组织，组织生态趋于被动和单一化，乡村主体的内生动力没有有效发起。再加上，某些政府惯于长期对乡村文化建设采取"格式化"的管理，过度地强调政府在文化建设中的作用，以行政命令的方式，借助国家力量推进国家文化意识，忽视农民作为乡村文化建设者的主体性。采取自上而下的送文化下乡建设方法进一步挤压了乡村文化的生存空间，一定程度上为城市文化进入乡村开辟了道路，也坚定了农民对城市文化的选择和认同。在送文化下乡的过程中，农民无法切实参与到乡村文化活动之中，一些文化形式和活动远离了农民的生产生活。比如，"电影下乡"活动出现整个晚上没有一个观众的空放现象。甚至于，许多时候出现由于农民无法参与到国家组织的送文化下乡活动之中，造成了农民游离在乡村文化建设之外，成为国家主导的乡村文化建设的看客和旁观者。

6.乡村知识系统困境

当下乡村无论是关于天气时令的自然生态知识经验，还是关于农耕稻作古法种植等生态化的生产知识、关于礼俗节日的知识、关于婚丧嫁娶的经验系统等绵延数代人的中国传统乡土社会的知识系统随着乡村人才的流失，都随着价值观的外部影响，以及生产关系、生活方式的改变，面临着解构、异化与碎片化，有待重构。

7.民间文化与匠艺困境

相比之下，乡村的文化产业建设特别薄弱。以

花田乡为例，原有的根植于当地高山生态环境的"茶桐倍漆"（即茶油、桐油、五倍子、生漆）民间特色产业及其相关民间匠艺，已逐渐趋于失传。诸如花田乡原来有大漆树几十亩，现在所剩无几，中心村七组冉茂德曾是大漆世家出身，会传统割漆、制漆及各种漆艺，如今却只能靠外出务工生活，独特的乡间漆艺很有可能从这片土地上消失。酉阳县花田乡是个土家族、苗族聚集的地方，有许多与长期生产生活息息相关的民间技艺和文化，如苗绣、吊脚楼木作、石作、造桥等，由于日常之用的改变，乡村产业转型以及生产关系、生活方式的转变，年轻人的外出，以及政府经济规划的种种原因，这些民间文化与匠艺已逐渐淡出了百姓的日常生活，从乡土大地逐渐寂然蒸发。

二、对策

1.以多元化艺术参与，发挥共情效应，引发共同朝向共生新社群

当代艺术的功能已不只是审美、娱情和想象力创造，不再停留在视觉快感和形式奇观实验的制造上，当代艺术早已转向，我国自21世纪初的当代艺术已介入社会社区，介入社会问题的发现、讨论、组织和解决。当代艺术正逐步发挥艺术及艺术家敏感而独特、自由而犀利地观看社会与世界的视角优势，以及其丰富而自由、贴近和触动肉身经验的表现优势与浸润场域、营造肉身体验的情动优势；进而，当代艺术可以敏锐地发现乡村社区微观问题，以其有趣的形式吸引大众参与、对话与共情，修复断裂的社会纽带，连接人际交往，加强关系认同，引发社群百姓共同实践与共同体营建，并在实践中重塑价值认同与探索共生新社群。

具体说来，当代艺术介入乡村文化振兴可以从原生策划、内容注入与空间激活等多个层面，可以以多

元丰富的艺术形式，发挥其连接、激活与赋能的效应。例如，以追溯历史、社区美育、代际关系探讨、个人空间与公共空间工作坊、在地创作、互鉴互建式论坛等方式和思路开展；可以通过公共绘画、公共装置、光艺术、生态艺术、环境设计等手段对原有乡村空间进行美化、空间营造或更新，让乡村再添活力；也可以通过事件性艺术、实验戏剧等调动百姓参与，激发乡村社群潜在活力；以及通过各种主题的艺术节彰显社区文化魅力，吸引社会关注与参与，提升乡村文化认同与区域影响力。通过"社区厨房""家族相册""一勺米计划""流动美术馆"等事件性项目，有意促发村民之间、村民与外来者、村民与社区环境间的联系，重塑乡村凝聚力。通过参与式艺术、专题艺术节、民俗艺术、乡村百艺手工、生命教育活动、贫困设计大赛、艺术种植、社群记忆博物馆、地方志、新口述史、社群菜谱、民艺与非遗活化、节日发明、特殊旅行线路设计、新庙会、研讨会等手段提升村民的精神活力、幸福感，赋予丰富的社群精神能量。通过新民俗、社区名菜、百工百艺、器物美学等多种渠道带动村民用艺术方式转化，通过"朴门永续"等生态艺术手段进行乡村环境改善，实现当代艺术对社区的赋能。

2.以组织生态的重构，获取最大社会资本与集体效能，营建共益新社区

根据"斯坦福社会创新评论"中《共益城市/培育"社会资本"，有助形成美好社区》一文中提到，"国际社区重建组织（CRI）认为：人与人之间的联系是每个社区最重要的资产"以及"社会资本是社会组织的某种特征，例如信任、规范和网络，它们可以通过促进合作行动而提高社会效率"。在中国乡村，在原有的政府主导的自上而下的组织方式基础上，通过政府采购社会服务、发动非营利性公益组织与民间机构等，实现自下而上与自上而下的联合协作和组织生态重构，引进社区治理服务，充分调动乡村内生动力，重建新"村社理性"，建设包容、多元与积极的乡村组织生态。通过组织生态带动更丰富、更紧密的社会关系，加强村落社群的黏合度，从而在内生逻辑上激发更大的集体效能，节约政府治理成本，从根本上保障乡村文化振兴的实现。

与此同时，乡村文化振兴也可以通过持续性的、多样化的文化艺术季平台，打造地方文化服务品牌，吸纳高校、各方学术机构、专业人士、民间机构、第三方社会组织等来到乡村实现跨领域、跨学科、跨专业的多元互动的合作（项目化合作），尤其是吸纳、调动村民主体一起共创共建，并派生出相关文化产业

和稳定的文化机制，才能长期推动乡村文化的复兴。

3.运用教育杠杆，重新撬动乡村价值与理想建设，塑造新时代新人才

百年大计，教育为本。"教科书"的选择事关一代代人的意识形态与价值观塑造，因此，应该从义务教育、大学教育与社会教育开始，在"教科书"上注入生态文明价值理念，注入乡村价值彰显与中国文化精神表述，重塑社会舆情，从下一代人的思想理念上塑造一个有乡村的世界观和看得见乡土大地的未来；通过多种宣传与媒体传播，发掘乡村价值与中国天人合一的世界魅力，进行积极的乡村文化建设，才能从根本上实现从乡村有人到乡村兴人的问题，实现有人接力乡村文化振兴的事业。

4.通过农业综合体的新格局理念，带动民艺活化与非遗传承

乡村的产业价值观需要有生态文明的理念来重塑。强调差异性、多样化的产业综合共生。因此，乡村可以尝试以村集体经济组织或合作社为载体，对乡村的资源进行盘底，统一构架发展格局，用一张蓝图一盘棋的思维来面对乡村发展，建构农业综合体的新格局概念，来实现各项产业、生产、生活、生态的各项行动及项目的平衡，实现生产、文化与教育等各项事业的平衡发展，规避过度逐利导致的大规模产业化、产业单一化现象，从而破坏乡村"三生"融合的生态。

三、措施

1.建设乡村耕读礼堂，实现造血与陪伴式乡村文化振兴

"耕读传家"是中华文明的优良传统，也是中国乡土社会的千年家训和文化续延的根本。因此，通过政府采购社会治理服务与带动乡村能人，联合社会公益性组织以及学术专家，以有效的共同体理事机制，挖掘乡村耕读文化以及传续乡村"家道亲亲"文化、家园文化、礼俗文化，以乡村耕读礼堂为中心平台，实现乡村造血与陪伴式服务，以温暖的方式，从乡村内部进行文化振兴行动。

2.成立人民美术讲习所，伴行乡村振兴的审美重塑与乡风文明建设（内功）

乡村之美来自发现美的心灵和眼睛。乡村之美来自人心，来自乡村百姓的文化自信与价值认同。联合高校，尤其是美术院校，深入村社，以村民为主体、

发动在地能人来作为主持，成立人民美术讲习所。通过讲习所丰富多彩的课程互动，逐步培养百姓在日常生活中的审美与文化自觉意识，从而发挥村民内生动力，由内而外进行乡村环境风貌、美食与着装等多方位的美化提升。

3.创建乡村生态人文图书馆（学堂），重建乡村知识系统与文化会客厅，关注文化振兴的内涵完善、表达与永续（内外、农文旅融合）

生态与人文是中国乡村重要的两个"宝贝"。创建乡村生态人文图书馆，包含种子图书馆、家族相册图书馆、口述史图书馆、声音图书馆等诸多分项，引进专业机构和相关学界专家，培养与联合乡村在地力量共建共创与共生，恢复与重建乡村知识系统，重塑乡土魅力，并使其成为乡村农文旅深度融合的对外"会客厅"，积极探索乡村文化振兴的内涵完善与永续，以及多彩表达。

4.举行乡村文化艺术季，以多元化组织生态方式倡导乡土文化（外功）

立足中国乡村"天人合一"的内涵价值，结合乡村二十四节气、丰收节等重要元素，以多元化的校地、校政、社会团体以及在地组织多方联合的组织生态，举办乡村文化艺术季，并持续扶持，让其成为一村一品的项目，让其成为既扶持村民审美、想象力与社群凝聚力、价值认同等的重要平台，又展现各个乡村魅力、文化价值与形象品牌的特别窗口。

四、总结

乡村文化振兴是一项系统性工程，需要社会各界共同努力才能实现。笔者在酉阳花田乡中心村通过建设乡村礼堂、成立人民美术讲习所、创建乡村生态人文图书馆、举行乡村文化艺术季等，探索了文化艺术乡村建设的路径，为川渝地区乡村振兴提供了具有一定借鉴意义的参考案例。

作者简介

簿令香，四川美术学院教授，实验艺术学院副院长，公共艺术学科带头人，中国美术家协会会员。

羌族地区民俗发展路径之探索
——震后羌乡的非物质文化遗产保护与"文化重建"

Exploring the Development Path of Folklife in Ethnic Qiang Areas
—Intangible Cultural Heritage Safeguarding and "Cultural Recovery" in a Qiang Township After the 2008 Wenchuan Earthquake

张巧运　王雨杉
Zhang Qiaoyun　Wang Yushan

[摘　要]　汶川大地震后的十余年来，羌族地区的重建发展为实践文化先行的民族乡村振兴提供了一个重要且极具创新意义的案例。本文首先回顾当前人类学对文化概念的理解，以此来评判羌区灾后重建和发展实践中的文化想象；然后讨论非物质文化遗产保护对于灾后羌族文化维系和民俗生活延续的超越性意义。本文指出，非物质文化遗产保护与"文化重建"的合力可以为未来乡村民俗发展提供更为广阔的可能性。

[关键词]　"文化重建"；非物质文化遗产保护；民俗生活；羌族

[Abstract]　The critical examination of the post-earthquake culturally sensitive recovery and development has great potential for informing disaster and development research. Drawing on recent anthropological investigation on the concept of culture, the article analyzes the impacts and limitations of the "cultural reconstruction" projects in the Qiang region. The article also discusses how the intangible cultural heritage safeguarding campaign can provide new possibilities for the development of the Qiang folklife. It points out that the future folklife of the Chinese ethnic villages needs to recognize the transcending publicity of the intangible cultural heritage.

[Keywords]　"cultural recovery"; intangible cultural heritage safeguarding; folklife; ethnic Qiang

[文章编号]　2023-92-P-106

一、引言

2008年5月12日，汶川县境内发生了8.0级地震，造成近7万人死亡，逾万亿元经济损失，是"新中国成立以来破坏性最强、波及范围最广、灾害损失最大的一次地震灾害"。四川省阿坝藏族羌族自治州（以下简称"阿坝州"）是羌族的聚居区，超过80%的羌族同胞世代居住于此，羌族也不幸成为受灾最严重的少数民族。大约10%的羌人死于地震，数千人受伤或失踪。汶川大地震对羌族社区的生计、自然资源、基础设施和政治经济形态产生了巨大影响。

震后重建发展为实践文化先行的民族乡村振兴提供了一个重要且极具创新意义的案例。本文通过对阿坝州汶川县羌族聚居村寨十年来的跟踪调查，试图探索灾后"文化重建"及未来民族乡村民俗发展之可能路径。首先，羌乡重建规划伊始，拯救和保护羌文化就被列为灾后重建的基本原则之一。本文回顾了当前人类学对文化概念的理解，并将这些观点与羌区灾后重建和发展实践中的"文化想象"（imagining culture）进行对比，从而反思灾害情境下"文化重建"的可持续性。其次，羌区"文化重建"与国家非物质文化遗产保护运动结合得十分紧密，羌族非物质文化遗产项目的认定、宣传、与保护成为抢救和振兴羌族民俗文化的关键机制。本文陈述非遗保护对于民族地区民俗生活延续和传承的超越性意义。最后，本文提出羌区"文化重建"和非遗保护者的合力为理解和处理文化差异、建设未来民族乡村提供了一个重要的双赢途径。

二、研究方法与基本概念辨析

1.主要研究方法

本文基于2011年至2015年间的民族志调查材料，以及笔者2018、2019、2021年三次回访的补充材料，主要研究地点为汶川县的羌乡。在羌乡，笔者通过参与式观察和访谈获得了大部分数据；此外，还前往首都北京和四川省省会成都采访相关工作人员、专家和学者。总计对羌乡村民、政府工作人员、城市规划师、专家和学者进行了50余次的结构性访谈，以了解他们对抗震救灾和重建的看法和做法。在整个田野调查过程中，笔者共进行了100多次半开放式访谈，重点关注村民生活的转变；此外，笔者还对40名羌乡村民进行了两次问卷调查，以获得他们对当地灾害和灾后重建的看法。在村民允许的情况下，笔者用影像记录了当地大部分的节庆仪式和民俗活动。

2.人类学对"文化"概念的讨论

"文化"一词有多种含义，这取决于使用它的情境。19世纪中期，文化主要用来指涉西欧的贵族艺术和礼仪。这是一种基于欧洲中心主义的价值观，反映的是其对殖民地人民和底层工人阶级的偏见。学者们后来将文化概念在更广泛的、而非等级意义上应用，来阐述人类构建社会的各种方式。文化被赋予主体性和社会环境的含义，它关乎特定人群对世界及其起源的神话阐释，以及其创造出的独特技术和物质文化。

在20世纪的历史中，人类学家接受了这一新定义，但在应用上发现了诸多问题。一种情况是，文化被用来指征殖民地人民的价值观或"信仰"的集合，但这些价值观或"信仰"对国家的发展是有"阻碍"的，它们落后于政治上占主导地位阶级的"理性"观念。除此之外，这些民族的文化也与"固化的传统"联系在一起。还有一种情况，文化表现为不同种类的手工制品和舞台展演的代表。此时，文化成为了资本主义旅游业全球化的商品，而无法体现该文化间的主体性差异。

人类学民族志使文化的概念得以进一步完善。今天，人类学学者所理解的文化具有内部异质性和多层次性，其中包括竞争和权力斗争。文化是交融的，它是一种接受外界力量影响的开放式现象。它也是一种理解，在理解的过程中，人们重构本地区和外界的思想、话语、制度、技术和表达形式，从其世界观和自身的分类系统来理解它们。

对人类与环境关系的关注揭示了不同文化实践、意义、价值观的产生和生态相关性质。文化概念中体现的

实践思想和价值观,直接反映在人受灾难影响后的恢复工作。同时,文化概念有助于国家机构在灾后情景中定义受影响人口的文化要素。对文化概念的讨论可以帮助我们理解羌乡灾后"文化重建"的逻辑和局限。

3.作为国家政策的"文化重建"

羌族人口仅占全国人口的0.02%(约30万人),他们绝大部分世代居住在青藏高原东麓的高山峡谷中,其经济和文化的问题均未受到足够的关注。2008年的地震引起了全国范围内对羌族社区的关注。灾难发生后不到两周,时任中国总理温家宝宣布,在恢复重建时一定要保护好羌族的文化和文明。四个月后,国务院在《汶川地震灾后恢复重建国家总体规划》(以下简称《总体规划》)中,把"传承文化、保护生态"列为八项基本原则之一。

高投入、高效率的灾后重建工程极大程度上改造了震前积贫积弱的羌区。《总体规划》也阐述了恢复和保护文化和生态的机制。它将通过重建基础设施,特别是重建农村住房来实现。其他途径还包括修复羌族历史建筑、建设羌族文化博物馆以及建立羌族文化生态系统实验保护区,从而通过建设羌族"精神家园"来抢救和恢复羌区自然和文化遗产。同时,建设羌文化体验旅游区、羌族手工业(如羌绣)成为重建当地产业的重要内容。

4.羌乡的物理性"文化营造"

我们的考察地羌乡位于偏远的高山峡谷中。地震前,阿坝州政府将其定为贫困乡。虽然全乡在地震中的死亡人数很少,但仍然遭了严重的经济损失。依靠援建资金,村民在一年内重建或者修复了自己的居所。全乡的房子都通上了电、自来水,并安装了太阳

能热水器,大部分村庄都装上了无线网络。

羌乡在2009年末初步重建后,所有新建的建筑都被漆成黄色,并用浅棕色混凝土或仿石装饰。根据当时的村长唐东林的说法,这种装饰并没有保留羌族的传统。它看起来像一个"汉族村庄",因为重建是由一家外地公司设计的,他们对羌族文化知之甚少。2010年,根据时任汶川县委书记的建议,羌乡开始了以文化为导向的二次重建,共耗资5000多万人民币。

据唐东林介绍,这个文化重建计划意在将羌乡改造成历史悠久的羌族聚居地。规划者从审美角度设计了具体的重建项目。这些措施利用了城市居民,尤其是其他民族游客对乡村和少数民族生活的想象。在村前新建的广场上,九根混凝土柱子上的浮雕为游客概括了羌族的"文化"。柱子上分别雕刻了羌族的民族图饰、节日、食物、舞蹈、仪式等传统。为了体现"古羌寨"的风格,羌乡里的每一栋建筑都用灰水泥粉刷,并用灰色混凝土仿石片和木框架装饰。再挂上当地妇女制作的羌族刺绣,渲染着羌人的民族风情。一些羌族人家的老房子被改造成农家乐或者农家菜馆,为游客提供羌族特色菜肴。二次重建后,羌乡被认定为国家4A级风景区。坐拥峻峭的群山、清澈的溪水和颇具特色的建筑和民俗的羌乡转型成一个备受关注的旅游景点。

5.项目制"文化重建"的局限与不可持续性

对羌区"文化重建"的考察揭示了震后民族乡村重建项目中的诸多问题。首先,这些重建项目只注重恢复羌族文化的外部特征。在羌乡,整个村庄被禁锢在一系列建筑风格之中,它假设了一种过去从未真正存在过的理想化的民俗生活。这些想象的文化景观实际建构的是一种猎奇的文化,以与游客的生活形成鲜

明对比。这种剧场性景观"在官方语言中被种族化,成为'少数民族'的习俗"。在这个设计中,羌族代表了一个"传统"的过去,最多作为"消耗品"使用,以满足城市中产阶级日益增长的旅游需求。

"文化重建"改变了村民与当地环境的关系,以及他们在空间(在什么地方做什么)和时间(在什么时间做什么)方面的具体文化实践。例如,羌乡原本有限的农田被征用来建设与旅游相关的设施和景观。这些土地被征用后,村民一次性得到了一笔可观的补偿金。然而,这些村民却失去了稳定的农业收入。随着市场经济逐渐取代自给自足的农业模式,许多村民的生计受到市场"看不见的手"的摆布。极易受气候、交通以及公共卫生事件所影响的旅游业就是个鲜活的例子。

最后,这种"文化重建"没有充分考虑到羌乡整体的可持续发展,也没有充分尊重村民的意愿。我们时常听到当地人跟游客抱怨说援助资金被错误地用在改造旅游景点上。"装饰"是村民们经常使用的词,指出重建只会改变他们社区的外观,但没有完全解决造成他们经济和文化边缘化的根本问题,也没有缓解他们对旅游市场和国家政策的结构性依赖。例如,在重建后,羌乡基本没有维持高成本旅游设施的资金。当地工作人员和村民都没有旅游开发方面的经验。由于缺乏资金、培训和管理经验,工作人员和村民都认为羌乡的旅游业发展难以为继。

三、震后羌乡的非遗保护与"文化重建"

1.震后重建中的非遗保护概况

特别值得注意的是,在汶川地震灾后重建的工程中,非遗保护为何成为危机或灾难后恢复当地文化

3.主持羌年仪式的羌族释比现场照片　　4.文旅结合的羌年现场照片

的关键机制。在有些情况下，文化和非遗产保护几乎等同于对羌族"文化"的保护。汶川地震后，将具有代表性的羌族文化习俗加入国家和联合国教科文组织（以下简称"UNESCO"）非物质文化遗产代表性项目名录成为优先事项。通过紧急的抢救认定程序，迅速认定了灾害遗址（如被毁坏的老北川县城）、有形遗产（如碉楼和历史村落）以及国家级非遗。选定的羌族传统文化习俗在省、国家和UNESCO层面上被紧急提名为非遗。因此，2008年6月，四种羌族文化习俗被列入国家级非物质文化遗产代表性项目名录：羌族羊皮鼓舞、羌族刺绣、羌年和羌族多声部民歌。2009年，羌年被UNESCO列为急需保护的非物质文化遗产。

2008年11月，文化部在羌族聚居区建立了第三个国家级文化生态保护实验区。实验区的建立符合中国非遗"综合保护"的原则，其目的不仅是保护非遗本身，而且也是保护其赖以生存的自然和人类生态。2011年，又有四个羌族项目被列为国家级非遗：禹的传说、口弦音乐、羌戈大战和碉楼营造技艺。同时，国家认定了一批国家级羌族非遗传承人。相关政策也鼓励各级政府"发现和推广"省级和县级非遗传承人。每年，国家级羌族非遗传承人可以领取一定额度的补贴，用于教授和传承羌族非遗。

被列为国家级非遗的羌年就是一个生动的例子。羌族新年是一个由羌族释比主持的祭祀活动，旨在庆祝丰收，崇拜神灵的祝福和强大的力量。释比是负责羌族礼仪的人员。他们负责领导崇拜仪式、驱魔、医治病人以及主持婚礼和葬礼。羌年的日子定在中国农历的10月1日，即阳历的11月初。汶川县的羌乡则是羌族"释比文化"的发源地之一。2009年以来，每年的羌年庆典活动成为了全乡文旅活动的重头戏。在羌年当天，当地政府会主导计划一整天的活动，包括释比表演羊皮鼓舞、妇女和儿童为游客唱羌语和普通话的欢迎歌和祝酒歌、展示和销售羌族刺绣作品，以及免费的可容纳300名游客的坝坝宴。

政府还利用羌族非物质文化遗产的复兴来证明羌族在灾后全面、积极和强韧的恢复和发展。2013年新年庆典期间，乡政府在羌乡竖立了大型广告牌，对比地震前后的村庄照片，赞扬羌乡的"奇迹般的重建"。

2."文化重建"与羌乡民俗生活的意义重构

自2004年中国加入UNESCO《保护非物质文化遗产公约》以来，非遗的概念和实践为复兴中国传统文化和日常民俗提供了全新的视角和可能性。在学者们和政府机构的合力下，一些曾经被视为"落后""粗鄙"的民间艺术、民俗和民间文化被列入国家级非物质文化遗产代表性项目名录。在中国，非遗保护强调保护"活的"文化，并将其融入日常生活。民俗学家张举文观察到，非遗保护运动反映了贯穿中国文化长期转型的"文化自愈机制"。它不仅重新定义了与"遗产"相关的"民间信仰"，而且还提高了国家和民众在日常实践中对民间文化的意识。

羌族非遗的保护项目不仅迅速地将相关文化习俗列为非物质文化遗产，还涉及国家对相关羌族文化习俗地位和意义的重新定义和表述。这种传承是一个独特的过程，将"落后"和"迷信"实践整合到新的、有希望的、可管理的"文化类别"中。这也是一场极具社会和经济效应的文化运动，旨在将以前的"落后"和"地方"的传统转变为文明和公众共享的价值观和实践。

本文提出，羌族"文化重建"和未来羌乡民俗生活的可持续发展需要依赖对羌族文化遗产公共性的重申和延伸，以确保羌族整体社会（自然资源、政治、经济、文化等）的价值和一种可欲的公共生活之可能性。首先，非物质文化遗产保护为民间仪式的生存提供了新的资源和机会。它可以避免前文所述的把"文化重建"简化为物理结构、选择性符号象征、或舞台表演的项目制工程。尽管官方的羌年庆祝活动颇受争议，但村民们在非物质文化遗产保护行动后获得了安全开展相关仪式的空间，以履行他们的责任并加强社会关系。这些责任和关系构成了日常社区生活的支柱，文化遗产的社会接受意义和影响就在这里。在我们的实地工作中，释比经常被邀请为病人进行治疗仪式。其实，羌乡居民都会去医院接受治疗，他们也非常清楚释比不能治愈癌症等严重疾病。然而，释比的治疗仪式不仅给病人带来了情感上的慰藉，也给他们的家人带来了文化上的慰藉，他们认为组织这样的仪式传达了孝心，维系了希望。

其次，未来羌乡的民俗生活必然是面向整体社会的，它也必然是公共文化的有机组成部分。因此，非遗保护活动，特别是对羌族文化遗产政治必要性、科学有效性和社会积极性的论证，进一步指出文化遗产所蕴含的"共同体的价值"。围绕着非遗保护所进行的未来羌乡民俗生活重构，则可以进一步发掘文化遗产的超越性，即认识到地方民族民俗对建构地域性以及世界性知识体系和结构关系的指导性作用。对以羌年为例的非遗项目之挖掘和传承，可以更多地展示其中蕴含的对人地关系、人际关系、以至于天人关系的本体论层面上的理解，以打破"文化重建"对羌族民俗"地方化""商品化"的桎梏，真正把非遗纳入到中华民族共同体意识中关于基本文化共识的讨论中去。

最后，未来羌乡的民俗生活的可持续性发展不可避免地对旅游经济有路径依赖。之前申明的对非遗价值的重新定位落到实践上应该就是对日常生活，以及"文化的完整形态和正常状态"的包容和尊重。以羌乡为例，非遗活动以及非遗传承人都在实践中不断编辑和更新神圣仪式的表现形式和精神内涵。但是，释比是否有权编辑传承下来的仪式，以及编辑后的版本是否允许出现在官方话语中，以至于用在遗产旅游的实践里，都是亟待商榷的问题。至此，遗产旅游中出现的土地资源的不可持续利用、对传统的错误表述和不恰当的发明，以及对文化的无节制营销等问题，也许可以通过对民俗生活的意义重构来解决。

四、结论

对汶川大地震后羌族聚居区非物质文化遗产保护与"文化重建"的研究工作，为灾难人类学以及乡村振兴研究提供了信息量极大的实践案例。本文所阐述的案例强调文化在协调各种关系中的能动性。一些少数民族在历史上曾被错误地表述为是"原始""野蛮"或者"发展滞后"的人群。他们充满自然意义和社会超越性的文化概念长期被遮蔽。"文化重建"中的文化与从人类学视角理解的文化有很大的差距，对文化的误解往往会危及受灾地区社会经济的可持续性。

人类学对具有文化敏感性的重建和发展规划的研究强调优先考虑民族人群的声音和日常生活的经验，倡导给予在地知识与专家知识在决策建议、发展规划和实际操作中同等（如果不是优先）的地位。我们已经认识到把羌族文化看成独立于国家发展之外的、田园诗般的存在的愚蠢性。羌族村民的生活与中国的城市化和工业化进程息息相关，他们要么被自然资源利用和经济开发项目所影响，要么以农民劳工的形式支持国家政治经济的发展。那么，政府主导的重建项目和乡村振兴战略必然要考虑到羌族人自己是如何设想他们的农业生产生活方式与国家工业化发展的对接路径。由此也可见，人类学关于灾后重建和乡村振兴的研究还有很多工作要做。

参考文献

[1]国家汶川地震灾后重建规划组. 国家汶川地震灾后恢复重建总体规划(公开征求意见稿) [R/OL]. (2008-08-12). http://www.gov.cn/wcdzzhhfqghzqyjg.pdf

[2]Stocking, G.W., Jr. Franz Boas and the culture concept in historical perspective[J]. American Anthropologist, 1966, 68(4): 867-882

[3]Povinelli, E.A. Do rocks listen? The cultural politics of apprehending Australian Aboriginal labor[J]. American Anthropologist, 1995, 97(3): 505-518

[4]Fabian, J. Time and the other: How anthropology makes its object[M]. New York: Columbia University Press, 1983

[5]Comaroff, J.L. and J. Comaroff. Ethnicity, Inc[M]. Chicago University of Chicago Press, 2009

[6]Ortner, S.B. Making gender: The politics and erotics of culture[M]. Boston: Beacon Press, 1996

[7]Fischer, M.J. Culture and cultural analysis as experimental systems[J]. Cultural Anthropology, 2007, 22(1): 1-65

[8]Gupta, A. and J. Ferguson. Beyond "culture": Space, identity, and the politics of difference[J]. Cultural Anthropology, 1992, 7(1): 6-23

[9]Way, J.T. The Mayan in the mall: Globalization, development, and the making of modern Guatemala[M]. Durham: Duke University Press, 2012

[10]Appadurai, A. Modernity at large: Cultural dimensions of globalization[M]. Minneapolis, MN: University of Minnesota Press, 1996

[11]Arce, A. and L. Norman. Anthropology, development, and modernities: Exploring discourses, counter-tendencies, and violence[M]. New York: Routledge, 2000

[12]Brightman, R. Forget culture: Replacement, transcendence, relexification[J]. Cultural Anthropology, 2000, 10(4): 509-546

[13]Biersack, A. From the "new ecology" to the new ecologies[J]. American Anthropologist, 1999, 101(1): 5-18

[14]Ingold, T. The perception of the environment: Essays on livelihood, dwelling and skill[M]. London and New York: Routledge, 2000

[15]Browne, K.E. Standing in the need: Culture, comfort, and coming home after Katrina[M]. Austin: University of Texas Press, 2015

[16]Button, Gregory. Disaster culture: Knowledge and Uncertainty in the Wake of Human and Environmental Catastrophe[M]. Taylor and Francis 2016-06-03

[17]Gamburd, M.R. The golden wave: Culture and politics after Sri Lanka's tsunami disaster[M]. Bloomington: Indiana University Press, 2013

[18]中华人民共和国中央人民政府. 四川地震灾区羌族民族文化抢救与保护座谈会召开[EB/OL]. (2008-05-30). http://www.gov.cn/gzdt/2008-05/30/content_999566.htm

[19]Hastrup, F. Weathering the world: Recovery in the wake of the tsunami in a Tamil fishing village[M]. New York and Oxford: Berghahn Books, 2011

[20]Makley, C. Spectacular compassion: "Natural" disasters and national mourning in China's Tibet[J]. Critical Asian Studies 46(3): 371-404, 2014

[21]国家汶川地震灾后重建规划组. 国家汶川地震灾后恢复重建总体规划公开征求意见稿[R/OL]. (2008-08-12). http://www.gov.cn/wcdzzhhfqghzqyjg.pdf

[22]Huang, C. and T. Bonschab. Evaluation of the implementation of the "State overall planning for post-Wenchuan Earthquake restoration and reconstruction"[M]. Beijing: Social Science Academic Press, 2010

[23]安德明, 杨利慧. Chinese Folklore since the Late 1970s: Achievements, Difficulties and Challenges[J]. Asian Ethnology 74(2), 2015

[24]Juwen Zhang. Intangible Cultural Heritage and Self-Healing Mechanism in Chinese Culture[J]. Western Folklore 2017,76(2)

[25]高丙中. 作为公共文化的非物质遗产. 文艺研究[J]. 2008(2): 77-83

[26]You, Ziying. Shifting Actors and Power Relations: Contentious Local Responses to the Safeguarding of Intangible Cultural Heritage in Contemporary China[J]. Journal of Folklore Research: 52 (2-3) 113-128, 2015

[27]Liang, Yongjia. Turning Gwer Sa La into Intangible Cultural Heritage: State Superscription of Popular Religion in Southwest China[J]. China: An International Journal, 11 (2): 58-75, 2013

[28]张帆. 地方社会的世界性: 藏戏、遗产和博物馆. 民俗研究[J]. 2021(4): 66-77

[29]黄剑波. 碎片化的时代如何期待一个可欲的公共生活. 探索与争鸣[J]. 2017(6): 37-40

[30]Zhang, Qiaoyun and Roberto E. Barrios. Imagining Culture: The Politics of Culturally Sensitive Reconstruction and Resilience-Building in Post-Wenchuan Earthquake China[J]. In Responses to Disasters and Climate Change: Understanding Vulnerability, and Fostering Resilience, edited by Michele Companion and Miriam Chaiken. Boca Raton: CRC Press, 93-102, 2017

作者简介

张巧运, 北京师范大学—香港浸会大学联合国际学院社会科学系助理教授

王雨杉, 北京师范大学—香港浸会大学联合国际学院传播学学士, 宾夕法尼亚大学在读。

实用性村庄规划的传导与实施
——以华东地区某村庄为例

Transmission and Implementation of Practical Village Planning
—A Case Study of a Village in East China

张鹏浩
Zhang Penghao

[摘　要]　村庄规划作为国土空间规划体系下的最小规划单元，属于详细规划中的重要一环，既是对上位规划的准确落实，也是向下对村民、市民等主要生活群体诉求的有效传递与表达。本文梳理了现行村庄规划的编制内容及编制重点，并以华东地区某村庄为例，思考"多规合一"视角下村庄规划编制的政策传导与落地实践路径方法，提出在上位规划"刚性"控制指标体系前提下，村庄建设用地指标精细化识别和再利用的发展模式，强调村庄规划的真实性、实用性和可落地性。最后以坚守底线约束、生态发展、多方参与为编制原则，提出村庄国土空间综合整治与生态修复、产业发展布局规划、道路交通、公共服务和市政基础设施布局规划，以及村庄风貌整治、生态保护和历史文化传承等内容，在严格落实上位底线约束的前提下，探索出能用、好用、能落地、可实施的实用性村庄规划，以期为同类型村庄规划编制提供参考。

[关键词]　多规合一；实用性村庄规划；编制实践

[Abstract]　Village planning, as the smallest planning unit under the national land spatial planning system, is an important part of detailed planning, which is not only the accurate implementation of the upper planning, but also the effective transmission and expression of the demands of the villagers, citizens and other major living groups. This paper sorts out the compilation contents and key points of the current village planning, and takes a village in East China as an example, thinking about the policy conduction and landing practice path method of village planning from the perspective of "multi-plan integration", and puts forward the development mode of fine identification and reuse of village construction land indicators under the premise of "rigid" control index system of upper planning, emphasizing the authenticity, practicability and landing of village planning. Finally, based on the principles of adhering to the bottom line constraint, ecological development and multi-party participation, this paper puts forward the comprehensive improvement and ecological restoration of village land space, industrial development layout planning, road traffic, public services and municipal infrastructure layout planning, village style improvement, ecological protection and historical and cultural heritage, etc. Under the premise of strictly implementing the upper bottom line constraint, it explores practical village planning that can be used, landed and implemented, with a view to providing reference for the planning of similar villages.

[Keywords]　multi-plan integration; practical village planning; compilation practice

[文章编号]　2023-92-P-110

一、研究背景及意义

2019年5月，《中共中央 国务院关于建立国土空间规划体系并监督实施的若干意见》（中发〔2019〕18号）（以下简称《若干意见》）文件明确指出，"在城镇开发边界外的乡村地区，以一个或几个行政村为单元，由乡镇政府组织编制'多规合一'的实用性村庄规划，作为详细规划，报上一级政府审批"。随后，自然资源部印发了《关于加强村庄规划促进乡村振兴的通知》，在《若干意见》的基础上进一步细化村庄规划的工作要求，明确了村庄规划是乡村地区详细规划的定位，并将其作为乡村全域国土空间管控、各项建设活动管理以及相关许可核发的直接依据[1]。华东地区某村庄作为实用性村庄规划编制试点村庄之一，按照"政府组织、专家领衔、部门合作、公众参与、科学决策"的工作模式，结合村庄自身发展情况和特有资源优势，积极探索可复制可推广的实用性村庄规划样板。

本文主要围绕实用性村庄规划编制过程中的规划传导和规划实施两个方面进行具体研究。村庄规划作为国土空间规划体系下的最小规划单元，需要同上级县级、乡镇级国土空间规划相互衔接，支撑上位规划中生态红线、永久基本农田红线、城镇开发边界等"刚性"指标的精准落位。县乡镇级国土空间规划编制过程中，有预留超过10%的村庄建设用地指标，但各村庄发展诉求有所差异，仅依靠10%预留指标很难实现所有村庄健康正常发展，如何有效缓解乡村自身发展的诉求和乡镇建设用地指标分配之间的冲突，制定土地资源的最优分配与利用路径，科学合理安排集体建设用地，提高村民的收益，保障村民利益，是当前实用性村庄规划的编制重点[2]。

传统的村庄规划大多是由上而下的，规划师只是以上级政策为依据，站在规章制度角度去科学地分配和落实指标，很难真正了解村庄发展实际情况，充分理解村民的实际问题和真实诉求，难以制定符合村民需要的村庄规划，并且难以融入到整个规划的进程中，实现长期动态跟踪服务。也正是因此，村民参与度较低，村民难以理解规划编制实际内容，规划编制成果难以实施落地。实用性村庄规划，更加强调的是规划的可落地性，要真正融入到村庄中去，深度了解村庄发展实际诉求，听取民声民意，在上位指标要求下，用科学合理的手段探索出更符合民意、读得懂、能落地、可实施的规划蓝图。

二、村庄发展现状主要特征与问题

1.基本情况

本次主要研究村庄属于典型中部平原村庄，村庄地势平坦，林地、耕地等生态资源丰富，区域交通条件优势显著。

人口用地方面，2020年，村庄总户数375户，总人口1365人，16个村民组，1个中心村，11个自然村。全村主要以外出打工和务农为主，村庄老龄化严重，全村60岁以上人口占总人口规模的18%。村庄全域国土空间总面积445.51hm²，其中农林用地384.75hm²，占村域总面积的86.36%，其中林地282.15hm²，占全域总面积63.33%，耕地87.06hm²，占全域总面积19.54%，村庄建设用地24.43hm²，占全域总面积5.48%。

产业发展方面，2020年，全村农民人均可支配收入约11000元，村庄内人均收入来源主要靠外出打工为主，农牧业种植养殖业以及苗木种植为辅。主要苗木种植有女贞、石楠、乌柏、桂花、三角枫及红叶李，其中女贞种植面积约500亩，桂花约200亩，三角枫约150亩，其他苗木种植规模较小。苗木为主，品类多样，分布较散，规模不一。未来可围绕苗木果树种植，打造具有地域特色的地方果木品牌。

在村庄建设方面，村庄民宅建筑质量基本较为完整，建筑多采用坡屋顶，建筑色彩多以蛋黄或米白色为主。商业服务设施用地与公共服务设施用地较少，公共服务设施分布不均，且存在空置闲置现象。村庄基础设施改造基本已经完成，中心村市政管网已经基本铺设完成，但由于村域面积较广，存在资源局部集中，整体分布不均现象。

在村庄分类方面，根据上位国土空间总体规划和村庄布局专项规划内容，结合《村庄规划编制技术导则》的划分标准，基于村庄区位条件、社会经济发展情况、人口规模等多方面因素，本次规划将村庄定位为集聚提升类村庄。

2.主要问题

（1）有产业而无体系。由于人口流失现象严重，村庄内青壮劳动力紧缺，大量优良的农田地块闲置。现状农业种植以个体农户为主，种植管理粗放，种植规模较小，品种相对单一。村庄毗邻国家4A级旅游开发区，该区位特征使得村庄具备发展文旅产业的天然优势。现状村庄内并未整合文化、生态等优势资源，文旅产业也仅停留在现有家庭式农家乐为主，尚未形成统一开发模式。

（2）有风貌而无统筹。村庄内林田交错，山水相融，风景条件较好。现状村庄并未结合生态本底、人文特色、村庄发展特征进行风貌建设，水塘、河岸、田野、林木等以原生态景观为主，局部区域杂草丛生、垃圾覆盖，视觉效果不佳；村内民居以自建房为主，乡村风貌特色不足。

（3）有文化而无活化。村庄处于佛教文化典型景观区内，拥有"龙"文化、佛教文化等特色文化资源，但在现状村庄建设中，并未具象体现。

1.实用性村庄规划编制技术路线示意图
2.实用性村庄规划工作路径示意图
3片区基因库示意图

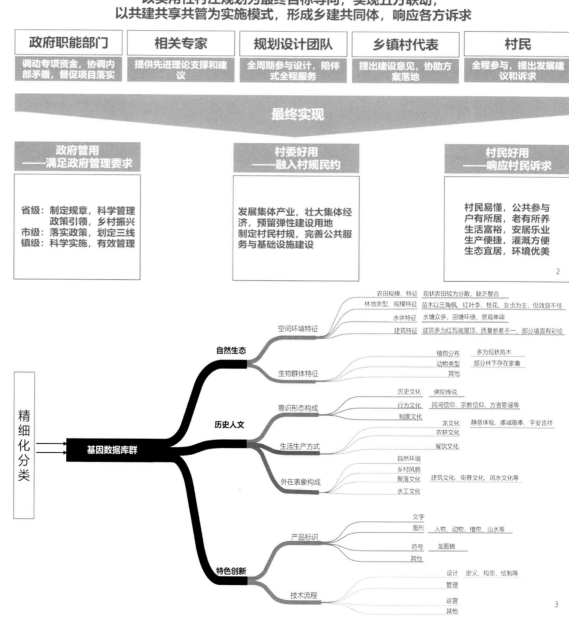

4-5.村庄规划效果图
6.实地调研问卷示意图

三、规划实践

1.制定两个角度规划实施策略

坚持"全域统筹、生态优先、绿色发展、集约节约、保护耕地、空间优化、功能完善"的新时代村庄规划理念[3]，在落实上位相关规划，协调各类规划之间冲突矛盾的同时，根据村庄发展特点，以及村民真实需求，依据《村庄规划编制技术导则》要求，以实用性为导向，提出两大规划策略。

构建片区生态基因库。梳理村域全要素"山水林田湖草"自然资源，提取生态资源空间环境特征和生物群体分布特征，识别区域自然生态优势资源及空间分布情况，优化国土空间用途分区及国土空间开发保护格局；梳理全域农耕文化、乡居文化等物质和非物质文化遗产资源，抽象识别村庄特色意识形态、传统生活方式以及外在表象构成，形成极具代表性的乡土特色建筑模式和符号标志；梳理村庄特色农副产品、优势农作物、特色产业业态等特色创新要素，提炼地域特色产业符号，优化区域产业结构，转变发展方式，构建三产融合，三产联动的产业发展体系。

倾听百姓心声，梳理村民意愿。规划全过程采取各级党委领导、政府组织、部门协同、专家领衔、规划设计团队跟踪服务、乡镇村代表协同落地、村民公众全程参与的工作方式，建立村庄规划的政府+专家+规划师+村民的全民参与制度。规划前期，通过制定问卷调查，倾听公众真实呼声，了解群众生活基本需求，制定有用的规划。规划中期，通过各类媒体和信息平台，广泛收集公众和社会各界对规划实施情况的意见和建议，调整规划设计内容，响应好用的规划。规划末期，让村民接手规划成果，实现村民自营、自管，落实实用的规划。最终交出满足政府管理需求、融入村规民约、响应村民诉求的最优规划答卷。

2.落实三个层面规划实施路径

（1）控三线：衔接上位规划，落指标

对接上位国土空间规划，落实生态红线、永久基本农田红线、城镇开发边界以及区域重大项目等底线管控要求，因地制宜优化用地格局。对接永久基本农田红线，规划村域范围内生态红线图斑面积19.86hm²，永久基本农田图斑面积115.61hm²，村庄建设用地32.45hm²，已确定规划项目26.44hm²。结合现状国土空间调查数据结果，生态红线和村庄建设用地存在明显冲突，冲突面积4.27hm²，规划中重点对生态红线范围内的建设用地进行优化调整，无条件逐步退出。同时识别现状建设用地和永久基本农田红线的交叉冲突问题，将重叠图斑逐一排查，梳理重叠用地实际使用情况，对冲突斑块内已建成建设用地逐一退出，对冲突斑块实际为未利用建设用地或低效、废弃建设用地优先退耕，对重大区域基础设施与永久基本农田冲突图斑，确实无法避让的情况，应向自然资源部门申报补划程序，并按照"数量不减、质量不降、布局稳定"的原则制定相应补划方案，保证永久基本农田规模质量。

（2）补短板：细化内部指标分配，优方案

为更好地落实村庄建设用地指标集约节约利用和有效合理分配要求，规划前期，通过实地考察校对，对村庄实际土地使用情况进行摸底调查，分类开展用地评估识别工作，有效校对识别实际土地利用情况与三调数据不符、实际土地利用效率低、废弃低效建设用地、废弃工矿用地、闲置宅基地等各类用地现状问题，为下一步建设用地减量化、集约节约化以及指标合理分配奠定坚实基础。

本轮规划中，对于建设用地集约节约利用主要从宅基地和工矿地两方面将建设用地指标减量化落到实处。结合实地勘测和宅基地确权数据，宅基地的集约利用主要是通过闲置、低效、废弃宅基地识别和转化完成。通过识别现状闲置、未利用宅基地，包括其他类型未利用建设用地，后期可根据需要改造为公园广场、医疗养老等公共服务设施，满足村民基本生活诉求，也可以根据村民发展意愿，采取有偿租赁机制，开发为新建宅基地，供有分宅需求或外来村民使用。若因宅基地所有人已经或即将完成城镇化，村内宅基地地块出现被闲置或自愿放弃的情况，对此类地块可以考虑通过资金补偿机制，对宅基地进行回收，以完成建设用地指标节约。

依据以上调整原则，本次村庄土地整治修复共退耕5.33hm²建设用地，其中4.27hm²为与生态红线冲突区域；调整优化5.36hm²建设用地，其中2.28hm²建设用地功能置换，考虑地块区位和建设条件较好的区域，对宅基地进行重新赋地，调整为养老院、村级卫生站以及商业服务设施用地。其余3.08hm²建设用地作为预留宅基地，为后续村庄人口增长和宅基地分户需求预留备用。

产业用地的调控主要围绕废弃工矿用地进行建设用地指标减量化。结合实地调研结果，从实际使用情况、产业发展潜力、企业经营状况、综合污染强度、企业搬迁意愿[4]等维度对村庄全域范围内7.63hm²工矿用地进行评估，并提出搬迁、保留、置换三种工矿用地优化方案。村庄目前产业主要以农副产品生产初加工为主，工业企业多以家庭作坊为主，对周边居住生活影响较小，建议保留优化。对于占地较大、产业发展类型与村庄主导产业关联度较小，污染较严重的工业，应结合经营情况进行退出，集中安置于乡镇产业园区，以享受更优质的服务配套和生产条件[5]，便于村庄内部建设用地指标结余。对于污染严重、经营状况较差、废弃工业矿业，应优先无条件腾挪退让，同时可结合区域条件，交通资源条件等适度退耕或置换为其他建设用地，提高土地利用价值。

依据以上调整原则，本次村庄土地整治修复共优化调整工矿用地10.21hm²，其中搬迁退耕工矿用地7.28hm²，保留工矿用地0.21hm²，置换工矿用地0.14hm²，主要置换为公园绿地、商业服务设施用地等建设用地。

通过村庄建设用地指标优化调整，共减量化村庄建设用地12.61hm²，优化调整村庄建设用地指标5.71hm²，在保障上一级国土空间建设用地指标的同时，为村庄未来发展预留余地，为村庄内部建设用地功能优化献计献策。

（3）听民声：倾听民声民意，能落地

本次村庄规划最终成果输出为面向实施落地为导向的，规划设计前期多次组织实地调研、村民问卷调查，设计实施过程中多次走访村民意见，动态调整设计内容，规划设计部分多在已有现状的基础上细化、优化，以此实现村民实用、可用、好用、可接受的规划成果。

对于宅前道路、村村通路等街巷空间，规划设计多在现状道路基础上，通过补充路旁绿化、添置景观节点、丰富围墙界面、增设标识标牌等手段，低成本地优化美化现状街巷，让村民能够切身感受自己生活环境变化。

对于开敞空间，规划在现状基础上，融入地方"龙"文化要素。在现状调研过程中，深度挖掘村庄村名来源及历史典故，规划设计"龙情餐厅""龙情民俗""龙溪垂钓园""龙灯游园会""龙图腾"等多元"龙"文化表现形式，将特色文化融入至村民生活的方方面面。

对于服务设施，结合村民问卷调查情况，听取民生民意，按照村民所需，改造村委会前休闲广场、新建村民文化大院，利用村庄闲置宅基地改造为村级养老服务站兼顾老年人医疗养护功能，最大程度上满足村民需求。

四、实用性村庄规划的建议和思考

1.自上而下的落实与自下而上的衔接

目前村庄规划指标大多是来自上位县、乡镇级国土空间规划下发，中央一号文件中虽已明确提出各乡镇应安排不少于10%的城镇村建设用地指标用于村庄产业发展和建设，但村庄产业企业分布很难实现均分，指标分配也存在村庄之间的侧重，在此前提下，就需要规划师通过实际调研、识别、指标评价，科学合理地将有限的指标落实到空间上。与此同时，从村庄实际发展情况入手，按照真实图斑如实反映村庄建设情况，实现自下而上的反馈机制，则可以更好地反馈建设用地情况，也能更好地指导有限指标的合理分配与利用。本次研究最终整理、功能置换以及退耕的建设用地指标也为上位县乡镇级国土空间规划的指标分解分配和建设用地边界绘制提供了依据，更加追求数据真实性和准确性，也期望通过本文这种自上而下和自下而上相结合的研究思路和方法，为后续相关村庄规划编制工作提供参考。

2.村庄建设用地识别和优化模式探索

随着中国城镇化率的不断提升，村庄未来发展面临的可利用建设用地指标实际上是微乎其微的，未来村庄建设的重点应是侧重于推进村庄全域土地综合整治、盘活存量集体建设用地、赋能低效闲置建设用地，在满足上一级建设用地指标要求前提下，实现控制、缩减或者是平衡村庄内部建设用地指标的。本次研究主要围绕建设用地宅基地和工矿地集约节约发展两个层面，对目前村庄用地情况进行精细化评估、识别、梳理，摸

底现状建设用地实际使用情况，同时对村庄内部闲置、低效、废弃建设用地进行优化，采取功能置换、有偿租赁、易地搬迁、退耕等多种途径，有效盘活存量建设用地，提升农村土地资源节约集约利用水平，优化村庄建设用地规模布局，也进一步推进区域内部指标增减挂钩、闲置资源互惠再利用。

3.陪伴式服务，做能看懂、可落地的规划

经过本次村庄规划设计实践，乡村规划师更多思考的是我们到底要做些什么？我们在村庄规划的过程中能为村民带来什么？村民到底需要什么？如何制定让村民能够读懂的规划？在村庄规划过程中，我们不应该只是一个法律条文的"下发者"，而是村庄发展的"引路人"，是村民意愿的"转述者"，是村庄发展、村民自主建设、自我管理、村庄健康发展的引领者。

在本轮规划设计中，从前期资料收集、现场调研、村民问卷调查，到中后期成果公示、村民手册印发、现场答疑、成果修改，甚至后续的现场改造施工等一系列完整历程，规划师从始至终一直提供长期陪伴式服务，真正实现"决策共谋、发展共建、建设共管、效果共评、成果共享"的陪伴式服务，大幅提升乡村规划质量，真正实现满足地方政府管理要求、融入村规民约、响应村民诉求的能用、好用、可用的实用性村庄规划。

参考文献

[1]孙瑞 王月波 荣钰 等 "传导与实施"双视角下的村庄规划研究——以邢台市赵村为例[C]//面向高质量发展的空间治理——2021中国城市规划年会论文集（16乡村规划）2021:1467-1479

[2]黄瑞 李红 "多规合一"的实用性村庄规划编制实践思考——以腾冲窜龙村为例[J] 绿色科技 2022,24(21):229-234

[3]龚政 国土空间规划背景下的乡村振兴发展模式——以义乌地区多规合一村庄规划为例[J] 城市建筑空间 2022 29(02):216-218

[4]张辛 孟几喜 多规合一实用性村庄规划编制探索——以邯郸城市香城镇石鼓墩村为例[J] 未来城市设计与运营 2022(09):16-19

[5]李淑雯 国土空间规划背景下村庄规划编制方法探究——以惠州市G村规划为例[J] 房地产世界 2022(19):29-31+59

作者简介

张鹏浩，上海同济城市规划设计研究院有限公司助理规划师。

未来乡村背景下乡村振兴发展策略与规划引导方法研究
——以西部某县乡村振兴专题研究为例

Study on Rural Revitalization and Development Strategies and Planning Guidance Methods in the Future Rural Background
—A Case Study of Rural Revitalization in a County in Western China

余启佳

Yu Qijia

[摘　要]　当前我国乡村存在着基础设施供给不足、生活条件落后等现象，为强化国土资源管理，推进城乡统筹发展，切实补齐乡村建设短板，急需构建以未来乡村发展为引领的乡村振兴发展路径，促进和美乡村建设。本文以县域为本底，规划发展策略、布局空间蓝图；以村庄为单元，配置资源要素、构建振兴路径；以要素为载体，落实规划指引，着力构建"1+5+N"的振兴策略与可实施的规划引导方法，探索未来乡村背景下的乡村振兴新路径，期望能够为乡村振兴发展提供借鉴。

[关键词]　未来乡村；乡村振兴；发展策略；规划引导

[Abstract]　At present, there are insufficient infrastructure supply and backward living conditions in rural areas of China. In order to strengthen the management of land and resources, promote the coordinated development of urban and rural areas, and effectively fill the shortcomings of rural construction, it is urgent to build a rural revitalization development path led by future rural development and promote the construction of beautiful villages. Based on the county, this paper plans the development strategy and layout space blueprint; Take the village as a unit, allocate resource elements and build a revitalization path; With the elements as the carrier, we should implement the planning guidelines, focus on constructing the "1+5+N" revitalization strategy and feasible planning guidance methods, and explore the new path of rural revitalization in the future, hoping to provide a reference for rural revitalization and development.

[Keywords]　future countryside; rural revitalization; development strategy; planning guidance

[文章编号]　2023-92-P-114

一、项目背景

村庄是国土空间规划中的最小行政单元，也是乡村振兴的出发点和落脚点，由于城乡在农村政治经济文化以及生态等方面存在明显差距，导致城乡发展呈现二元发展态势，为缩小城乡差距、实现共同富裕，乡村振兴战略由此孕育而生，而未来乡村规划可使乡村土地格局更加合理、目标定位更加明确，并促进城乡协同发展。为了确保乡村振兴战略顺利实施，必须做好村庄分类和规划引导工作，为乡村发展提供有力支持。当前部分乡村未能合理归类，规划引导实施性不强等问题，为此需要从未来乡村发展的角度出发，为乡村振兴战略的实施与推进提供助力。

二、研究对象和现状特征

1.研究对象

西部某县总面积1890.82km²，辖22个乡镇312个行政村，现有乡村人口约占户籍总人口的70%，是Q省重要的粮食、蔬菜、瓜果主产区。

2.现状特征

（1）乡村生态空间——建设无序、蔓延发展，导致乡村生态空间破碎

由于乡村对生态空间管制的刚性不强，村民对生态环境的保护意识不强，每家每户的农林用地比较分散，很难对乡村有价值的生态资源进行综合开发。由于农户居住和对畜牧养殖的需要，每家每户建设无序，对用地需求不断提高，乡村内部生态空间被挤压，最终破碎化。

（2）乡村产业空间——类型单一、技术落后、低产高耗、污染严重

一是农业生产过量使用化肥和农药，破坏了自然生态系统的平衡；二是随着城乡生产力布局优化和产业梯度转移，部分能耗高、污染大的产业入住乡村，由于监管不到位，乡村空间受到严重污染；三是乡村自生产业附加值不高，且技术落后、设备简陋，资源利用效率低，正逐步被市场淘汰。

（3）乡村生活空间——自我造血能力和吸引力不足，"空心村"问题严重

随着城市化的快速发展，因城乡职能定位的不同，乡村逐步被赋单一的农业生产空间。大多数乡村年轻人因生活所迫，背井离乡去城里打工，只留下老人和小孩在村里。因缺乏年轻人，村内设施配套得不到更新和维护，传统乡村空间肌理和建筑风格逐渐消失，致使乡村不再适宜居住，呈现出大量"空心村"。

（4）乡村文化发展——人口外流，乡村传统文化传承逐渐没落

乡村传统文化传承逐渐没落。一是乡村人员的流失，乡村文化缺少传承，逐渐没落；二是乡村公共空间的形成大多是置入型的彻底改造，并不是根据村民需求由村民自主建设，导致改造后的空间与村民的传统生活习惯相脱离，因其物质空间被毁，其所承载的乡土文化也逐渐消失；三是县域目前是以特色乡村示范带动周边乡村发展，但带动示范用并不是特别强，乡村区域文化联动发展有待进一步加强。

（5）乡村社会治理——村庄逐渐边缘化、乡村秩序结构"灰色化"

随着县域工业化、城镇化建设的推进，交通条件逐步优化，传统的乡村社会越来越边缘化，同时随着乡村人口的外流，在地理空间上的"空壳

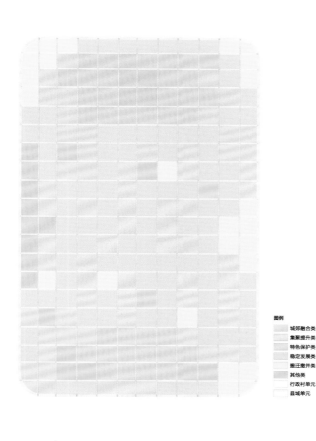

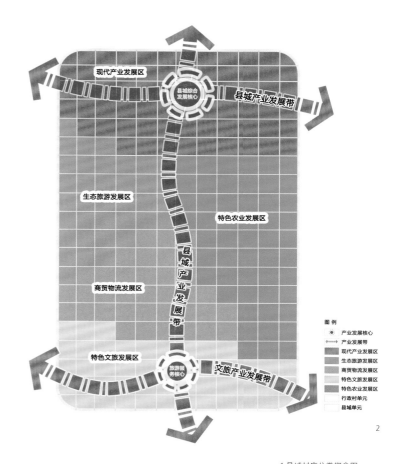

1.县域村庄分类概念图
2.县域乡村产业发展规划概念图

化"，在乡村秩序结构上的"灰色化"，传统乡村低效的生产方式和不适宜的文化习俗，将逐渐被新时代淘汰。

三、乡村振兴发展策略

以村庄分类作为各类村庄发展依据，以县域作为乡村振兴战略空间布局载体，以村庄内部要素作为规划实施基础，构建"1+5+N"乡村振兴规划体系，包括"1"大村庄分类，"5"个发展战略，"N"类要素控制。

1."1个"村庄分类策略

依据根据中共中央、国务院《乡村振兴战略规划（2018—2022年）》，结合地方相关政策文件，将村庄分为：城郊融合类、集聚提升类、特色保护类、稳定发展类、搬迁撤并类及其他类村庄。

（1）构建要素"三评价"

对接"双评价"的影响要素及其成果，构建村庄"双评价"体系；根据问卷所反馈的数据，构建"村庄实力评价"体系；根据规划项目对村庄的影响情况，构建村庄"规划影响评价"体系。通过每个评价的对村庄类型进行筛选，并结合筛选原则：搬迁撤并类＞城郊融合类＞特色保护类＞集聚提升类＞整治改善类，对村庄类型的优先筛选等级进行二次筛选，得到村庄初步分类成果。（表1）

（2）开展成果"两对接"

对于初步分类，需与相关规划进行对接，重点借鉴；同政府管理人员及村民代表有效对接，完善村庄分类成果。

（3）村庄分类引导

根据村庄分类成果，对各类型村庄的发展做出建议性指导，为后续村庄发展指明方向。

2."5大"县域发展策略

（1）生态共生策略

以自然生态本底，构建"山水林田草"与"产城乡人文"一个生命共同体的大共生格局，建设一个"田做底、水理脉、林为屏"的生态县。

（2）产业共融策略

改变"单点作战"局面，以"乡村田园"为统筹，做强优势产业集群，建设一个"一园一品、差异发展、产园联动"发展新格局。

（3）生活共享策略

保障乡土公共文化生活，构建城乡互动的多级、多样公共服务体系，建设一个城乡公共设施等值配套、共建共享、幸福宜居的城乡融合示范县。

（4）文化共育策略

突出县域的文化保护和传承，需以乡村公共空间和乡村历史文物为载体，以中心村为中心，打造"文化体验单元"，以片区为主题，共育"特色文化品牌"，最终建设一个"文化繁荣、文旅联动"的县。

（5）社会共治策略

新的乡村社会治理，需以自治为核心，展现乡村社会治理的民主本质；以法治为保障，确保乡村社会治理的良好秩序；以德治为引领，优化乡村社会治理的价值导向；以平安为目标，构建乡村社会治理的监督检查机制。

3."N类"要素控制策略

以村庄分类为基础，以发展战略为指引，以高原美丽乡村建设和村庄用地管控为抓手，对策略引导下

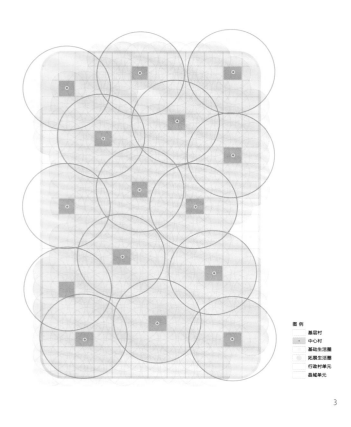

图例
- 基层村
- 中心村
- 基础生活圈
- 拓展生活圈
- 行政村单元
- 县域单元

3

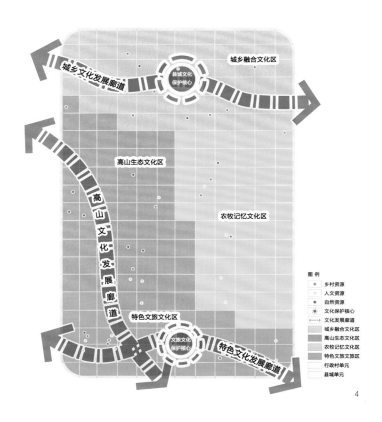

图例
- 乡村资源
- 人文资源
- 自然资源
- 文化保护核心
- 文化发展廊道
- 城乡融合文化区
- 高山生态文化区
- 农牧记忆文化区
- 特色文旅文化区
- 行政村单元
- 县域单元

4

3.县域乡村生活圈规划布局概念图
4.县域乡村文化发展规划概念图

的各类村庄，在生活垃圾、生活污水、乡村厕所、有机废弃物、村容村貌和建设用地等要素方面进行规划引导，实现县域最终的乡村振兴。

四、乡村振兴规划引导

1."1个"村庄分类规划引导

（1）城郊融合类

村庄的发展建设应随周边城镇的发展协调推进，位于城镇建设区的村庄，其未来的发展目标、用地规模、产业发展、设施完善等内容应结合城镇建设区统筹安排。位于城镇建设区外的村庄，主要作为城镇的后花园，以集约土地、绿色发展为原则，根据村民搬迁意愿，通过集中安置和分散安置的方法，实现城镇化。村庄近期以环境整治、村庄危房维护修建、公共服务设施提升为主，重点控制村庄违法建设、盘活集体经营性用地；远期根据村庄发展需求和周边城镇需要对村庄进行减量提质。

（2）集聚提升类

村庄以建设用地增减挂钩、耕地占补平衡为原则，其发展主要通过对内部资源整合优化进行减量提质。通过盘活集体经营性、腾退废弃的农村宅基地，优化布局村庄公共服务设施用地，对村庄建设用地进行减量提质；通过对村庄环境与风貌进行整治，提高村庄的人居环境品质；通过系统性开发与保护山水林田湖草等非建设用地，提高村庄生态环境容量。

（3）稳定发展类

村庄以人居环境整治、提升公共服务设施水平为重点。村庄的发展应在村集体统一安排下，对主要道路和设施进行更新改造，同时鼓励村民对自己的宅前屋后进行微更新，最终实现村庄的有机更新。民宅的更新要与村庄整体风貌特色相协调，其改建方案应根据村庄地形、地貌环境，以及规划建设控制要求相一致。同时以建设用地增减挂钩为原则，严格控制村庄建设用地规模。

（4）搬迁拆并类

局部搬迁：村庄局部宅基地位于高压走廊内，位于污水厂、垃圾处理场影响范围内，以及位于地质灾害隐患区内的村庄，可以采取局部若干户搬迁，在本村域内进行统筹安置。

整村搬迁：主要是位于地质灾害易发区内、生态保护区内或是交通区位极度偏远且经济条件很差的村庄，村庄选址应以村庄建设适宜性评价为依据进行科学选址。

村庄在实施搬迁之前应以环境保护、生态保育为目标，明确村庄的迁建方案、实施时序和安置标准。应以建设用地增减挂钩为原则，对实施搬迁后的旧村应限期进行拆除复垦。

（5）特色保护类

特色保留：村庄应加强历史文化、传统风貌的保护和延续，以"严格保护、永续利用"为原则，其整体风貌引导可与文化旅游等相关产业有机结合。

申报待批类：村庄应重点凸显村庄的特色要素，有序引导村庄特色集约发展，同时应控制村庄建设用地规模，避免建设用地无序扩张浪费。

（6）其他类

在未分类之前，以保持村庄现状为基础，改善村庄基础设施建设和公共服务配置。再通过现状调研、科学论证、村民协商等治理方法，将村庄逐步分类，做到能分尽分，分类后按对应类别引导原则进行引导。

2. "5大"发展策略规划引导

（1）乡村生态共生规划引导

根据县域乡村生态空间格局和县域自然资源特点，将县域乡村生态空间划分为核心生态区、重要生态区、生态维育区、生态调控区四个区域，并对不同分区进行规划管控（表2）。

（2）乡村产业共融规划引导

县内乡村产业转型升级需因地制宜，推进"一园一品、差异发展、产园联动"发展，不断将乡村的生态资源转化为可变现的生态资产。主要通过"资源变资产、资金变股金、农民变股东"的"三变改革"，重构新型集体经济。构建以县为单位整体的集约高效的乡村生产体系，实现乡村生产集约化、高效化和绿色化发展。根据县内各乡镇特点，围绕促进和深化农业供给侧结构性改革，形成"两核、三带、五区"的空间发展布局，推动农业的提质增效。

①促进乡村产业融合发展

根据县域现状产业条件，确定走"一产稳农、二产提农、三产活农"的融合道路，突出抓好农业内部融合、农业工业融合、农业旅游业融合、农业商贸业"四个融合"，建立农村一、二、三产业融合发展体系。

②培育壮大新产业新业态

一是大力发展乡村文化旅游产业；以全域旅游助推乡村振兴，立足县域历史和民族文化，将文化创意和设计作为培植文化产业竞争力的重要抓手，精心培育以文化创意、节庆会展、民族演艺、艺术产品为代表的文化产业竞争力。二是加快发展农产品电子商务；发挥好县域作为国家电子商务进农村综合示范县的优势，统筹实施电商服务中心提升、特色电商平台建设、电商经营主体培育、电商物流配送建设、电商品牌打造等工程，建设西北地区电商重要城市。

③推进农村创业创新

一是健全农村创业服务保障机制，为有乡村情怀的创业人员提供有利的政策条件和一定的资金支持，引导在外地的本乡村人群创意与在地乡土人群创意相结合，实现乡村万众创新。二是搭建"乡村特色"创业孵化大平台，主动对接乡村特色优势产业和农业新产业新业态，以发展乡村特色经济为着力点，重点建设村民创业孵化示范基地、生态农业园区等创业孵化平台。三是全面推进乡村"大众创业、万众创新"，着力培育创新创业领军人才，举办创新创业竞技比拼大赛，开设农民自主创业培训课程，促进实用技能提升，每年开展各类农村实用技术培训不少于4次，培

表1   **"三评价"综合评价指标表**

评价体系	一级指标	二级指标	评价作用
双评价	用地发展潜力	农业生产潜力	筛选搬迁撤并类村庄
		城镇建设潜力	
		生态保育潜力	
	用地适宜性	农业生产适宜性	
		城镇建设适宜性	
		生态保护适宜性	
村庄建设实力评价	用地	人均建设用地面积	筛选集聚提升和搬迁撤并类村庄
		建设用地连片度	
		户均宅基地面积	
	人口	户籍人口密度	
		老年人口占比	
		外出人口占比	
	经济	人均收入	
		村集体收入	
	设施	对外交通通达度	
		现状小学服务覆盖水平	
		现状医疗设施服务覆盖水平	
		现状养老设施服务覆盖水平	
	资源	自然保护区空间	筛选特色保护类村庄
		历史文化资源	
规划项目影响评价	重要项目	"十四五"规划重点项目空间分布	筛选搬迁撤并类村庄
		经济开发区和产业集聚区空间分布	
		重大基础设施空间分布（变电站、高压走廊、机场、港口等）	
		乡村振兴战略规划重点项目空间分布	
	交通及服务设施	主要道路干线、水运航道、站点和高速出入口空间分布	筛选集聚提升和整治改善类村庄
		规划小学服务覆盖水平	
		规划医疗卫生设施服务覆盖水平	
	规划用地	城市规划扩展边界覆盖区	筛选城郊融合和搬迁撤并类村庄
		土地规划用地调整边界覆盖区	

表2   **县域乡村生态空间分区管控表**

生态区名称	主要生态要素	分区管控要求
核心生态区	生态红线	区内严禁破坏生态的各类开发建设活动，严禁随意改变区内用地用途。确保区内生态功能不降低、面积不减少、性质不改变。生态保护红线区内可根据自生需要，依法设立各类生态保护区域，并按照现有法律法规进行管理
重要生态区	生态极重要区扣除生态红线区，包括自然保护区，森林公园，地质公园，风景名胜区核心区，湿地公园，水产种质资源保护区，其他生态保护红线外敏感区	巩固和提高主导生态服务功能，严格禁止与区内主导用途不相符的各类开发建设活动，按照现有法律法规进行管理。 自然保护区：核心区仅供开展科学实验、教学实习、培育稀动植物等研究活动；缓冲区内严禁任何污染环境的工业企业及构筑物。 森林公园：禁止任何形式的毁林行为，核心景区除必要的保护和附属设施外，不得进行其他建设行为。 地质公园：禁止任何单位和个人非法侵占或破坏； 风景名胜区：核心景区属于禁止建设范围，除资源保护、生态修复外，不应建设与风景保护无关的建筑物；非核心景区内建设行为符合《风景名胜区管理条例》相关规定，且应当经风景名胜区管理机构审核后，依照有关法律、法规的规定办理审批手续；[1] 湿地公园：湿地公园保育区及恢复重建区禁止进行与保护无关的任何活动，其他区域未经允许，不得擅自占用湿地公园； 水产种质资源保护区：禁止在水产种质资源保护区内从事围湖造田、围海造地或围填海工程，禁止新建排污口；在进行科学研究、水生生物资源调查等活动，应遵守有关法律法规，不得损害水产种质资源及其生存环境； 其他生态保护红线外敏感区：禁止进行任何可能破坏降低生态保护红线质量的活动
生态维育区	生态重要区内重要林地、湿地、河流湖泊	此区是生态与生产过渡区，在保持生态品质不下降的前提下，可以允许有条件的进行限量的生产活动，在此区内，应鼓励有条件的乡村地区，通过增加生态产品和服务供给，使得生态资源最大化价值实现，促进乡村生态产业化发展
生态调控区	一般草原、湿地、河流、滩涂、荒地等	此区是生态与生活过渡区，在不影响生态品质的情况下，县人民政府每年可以预留部分浮动指标用于开发建设，有开发建设需求的乡镇，须经县人民政府审核同意后向州人民政府申请开发建设指标

训农民超过1000人次。

（3）乡村生活共享规划引导

①道路交通设施规划引导

构建县域乡村地区绿色交通。在落实区域主干路网，完善新区大交通体系的基础上，规划提出构建乡村公交体系，提升出行便捷程度，充分保障10min出行半径生活圈、20min出行半径通勤圈，服务短距离生活出行。

②乡村公共服务设施规划引导

依据县域乡村特征和农村居民实际需求特征，规划针对县域地形特征以及乡村空间分布特点，将地区划分城郊、其他区两类，提出"基本生活圈——拓展生活圈——外延生活圈"的三级生活圈结构，构建县域乡村公共服务设施"二类三级"乡村生活圈配置体系[2]（表3）。

③乡村市政基础设施规划引导

根据村庄自然条件，布局重大基础设施，并以村庄类型为依据，改造和配建村内的市政基础设施，实现乡村"新五通，一亮化"，各类型村庄基础设施的基本配置标准如表4所示。

（4）乡村文化共育规划引导

乡村文化往往是以乡村公共空间为空间载体，呈现村民的日常交往、民俗节庆等公共活动为主。传承与发扬物质和非物质文化遗产，结合乡村现有文化遗产，差异分工，构建以历史文化、生态文化、乡村文化为主题的旅游片区，构建"两心三带、四区多点"的全域文旅联动新格局。

（5）乡村社会共治规划引导

①建设自治乡村

习近平总书记明确要求"注重动员组织社会力量共同参与，发动全社会一起来做好维护社会稳定工作，努力形成社会治理人人参与、人人尽力、人人共享的良好局面"[3]这是对乡村社会治理通过自治实现民主化的本真阐释，其中的"社会力量"主要包括社会组织和乡村居民，二者构成了乡村社会治理中的自治主体。

②建设法治乡村

法律是道德的底线，乡村社会治理应坚持以法制为基础，强化法律在乡村治理中的权威地位。通过开展法治教育，引导高乡村居民遵法学法守法用法，进而提高居民的法治观念和法治素养。完善乡村公共法律服务体系，成立村级服务站和人民调解委员会，建立"一村一法律顾问"制度，把村民矛盾纠纷化解在萌芽状态。

③建设德治乡村

道德是人们的心中之法，乡村社会治理应充分发挥道德的规范和引领作用。通过德治来体现和引导，破解乡村社会治理中法律手段太硬、说服教育太软、行政措施太难等难题。以德治净风气、正言行、解矛盾，乡村社会治理的要求也才能真正在广大村民中内化于心、外显于行[4]。

④建设平安乡村

落实社会治安综合治理领导责任制，健全"一级抓一级、层层抓落实"的工作局面，完善考核评价指标体系，健全奖励惩处机制。在乡村通过动员全体村县域基层干部，持续进行扫黑除恶专项斗争，严厉惩处"黄赌毒""盗拐骗"等违法犯罪行为，共同构建平安乡村。

3. "N类"要素控制规划引导

以乡村人居环境整治和村容村貌提升为主攻方向，加快建设"产业生态化、居住城镇化、风貌特色化、特征民族化、环境卫生化"的美丽宜居村庄。以村民需求为导向，建立生活共享机制，确立以"乡村生活圈"为主导，配置医疗、卫生、住房、教育、公共交通等公共服务设施，集约并多元化发展乡村公共生活空间。积极倡导绿色低碳生活理念，推行绿色生活方式，努力打造一种"田园化、生态化、有特色"的乡村生活环境。

（1）推进乡村生活垃圾治理

乡村生活垃圾治理采取"村收集、镇转运、县处理"的方式，通过每户配备垃圾桶，每村（组）至少配备1个以上垃圾收储设施，每个乡（镇）配备必要的垃圾收运车辆和转运站，实现乡村生活垃圾处理率达100%。

（2）推进乡村生活污水治理

乡村生活污水坚持集中处理与分散治理相结合进行治理。对于城郊融合类村庄，将生活污水就近纳入城镇污水收集管网集中统一处理；对于其他类村庄，根据村庄规模大小分散配置相应规模的污水处理设施。污水处理设施产权归属于村集体，由村委负责行，由当地村民负责管护。

（3）推进乡村厕所革命

在村内逐步推进旱厕改水冲式厕所，按照"人畜分离、厨卫入户"的要求配建乡村卫生户厕，按照"水冲厕+装配式三格化粪池+资源化利用"的方式配建乡村卫生公厕。

（4）推进乡村畜禽养殖废弃物资源化利用

表3　　县域乡村"二类三级"乡村生活圈模式

	城郊乡镇			其他乡镇		
	基本生活圈	拓展生活圈	外延生活圈	基本生活圈	拓展生活圈	外延生活圈
服务人口	1000~3000人	5000~10000人	9000~20000人	500~3000人	2000~6000人	5000~15000人
参考出行方式	步行15min	摩托车5min、公交5min	摩托车10min、公交10min	步行15min	摩托车5min、公交5min	摩托车10min、公交10min
空间界限	村域内	中心村服务周边	乡镇辐射范围	村域内分2~4个基本生活圈	中心村内或服务周边	乡镇辐射范围

表4　　村庄基础设施分类及项目基本配置表

类别	项目	集聚提升类、城郊融合类	特色保护类、稳定发展类	搬迁撤并类	其他类
道路交通	公交站点	应配建项目	应配建项目	根据实际情况按需配建项目	根据实际情况按需配建项目
	停车场	应配建项目	应配建项目	根据实际情况按需配建项目	根据实际情况按需配建项目
市政设施	变压器/配电室	应配建项目	应配建项目	根据实际情况按需配建项目	应配建项目
	液化气储备站	应配建项目	应配建项目	根据实际情况按需配建项目	根据实际情况按需配建项目
	污水处理设施	应配建项目	应配建项目	根据实际情况按需配建项目	应配建项目
	水泵房	非集中供水村庄			
环境卫生	垃圾收集点	应配建项目	应配建项目	根据实际情况按需配建项目	应配建项目
	垃圾中转站	应配建项目	根据实际情况按需配建项目	根据实际情况按需配建项目	根据实际情况按需配建项目
	公共厕所	应配建项目	应配建项目	根据实际情况按需配建项目	根据实际情况按需配建项目

加快配建高效的畜禽养殖粪污处理设施建设，在全县推进畜禽粪污资源化利用水平。同时构建秸秆收储运体系，规范秸秆还田技术标准，提高秸秆饲料化、能源化利用水平。

（5）提升乡村村容村貌

开展"三清、五改、治六乱"和垃圾治理为主的专项行动。建好、管好、护好、运营好"四好农村路"，加快农村电网改造升级，完善村庄公共照明、通信等设施。推进乡村绿化行动，形成道路河道乔木林、房前屋后果木林、公园绿地休憩林，做到拆墙透绿、建路配绿、腾地造绿、借地布绿和见缝插绿，全面提升乡村村容村貌[5]。

（6）控制乡村建设用地

①集约化利用农村宅基地

严禁占用基本农田、自留地、自留山、生态公益林内进行农村宅基地建设，农村宅基地坚持"一户一宅"；严禁将临时建筑物建成永久性建筑物；严禁城镇居民在农村购置宅基地或到农村建房。

②优化布局乡村设施用地

坚持城乡融合发展，以"乡村生活圈"为依托，建立覆盖城乡、均衡布局的公共服务体系。在县域统筹镇村公共服务设施用地供给，实现协同共享、均等分级。根据村庄自然条件，布局重大基础设施，并以村庄类型为依据，改造和配建村内的市政基础设施，实现乡村"新五通，一亮化"。

③盘活乡村集体经营性用地

推进集体经营性建设用地家底摸查与使用权确权登记。探索集体土地整备利用，引入市场力量，对经营性建设用地的农村集体存量土地进行整合和土地前期整理开发、统一招商，推动集体土地连片开发。对于分布分散和位置不同的农村集体经营性建设用地，由农村集体经济组织统一整理后，可通过出让、租赁、入股等多种方式流转。对于多余的、荒废的宅基地与农房，在农民自愿有偿退出的前提下，进行非农用地使用权流转。

五、结语

县域未来乡村探索与实践，是以县域为本底，规划发展策略、布局空间蓝图；以村庄为单元，配置资源要素、构建振兴路径；以要素为载体，落实规划指引，着力构建"1+5+N"的振兴策略与可实施的规划引导方法，将未来乡村的空间布局与乡村振兴战略有效衔接，最终共同促进乡村地区又好又快发展。未来乡村规划还在不断完善之中，未来乡村背景下乡村规划策略与规划引导的探索还需紧密

围绕乡村振兴战略在理念、技术方法上不断革新和探索。

（项目还在编制与完善中，本论文仅作学术交流使用，最终成果以西部某县国土空间总体规划批复成果为准。）

参考文献

[1]国家级风景名胜区规划编制审批办法 中华人民共和国住房和城乡建设部令第26号 [EB/OL] http://www.gov.cn/gongbao/content/2015/content_2978261.htm

[2]罗静茹 周垒 周学红 "乡村生活圈"在县域乡村公共服务设施规划实践——以四川省西昌市为例[C]//中国城市规划年会 2019

[3]中国中央文献研究室 习近平关于全面建成小康社会论述摘编[M] 北京：中央文献出版社，2016

[4]孙迪亮 论乡村社会治理的系统性[J] 齐鲁学刊 2019(04) 108-116

[5]云南省乡村振兴战略规划（2018—2022年）[EB/OL] https://m.yunnan.cn/system/2019/02/11/030197639 shtml?from=singlemessage

作者简介

余启佳，上海同济城市规划设计研究院有限公司《理想空间》编辑部编辑。

上海市郊野乡村风貌规划设计导则
Guidelines for Planning and Design of Suburban and Rural Style in Shanghai

[编制单位] 上海同济城市规划设计研究院有限公司，上海市城市规划设计研究院
[获奖情况] 2019年度全国优秀城市规划设计奖二等奖，2019年度上海市优秀城乡规划设计奖一等奖

1.上海乡村肌理特征示意图
2.河道联通示意图
3."退塘还湿"模式图

一、规划背景

乡村地区是展现自然特色、保育生态空间、传承历史文化的重要载体，也是转变发展理念、创新发展模式，推进新型城镇化建设的重点领域。

上海郊区乡村风貌呈现典型的江南特质，河湖水系、农田林地和自然村落交融共生，独具魅力与特色。《上海市城市总体规划（2017—2035年）》明确提出"保护江海山岛自然生态基底，保护河口冲积型和水乡聚落型自然文化景观，促进自然山水与现代化国际大都市风貌和谐共生"。

改革开放以来，上海的乡村经济得到快速发展，而乡村地区的生产生活方式也随之重构。一方面，城镇用地的快速扩张、高速公路等城市对外交通建设、高等级河道水系的疏浚和硬化改造、大规模高压输变电线路等工程设施，在为城市提供现代高效基础服务的同时，也对美丽的郊野格局和自然风貌带来了一定的负面影响；另一方面，生态林地保育和扩建、自然河道生态化治理、农业面源污染防治等领域的工作推进，相对滞后于上海城市经济和城镇化发展速度。

此外，随着经济发展和农民生活水平的提高，为了改善居住条件，农村住宅大量翻建，其间许多拥有鲜明地方特色的古宅被拆除，新建住宅样式繁多，往往根据业主喜好，大量引入西方建筑元素，不同建筑符号和式样相互拼贴，同一村庄的住宅建筑也各不相同、争奇斗艳，整体乡村建筑风貌体现出杂糅、拼贴的特点，传统建筑肌理和风貌被严重破坏。

上海市郊野乡村风貌规划设计导则的编制，旨在市域空间塑造上海的整体特色文化风貌，体现历史传承与现代都市的融合，创新性地提出国际大都市郊野风貌的设计手法和工作路径，推动上海乡村地区可持续发展。

二、规划要点

1.多角度展现郊野文化基因，精准引导"工笔江南"水乡画境

上海属长江三角洲冲积平原，陆域以古海岸线"冈身线"（外岗—南翔—马桥—柘林—漕泾）和长江分界，由于水系形态和生产生活方式的差异性而形成截然不同的乡村景观特色：以西江南水乡风貌区，乡村呈现沿密集水网分布的高密度聚落特征；以东滨海平原风貌区，乡村

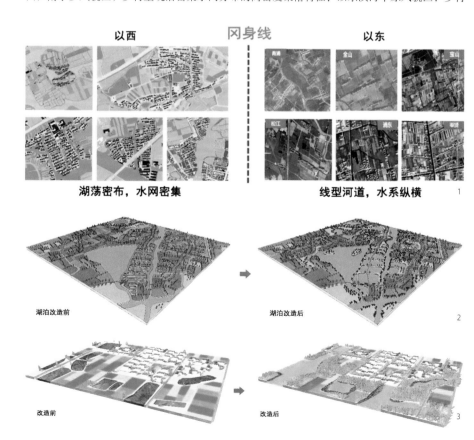

冈身线

以西　　　　　　　　　　以东

湖荡密布，水网密集　　　　线型河道，水系纵横　　1

湖泊改造前　　　　　　　　湖泊改造后　　2

改造前　　　　　　　　　　改造后　　3

呈现聚落沿水塘集中分布的特征；崇明三岛沙岛田园风貌区，以围垦为特色，乡村呈现水系平直、聚落沿水渠平直分布的特征。

冈身线以西地区（主要包括嘉定、青浦、松江、金山等区）成陆时间较久，拥有大量景色优美的天然湖泊湿地，并且大小河道纵横、水网密布，村落与集镇依水而建，呈现出沿密集水网分布的高密度聚落特征，属典型的江南水乡地貌。

冈身线以东地区（主要包括宝山、浦东、奉贤等区）伴随着先民的生产与生活逐步拓展成陆，其地貌形态与地域文化均受到以渔业、盐业为代表的海洋文化的影响，水塘散布、河渠纵横、水网密度不高，乡村聚落沿水塘集中分布。

崇明三岛地区（即崇明、长兴、横沙三岛）作为长江河口冲积岛，地势平坦，围垦大堤圈层式向外扩张，开垦形成广袤的良田。全岛水渠农田形态平直，

乡村聚落沿水渠分布，地貌呈现典型江海交汇处的生态湿地景观及开阔平坦的万亩良田景观。

导则划定水乡风貌区、滨海风貌区和崇明三岛风貌区三类乡村风貌区，提炼及延续地形地貌、建筑风格、空间肌理等特征，精准引导"工笔江南"的水乡画境。

2.全方位塑造都市田园风貌，师法自然，延续江南水乡肌理

以"水、田、林、路"构筑郊野地区的生态基底，以"村"延续生活环境和文化记忆，凸显上海郊野的原生态自然风貌和原乡土景观特色。师法自然，生态筑底，构筑大都市郊野地区宽广丰富的生态基底，传承和展示"绿水相依、田林相伴"的上海原生态自然风貌特色。

（1）以水为脉

保护"江、河、湖、海"水网风貌，保持、恢复河流的自然走向和优美形态。梳理水网脉络，增加各级河道的连通性。对乡村内河流、湖泊、池塘等要素的密度、规模、布局、断面、岸线设计等对象进行控制引导。开展多种模式的"退塘还湿"，通过建设郊野湿地公园、湿地小品、湿地污水处理站等，发挥湿地的多种生态服务功能和生态效益。实施水岸的贯通开放，提高水岸空间的可达性，建设自然蜿蜒的慢行系统，增加滨水小型开放空间节点。

（2）以林为肌

加强各类林地建设，完善江海防护林带，推动通道林如道路防护林、铁路防护林、高压线走廊防护林、河道防护林等，完善水源涵养林。依托水网塑造展现"有水就有林""村旁伴有林"的林地风貌。并从林相景观上进行风貌优化，注重不同树种的搭配运用和季相变化，做到"春有花开、夏有果香、秋有

5.林地系统示意图
6-7.林网依水、村旁建林风貌模式图
8.滨水开放空间节点示意图

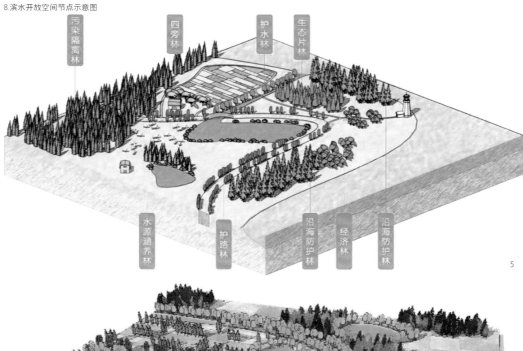

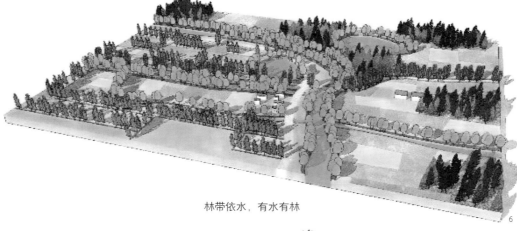

林带依水，有水有林

林带环村，村旁伴林

彩叶、冬有翠绿"的季相变化。允许并鼓励低干扰原则为前提的开放共享，在林中适当引入慢行道，引入休闲游憩活动与相关配套设施，严控材质与体量，最大限度地融入自然环境。

（3）以田为底

严格保护基本农田，优化农田肌理，引导适地适田，大田和小规模耕地形成不同的肌理景观。化田成景，塑造优美的田园风貌，农田的四周、田间主干道、河道岸坡和灌溉泵站周边空间开展特色种植。尤其强调农田与林地的关系，鼓励田林斑块交织的种植方式，构建农田林网。

（4）以路为骨

构建层级清晰、功能明确、景观优美的乡村道路系统，通过对农村公路的连接、公路行道树及沿路林带建设，以及道路沿线的水系、林地、耕地等的风貌控制，形成郊区的带形生态网络。新建乡村道路与水、田、林充分结合，线型考虑与现状景观资源的关系，自然优美，遇景则弯。确立三种道路模式：对景方式，即道路线型正对建筑、树林、山坡等景观资源，形成良好的观景视线；展景方式，即道路边侧具有良好的景观资源，可降低行道树种植密度，或设置观景平台等；让景方式，即道路线型弯曲避让景观资源，或车道分开，形成景在路中的效果。同时鼓励田间道路为方兴未艾的休闲农业和体验农业提供交通支撑，走向和线型需兼顾景观性和体验性，可充分展示田园美景，便于参与田间劳作和生态实践。

3.全场景文脉传承，再现上海大都市郊野特质的江南文化氛围

从传统的小渔村，到逐渐融合了现代文明的大上海。乡村的物质环境与社会人文特色具有城市所无法替代的非凡价值，是承载上海传统文化的重要载体。

水墨江南，传承创新，塑造文化底蕴深厚的上海"新江南田园"特色，培育江南文化为主的本土特色文化。重点保护2个中国历史文化名村和5个中国传统村落，拓展保护风貌特色村（表1）。

注重传承江南水乡村庄肌理，提炼现状村落形式和建筑构件等要素。延续上海乡村水街相间、幽巷通岸、临水而居的特色环境格局，实现对地区院落形式和江南水乡民居的再写。

（1）空间肌理巧而美

保持依托水系、小规模散布式聚落格局的传

统村庄布局，保护村落与水系的共生关系，枕河而居的水乡格局，凸显乡村之美：隐于林野的生态村落，沿江向水的传统民居。外部环境强调临水而居，延续和强化不同区域村落与水系相互依托的特色肌理格局。强化村田相映特色，以土地集约高效利用为原则，拆并现有规模较小、地处偏远的村落（少于10户的自然村落），在保留田园景观、农耕场景的基础上，确定合理的村庄规模和村庄密度，营造"田绕村，园围屋"的乡村田园意境。

（2）村居建筑秀而雅

塑造江南为底、融合现代的"沪韵乡居"建筑风格，融合传统建筑特征与现代建筑形式，建成既具有传统意向，又满足现代功能与审美需求的乡居。

整体布局错落，坡顶黛瓦，形式多样，鼓励采用适应上海气候特征、传承传统风貌的多种坡屋顶组合，局部可平坡结合。明确屋面材质以传统小青瓦为宜。立面简洁，雅致清爽，避免繁杂装饰，色彩柔和淡雅，以黑、白、青灰为主。鼓励院宅相依，集约土地，顺应生产生活方式，加强建筑布局、组团格局、自然资源的有机结合，灵活设置围墙，有墙则透墙成景，无墙则绿荫勾勒。

（3）公共环境朴而洁

从村内各空地、边角地、废弃地入手，挖掘可利用的微空间，形成体现传统和现代活动功能的活动空间，并与乡村绿道、水系、街道巷弄衔接，步

表1 历史文化名村、传统村落与风貌特色村一览

保护类型	村庄名称
中国历史文化名村	闵行区浦江镇革新村、松江区泗泾镇下塘村
中国传统村落	松江区泗泾镇下塘村、闵行区浦江镇革新村、马桥镇彭渡村、宝山区罗店镇东南弄村和浦东新区康桥镇沔青村
风貌特色村	浦东新区祝桥镇邓三村、书院镇新北村、书院镇余姚村、书院镇洋溢村、康桥镇沔青村，宝山区罗店镇东南弄村，闵行区马桥镇彭渡村、浦江镇跃农村、浦江镇浦江村，嘉定区华亭镇毛桥村、外冈镇葛隆村，金山区吕巷镇和平村、枫泾镇中洪村、亭林镇金明村、漕泾镇水库村、金山卫镇张桥村，青浦区重固镇章堰村、白鹤镇青龙村、白鹤镇塔湾村、白鹤镇杨梅村、徐泾镇蟠龙村、金泽镇双祥村、金泽镇沙港村、金泽镇钱盛村、金泽镇岑卜村、金泽镇莲湖村、金泽镇新港村、朱家角镇张马村、练塘镇叶港村、练塘镇泖甸村、泖港镇黄桥村、奉贤区柘林镇新塘村、庄行镇潘垫村、青村镇陶宅村、崇明区庙镇米洪村、横沙乡丰乐村、建设镇浜西村、建设镇浜东村、绿华镇华西村、三星镇草棚村

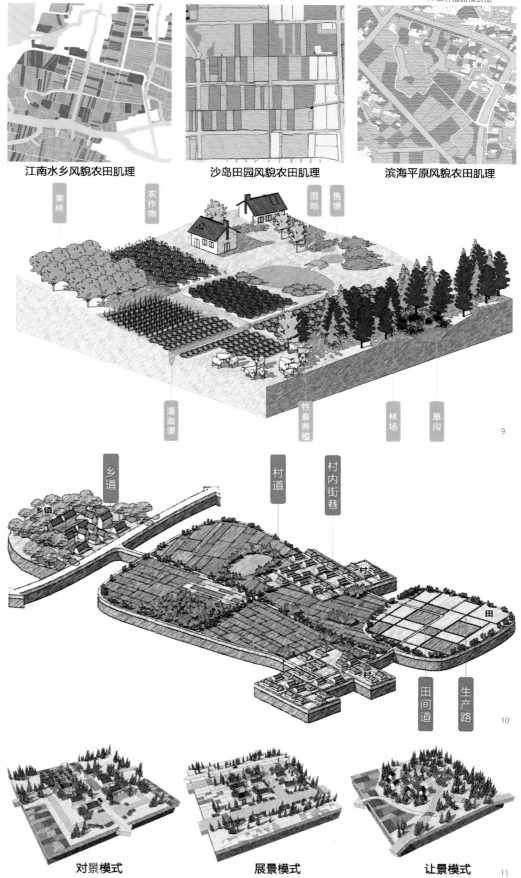

江南水乡风貌农田肌理　　沙岛田园风貌农田肌理　　滨海平原风貌农田肌理

果林　农作物　湿地　鱼塘

灌溉渠　牲畜养殖　林场　草沟

9

乡道　村道　村内街巷

乡镇　村　村　田

田间道　生产路

10

对景模式　　　展景模式　　　让景模式

11

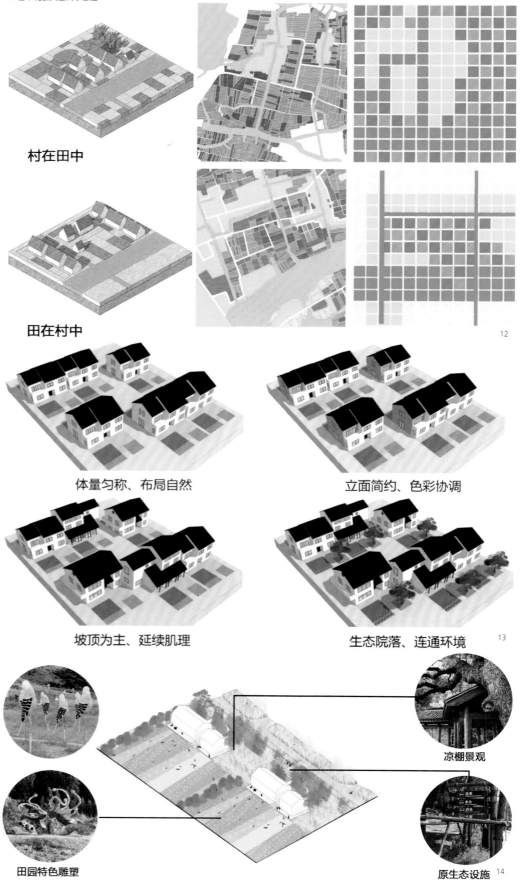

理想空间

12.村田相映模式图
13.建房管控引导图
14.艺术化公共空间示意图

村在田中

田在村中

体量匀称、布局自然

立面简约、色彩协调

坡顶为主、延续肌理

生态院落、连通环境

田园特色雕塑

凉棚景观

原生态设施

行串联，形成网络。乡村艺术，融入环境，利用古家具、古农具打造反映当地文化的主题雕塑，在保证乡村艺术品具有良好的观赏面，融入并提升乡村环境。

（4）传统文化承而兴

充分挖掘非物质文化遗产、传统手工艺、农耕文化等资源，传承活化非遗技艺，提供乡村体验和旅游产品，构筑江南文化为主的上海郊野文化品牌。

4.多维度提升宜居宜业场所活力，植入城乡融合的新业态、新功能

持续助力，幸福田园，衔接大都市发展对郊野地区功能转移的要求，形成既可体验郊野生活，又能承接功能发展的郊野活力区，激发乡村的内在活力。

（1）公共服务人本关怀

应对乡村地区社会结构的演变以及产业结构转型升级，构建全年龄段、多类型的公共服务保障，合理、灵活、差异性地配置公共服务设施，探索社区服务的动态化配置与管理。拓展乡村特色商业、旅游、创业等社会服务，提升乡村社区的归属感和幸福感。

（2）开展智慧乡村建设

根据乡村地区居民点布局分散、规模差异大的特点，在保障供应安全的基础上，积极应用绿色能源和新兴技术，因地制宜配置各类市政公用设施，聚焦污水和垃圾收集处理，开展乡村环境整治。提升乡村地区基础设施的数字化、智能化水平。加强市政场站与设施的景观处理，减少对乡村环境的干扰。

（3）促进产业全面升级

以高科技为引领，推进特色农产品种植、传统生产工艺制作等传统产业的创新发展，培育地域特色，提升经济实力。加强文化旅游体验，探索集文化、生态、农业于一体的旅游体验，充分利用郊野空间的生态特点和地域文化，形成独特的旅游休闲目的地。提供多样化的创新创业空间，结合存量空间的改造利用，提供新型创新创意、创业孵化空间、文化创意、艺术创作、特色金融办公等功能，形成新型工作平台，利用郊野空间环境好、成本低、空间活的优势，培育适宜的都市创新产业。

三、应用实施

导则已于2018年年底发布，全面指导上海郊野地区的生态、文化、功能、建筑等建设，同时对全市乡村地区的风貌塑造起到一定的借鉴作用。

15.上海乡村环境风貌景观　　16.差异化的公共服务设施布局示意图　　17.创新创业空间示意图

导则指导了郊野公园的新一轮建设，更加关注功能和生态的融合。

结合郊野地区的乡镇，建设一批具有特色功能的项目，使创新企业与郊野空间充分结合，形成触媒，带动周边发展。建成后的郊野地区，将成为国内外宾客居住休闲的新空间。

（注：文中图纸、表格均为项目组及合作团队绘制）

主要编制人员（同济团队）：

高崎、章琴、董衡莘、闵晓川、程斯迦、蔡智丹、俞晶、刘梦彬、姜兰英、林峻宁、于福娟、胡冰

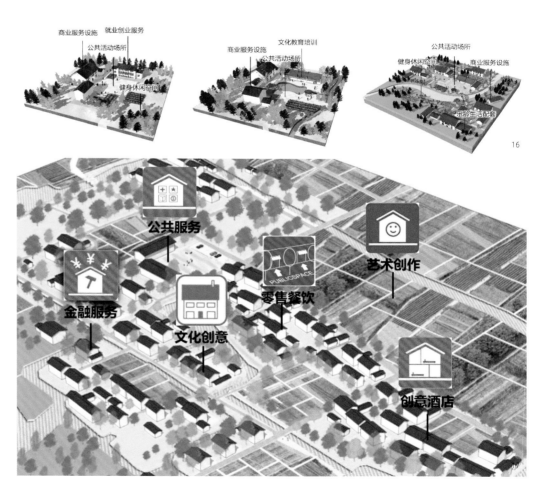

16

助力打造高质量发展的全国样板！同济大学与雄安新区结为战略合作伙伴

3月31日，同济大学与河北雄安新区管理委员会签署战略合作框架协议。区校双方坚持以主动服务国家发展战略为导向，优势互补，协同创新发展，实现互利共赢。签约仪式在雄安新区举行。

河北省委常委、雄安新区党工委书记、管委会主任张国华与同济大学校长郑庆华一行举行工作座谈，并出席签约仪式。雄安新区党工委副书记、管委会常务副主任，雄安集团党委书记、董事长田金昌，同济大学常务副校长吕培明代表双方签署战略合作框架协议。雄安新区党工委副书记、管委会副主任万岷主持，雄安新区党工委委员、管委会副主任安庆杰，雄安新区党工委委员、党政办公室主任王纪平，雄安新区党工委委员、管委会副主任马紫鸿，同济大学副校长童小华等出席。

张国华代表雄安新区党工委、管委会对郑庆华一行的到访表示热烈欢迎。他表示，规划建设河北雄安新区，是以习近平同志为核心的党中央作出的一项重大历史性战略选择，是千年大计、国家大事。雄安新区设立以来，同济大学统筹各方优势资源，在城市规划、建筑设计等方面给予大力支持，为新区建设发展作出了积极贡献。希望同济大学充分发挥学科专业优势，着眼新区建设发展需求，统筹生产、生活、生态三大布局，为科学精准落实上位规划和大规模开发建设出谋划策，助力新区建设产城融合、职住平衡、生态宜居、交通便利的现代化城市。双方要以签署战略合作协议为新的契机，加强沟通交流，形成工作合力，携手推进重大国家战略落地落实。

郑庆华向雄安新区对同济大学长期以来的关心和支持表示感谢，并简要介绍了同济大学的发展历史和学科特色。他表示，此次到雄安新区实地调研考察，深刻感受到中国式现代化的时代意蕴，深刻感受到妙不可言、心向往之的典范城市的独特魅力，更坚定了对深入推进同济大学和雄安新区未来合作发展的信心。面向未来，学校将认真贯彻落实习近平总书记重要指示精神，胸怀"国之大者"，以此次签约为新起点，全面调动自身学科专业优势，进一步整合资源、配足力量，在城市安全、城市规划、建筑设计、智慧交通等领域持续深化务实合作，努力把同济智慧书写在雄安大地上。

根据合作协议，双方建立战略合作伙伴关系，同济大学将发挥优势学科和基础研究溢出效应，支持雄安新区打造贯彻新发展理念的创新发展示范区、新时代高质量发展的全国样板；雄安新区借助高标准、高质量建设雄安新区的重大发展机遇，助力同济大学中国特色世界一流大学建设。合作内容主要涵盖规划建设、人才、教育科研等方面的合作。

当天，同济大学土木工程学院、雄安新区建设和交通管理局共同签署了《雄安新区城市防灾顶层设计咨询服务工作协议》；同济大学建筑设计研究院（集团）有限公司、雄安新区自然资源和规划局共同签署了《雄安新区重点区域城市设计与重点建筑前瞻性研究咨询服务工作协议》；上海同济城市规划设计研究院有限公司、雄安新区自然资源和规划局共同签署了《雄安新区规划回头看（容东）咨询服务工作协议》。

签约前，郑庆华一行先后来到雄安规划展示中心、悦容公园南苑、容东片区城市建设现场、启动区综合服务中心、中国电信智慧城市产业园项目现场参观，了解雄安新区规划及建设情况。

第三届三院联合技术交流会在同济大学成功举办

沪上四月芳菲盛，规划英才聚钟庭。2023年4月8日，以"人民城市，人民规划"为主题举办的第三届三院联合技术交流会在同济大学建筑与城市规划学院钟庭报告厅成功举办。

三院联合技术交流会是由上海市城市规划设计研究院、中国城市规划设计研究院上海分院、上海同济城市规划设计研究院有限公司联合举办的年度技术交流活动，初衷在于为三家单位提供交流互鉴的平台，共同提升规划技术水平，更好地服务人民城市建设。本次活动由上海市城市规划学会、上海市城市规划行业协会指导，同济大学建筑与城市规划学院、长三角城市群智能规划省部共建协同创新中心提供学术支持。

上规院、中规院上海分院和同济规划院的十二位规划师在"落实国家战略""追求人民幸福""建设品质城市"和"规划转型创新"四组单元分享了最新研究和实践探索，并由十位业内权威专家进行了精彩点评，来自上海、无锡、宁波、苏州、南通、杭州、常州等地的上海大都市圈规划研究联盟单位的各方代

表与专家进行了现场交流，四千多名规划界同仁线上共享了这场学术盛宴。

四组单元的主题分享之后，在同济规划院张尚武院长的主持下，与会嘉宾、三院及上海大都市圈规划研究联盟其他单位代表进行了规划圆桌交流，就本次交流主题展开了热烈的讨论。参加交流的规划联盟单位代表有上海市城市规划设计研究院党委书记熊健、中国城市规划设计研究院上海分院总规划师李海涛、无锡市规划设计研究院城市设计所所长吴烨、常州市规划设计院副院长黄刚、苏州规划设计研究院股份有限公司规划景观事业部总规划师黄晓春、深圳市城市交通规划设计研究中心股份有限公司副总工程师兼上海分院总工李娜。

同济规划院院长张尚武和上规院党委书记、副院长熊健进行了主办方活动交接仪式。熊健书记代表下届主办方发言，表达了对第四届三院联合技术交流会的期待。

最后，张尚武院长代表本次活动主办方感谢各位专家领导的精彩点评、十二位同仁的实践分享以及各位交流嘉宾的思想碰撞，并预祝下一届三院联合技术交流活动取得圆满成功。

助力兵团规划事业新发展——新疆生产建设兵团自然资源局与我院战略合作座谈会顺利召开

2023年4月10日上午在同济规划大厦401会议室，我院与新疆生产建设兵团自然资源局共同召开战略合作座谈会，并签署《国土空间规划技术援疆合作框架协议》。签约仪式由王新哲常务副院长主持，新疆生产建设兵团自然资源局党组书记局长黄然、党组成员副局长赵有松、总规划师马哲、国土空间规划局副局长程雅琪、国土测绘处负责人赵霞、国土空间规划局主任科员余晓欢，我院院长张尚武、常务副院长王新哲、副院长裴新生、城开研究院启明规划设计所所长刘晓、空间规划研究院创新一所所长程相炜和自然资源部同济大学国土空间规划人才研究与培训中心主任张立共同参加了座谈会与签约仪式。

张尚武院长介绍了我院的基本情况与承担的全国各级国土空间成果进展情况。作为首批获得"城乡规划编制甲级资质"的高校规划设计机构，依托同济大学城乡规划学科的优势，形成了以"产学研"平台服

务社会的特色。同济规划院坚持服务边疆地区的规划建设，尤其是自2010年起长期坚持对口规划援疆、服务兵团，展现了高校企业服务社会的责任担当。多年来，我院积极参与了新疆生产建设兵团一大批师市、团场的城乡规划项目，目前多个团队参与兵团第三师、第七师、第八师师市级及多个团场级国土空间规划编制工作，形成了高质量阶段性规划成果，并克服路途遥远、疫情影响等各种困难，努力为兵团国土空间规划工作顺利推进做出积极贡献。希望借助此次战略合作机会，更加深入推动我院全面服务兵团规划体系建设、人才培训、规划设计等领域，助推兵团高质量发展。

黄然书记代表新疆生产建设兵团自然资源局对同济规划院在新疆开展的工作表示感谢，介绍了近几年来新疆生产建设兵团开展国土空间规划工作的总体情况。当前，新疆生产建设兵团按照党中央的决策部署，坚守兵团三大功能、四大作用、五大任务。成立自然资源局和构建国土空间规划体系为新疆生产建设兵团的发展带来重要空间机遇，也给兵团自然资源局的空间规划管理带来前所未有的挑战。同济规划院是国内一流知名大院，依托同济大学深厚的学术研究，开展一系列学术研究和规划设计实践，在国内具有重要的影响力。兵团的石河子市一直得益于同济大学的规划设计支持，现在已经成为兵团军垦名城、戈壁明珠，同济规划院先后参加了铁门关市、胡杨河市、图木舒克市等一系列的规划设计工作，为兵团的师市发展提供了重要的智力支撑。在目前国土空间总体规划进入关键收官阶段，规划院更是鼎力支持国土空间总体规划审查工作，进行技术讲座。为进一步加快推进新疆生产建设兵团国土空间规划各项工作，兵团党委也希望同济规划院给予自然资源局更大的工作支持，在项目合作、技术培训、课题研究和人才交流等方面加大帮扶力度，不断提高新疆生产建设兵团国土空间规划业务水平及技术能力。

张尚武院长和黄然书记分别代表双方，共同签署了《国土空间规划技术援疆合作框架协议》。与会领导就兵团国空审查及近期可以开展的合作课题进行了深入的座谈讨论。

最后，张尚武院长在总结发言中表示，同济规划院对此次援疆合作责无旁贷，将积极组织好工作专班，建立有效沟通机制，发挥好同济规划院的技术优势、保障工作的顺利推进，继续为兵团规划事业作出新贡献。

我院在大兴机场临空区国际会展消费片区城市设计国际方案征集中喜获优胜方案

为助力北京国际交往中心、国际消费中心城市的建设，高标准规划建设会展中心和消费枢纽，2022年11月，由北京市规划和自然资源委与大兴区人民政府联合主办，北京大兴国际机场临空经济区（大兴）管理委员会承办的大兴机场临空区国际会展消费片区城市设计国际方案征集活动正式启动，面向全球征集创新与实施兼顾的优秀方案。

本次征集活动吸引了全球五十余家知名设计机构报名、五位院士和两位勘察设计大师亲自参与到本次应征活动中，最终六家联合体入围。我院联合中国建筑设计研究院有限公司、Fuksas Architecture S.R.L.、北京市市政工程设计研究总院有限公司组成联合体，由崔愷院士、吴志强院士、Fuksas大师领衔。

整体征集活动历时三个多月，六家联合体于2023年3月19日提交设计成果。4月1日，大兴机场临空区国际会展消费片区城市设计国际方案征集评审会在大兴区营商服务中心举办。由规划、建筑、交通、会展、商业等专业领域资深专家组成的评审委员会，对应征设计方案进行了评审，我院联合体经评审顺利获评三个优胜方案之一。

本项目的目标愿景为打造首都门户、展城一体、永续动力、蓝绿徜徉、成为人民中心的未来片区。方案以"有记忆的城市、会生长的城市、可体验的城市"为理念，用融合、互动、共生的策略解决城市、自然、会展、交通、消费与国家营销之间的关系。

项目设计体现会展的融合性、集约性、城市性，以"蓝绿方庭、山街水坊"为空间意向，实现城中展、展中有城。会展中心强调功能与生活的全时段互动，蓝绿与城市互相渗透，打造在绿色空间中看展、消费、生活的交往新空间。

大兴机场临空区国际会展消费片区是我院继北京大兴生物医药基地、临空区生命健康社区、临空区国际航空社区、大兴经济开发区之后的又一北京大兴重要项目设计实践，为推进展城融合、助力建设北京首都新门户再接再厉。

同济规划院积极参与农业农村部规划院乡村振兴重点课题暨建立乡村振兴战略研究联合工作机制研讨会

2023年4月15日，由农业农村部规划设计研究院组织召开的乡村振兴重点课题暨建立乡村振兴战略研究联合工作机制研讨会于北京召开。农业农村部发展规划司副司长潘扬彬，农业农村部规划设计研究院院长张辉、总工程师齐飞、副局级干部霍剑波，以及来自全国各地的课题立项单位代表参加了本次研讨会。

站在积极推进国家农业农村领域乡村振兴研究的高度上，农业农村部规划院积极创新，面向全国首次公开征集十个方向的重点课题承担单位。

根据齐飞总工的介绍，由于全国范围踊跃申报，十个重点课题共计收到了全国152家科研单位的202份申报书。为此，组织方在多个课题上采取了双入选单位方式，并且组织了40余位专家经过形式审查、通讯盲审和答辩等环节，最终遴选出19家课题承担单位。

潘司长在致辞中，总结指出入选申报单位专家团队高水平、研究方向广泛、中青年力量为骨干的三个特点，并对课题研究成果提出了准、深、实、新、用五点建议。

随后，参加会议的课题承担单位重点从课题承担和建立乡村振兴战略研究联合工作机制两个方面进行了简短发言，农业农村部规划院张辉院长进行了总结发言。

同济规划院中国乡村规划与建设研究中心团队，积累十余年来从事中国乡村规划建设研究经验，申请并成为"面向2050年的我国乡村发展格局及建设重点"重点课题的唯一承担单位。栾峰常务副主任和商萌萌规划师参加了会议，栾峰教授还在发言中重点阐述了开展乡村领域空间研究的重要性。

西宁市城东区与上海同济城市规划设计研究院 签署校地企战略合作框架协议

近日，西宁市城东区与上海同济城市规划设计研究院签署校地企战略合作框架协议。

根据协议，双方将秉持"资源共享、平台共建、优势互补、发展共赢"的原则，立足东区区域所需，依托各自资源优势，积极搭建合作平台，深化多项合作领域，完善产学研合作机制，合力探索城东区人民政府与上海同济城市规划设计研究院合作共建的创新路径。在政策扶持、教学科研、项目载体、平台打造、人才交流、城市规划、旅游规划等设计输出等多方面开展务实有效密切合作，深化产教融合，推动教育链、人才链、产业链和创新链有机衔接，开展深层次合作，实现校地企资源三向联动，构建起"互利互惠、合作共赢"的良好局面。

此次开展战略合作，上海同济城市规划设计研究院有限公司将把上海同济大学科教资源导入西宁市城东区，实现"研发孵化在上海、制造加速在东区"的双向互动格局，双方合作未来可期，前景可盼。

"学习贯彻习近平新时代中国特色社会主义思想主题教育"第一次读书班举行

规划院党委理论中心组认真学习习近平一系列著作，并结合各自工作实际，纷纷表示，围绕"学思想、强党性、重实践、建新功"的主题教育宗旨，我们要进一步发扬同济规划人"做实，解难"的传统，进一步补链延链强链，以"求精，创新"更好服务国家的高质量发展。

4月26日，上海同济城市规划设计研究院党委在党员活动中心举行学习贯彻习近平新时代中国特色社会主义思想主题教育第一次读书班暨院党委理论中心组学习活动，院党委书记童学锋、院长张尚武等班子成员及各支部书记20余人参加读书班。读书班由院党委副书记肖达主持。

围绕"服务中国式现代化的同济规划"主题，张尚武院长作了题为《中国式现代化：同济规划的新使命新作为》的报告。他说，同济规划一向有"祖国需要，就是同济规划人的奔赴"的优良传统，"真题真做"从新中国成立之日起就是我们尊奉的法宝。胜利油田，汶川抗震救灾、北京副中心、雄安新区、援疆帮扶……这些题从国家建设实际中来，智慧在祖国各地铺展。但是，也应该看到，随着我国迈上中国式现代化的新征程，同济规划人如何以高质量的规划与国家同行，如何更智慧地以科教济世？比如，当前规划从增量发展转变为存量更新的趋势在加速，高层建筑的物质老化等等，我们规划人该做些什么？还有，规划的跨区域协调、都市圈与都市圈等规划，我们不能简单套用国外的经验；另外，全生命周期的规划治理能力、智能规划的发展等等，我们要进一步与学院规划学科深度融合、紧密协同，不断增强协同创新能力、产教融合能力，我们还要切实增强院内各团队攥指成拳的整合能力，增强与校外兄弟单位的声气相通能力。"到现场去，到兄弟单位去，调查研究，才能破解束缚高质量规划的瓶颈问题。"张尚武最后说。

雄安智慧规划院青年团队获"同济青年五四奖章（集体）称号"

5月4日，同济大学举办"五四青年节师生座谈会"。会上，"雄安智慧规划设计研究院青年团队"获得表彰，荣膺2023年同济青年五四奖章（集体）称号，特此表示祝贺！

4月18日，在同济大学逸夫楼主演讲厅举办的2023年同济青年五四奖章评选暨"榜样在身边"主题教育活动上，我院"雄安智慧规划设计研究院青年团队"在陈述答辩并差额投票后入选最终名单。

2017年4月，同济大学统筹安排，组成由同济规划院周俭教授牵头的雄安新区规划团队。院内，召集令一出，青年规划师纷纷响应，构成了团队的基本班底，他们把营盘扎在雄安，深度参与新区规划建设工作。雄安新区成立至今，这支平均年龄在30岁左右的青年团队一路伴随雄安成长，看着"千年大计"从无到有，从0到1，从纸面上的规划到如今的新城显现，他们一路风尘仆仆，从不言歇。

六年时间里，团队先后完成雄安新区容东片区控制性详细规划等规划编制20余项，参与制定地方标准、规范10余项。除日常的规划设计工作以外，为确保一张蓝图干到底，团队还担任容东片区和容城县城组团责任规划师工作，先后出具339份规划条件，审查263个建筑、市政、景观等项目，为容东、容城片区内的规划落地提供全面的技术支撑，并深入现场协调各项建设事宜。最终，容东片区从一片农田，蝶变成为今天雄安先行建设区的形象展示窗口。

因为成绩突出，团队及个人多次获得雄安新区的表扬信嘉奖；编制成果中，雄安新区容东片区控制性详细规划荣获2019年度"河北省优秀城市规划设计奖"一等奖；在院内，团队获2019年度"优秀团